高等学校教材

先进制造系统

主　编　王润孝

副主编　唐　虹　孙树栋　秦现生

编　者　王润孝　卜　昆　张振明　田锡天

陈佩琳　秦现生　唐　虹　孙树栋

汤军社

西北工業大學出版社

【内容简介】 本书从系统的角度全面地论述了先进制造技术的特点、内涵及其应用。全书共9章，分别介绍了计算机辅助设计与制造（CAD/CAM）、成组技术（GT）、计算机辅助工艺过程设计（CAPP）、管理信息系统（MIS）、质量工程（QE）、柔性制造系统（FMS）、计算机集成制造系统（CIMS）以及先进制造技术的发展背景与趋势。

本书选材新颖，内容丰富，深入浅出，信息量大，可作为机械设计制造及其自动化、工业工程、机械电子工程等专业的教材，也可供研究生、工程技术人员参考。

图书在版编目（CIP）数据

先进制造系统/王润孝主编．—西安：西北工业大学出版社，2001.8（2019.7重印）
ISBN 978-7-5612-1374-2

Ⅰ．先…　Ⅱ．王…　Ⅲ．计算机辅助制造：机械制造　Ⅳ．TH/64

中国版本图书馆CIP数据核字（2001）第009101号

出版发行： 西北工业大学出版社
通讯地址： 西安市友谊西路127号　邮编：710072　电话：（029）88493844
网　　址： www.nwpup.com
印 刷 者： 陕西丰源印务有限公司
开　　本： 787 mm×1 092 mm　1/16
印　　张： 16
字　　数： 388千字
版　　次： 2001年8月第1版　2019年7月第11次印刷
定　　价： 45.00元

前　言

制造业是机械工业中实现产品设计目标、完成产品生产、保证产品质量、提高经济效益的基本方法和手段的产业总称，它是衡量一个国家实力与水平的重要标志之一，也是国民经济赖以生存发展的重要支柱产业。在工业化国家中，60％～80％的财富是由制造业提供的。

从远古时期的人们利用石器狩猎开始，制造工具就得到了重视。在开始阶段，制造业可以说是以一种手工的、分散的、单件的、低级的方法进行的，制造作为一种工业得到快速发展还是第一次工业革命之后的事。1784 年瓦特在改进的蒸汽机上采用了离心式调速装置，开创了自动化装置应用的新篇章。20 世纪初，汽车工业竞争激烈。1913 年诞生的由专用机床组成的刚性流水生产线大大促进了汽车工业乃至整个制造业的发展。在此基础上，1947 年出现了自动生产线。之后，数控机床、柔性制造系统（FMS）、计算机集成制造系统（CIMS）等相继诞生。自 20 世纪 80 年代以来，生产环境发生了以下变化：①市场的动态多变、用户需求的多样化和个性化，使产品的生命周期缩短，供货期成为主要竞争因素。②由于市场的国际化，生产能力向全球扩散，产品走向国际市场，使之国际竞争非常强烈。③产品技术含量提高，国际竞争紧密地依赖于制造技术的竞争。从而使制造系统的模式趋于开放、自律、分散。先进制造技术（AMT）之目的就是实现优质、高效、低消耗、精良、敏捷的制造自动化和智能化。

本书将从系统的角度阐述先进制造技术，论述其特点、构成、技术内涵及其应用。全书共分 9 章。第 1 章由王润孝编写；第 2 章由卜昆编写；第 3 章由张振明编写；第 4 章由田锡天、张振明编写；第 5 章由陈佩琳编写；第 6 章由秦现生编写；第 7 章由唐虹编写；第 8 章由孙树栋编写；第 9 章由汤军社编写。全书由王润孝主编，唐虹、孙树栋、秦现生任副主编，全书由唐虹统稿。

本书是为满足机械制造类专业大学生教学需要而编写的，力求深入浅出，内容先进，增大信息量，增强宏观性，扩大知识面。全书文笔流畅，图文并茂，便于自学。

西安交通大学的江平宇教授悉心审读了本书稿，并提出了许多宝贵建议和意见，在此深表谢意。

由于先进制造技术层出不穷，编者的资料及水平所限，书中难免有不足甚至错误之处，敬请读者不吝指教。

编　者

2001 年 3 月

目　录

第1章 绪 论

1.1 制造业的产生与发展

人们的生活用品和消费资料以及工业产品大多由制造业加工制造出来。制造业将可用资源和能源通过制造过程，转化为可供人们使用或利用的工业品或生活消费品。制造技术是工业技术中最复杂、最重要的技术之一。制造业涉及国民经济中机械、电子、轻工、化工、食品、能源、军工等大量行业。制造业是国民经济和综合国力的支柱产业。

制造过程是制造业的基本行为，它是将制造资源（原材料、劳动力、能源等）转变为有形财富或产品的过程。机械制造过程是一种离散的生产过程。劳动离散化的特点表现在：毛坯、零件、组件、部件和机器是采用顺序作业或平行作业的方式来制造的，各工序、工步转移和定位之间可以彼此关联或不相关联，零件的制造或机器的装配需要各种设备、工装、刀具和控制程序以及各种专业和技能的专家才能实现。

在用手工和机器把原料加工成产品的生产活动中，人们总是希望在节省人力的情况下(包括体力和脑力)，多出产品，快出产品，出好产品。人们永远追求机器设备和制造技术的发展，用以代替人类的部分劳动。科学技术的进步使得制造产品的机器和技术从简单到复杂，由低级向高级发展，并促使加工和制造能力以及自动化水平不断提高，为社会创造出充足的财富，促进人类社会的进步。

福特建立的流水线生产方式，开始了刚性自动生产线的历史。到20世纪40年代后，人们通过设计各种高效的自动化机床，并用自动物料输送装置将单机连接起来，形成了以单一品种、大批量生产为特征的成熟刚性自动化生产方式。当以大量生产方式制造的产品使市场趋于饱和时，顾客开始要求制造系统能制造各种不同的产品以满足他人不同的需求。因而，在生产中引入柔性制造系统成为必然。开始的柔性是以提高加工柔性为主。1949年出现了数字控制（NC）技术，并开发了能执行多种加工工作的、复杂的机床控制器，这种控制装置的作用和手工编程方法相结合，大大提高了机床加工的柔性。由于编程是一项十分困难的工作，这样便导致了计算机辅助编程工具的产生，从而出现了可编程自动化的概念。大约在1964年，过程控制计算机开始出现在一些汽车和飞机制造系统的生产设备上。随着计算机的进一步应用，出现了制造系统多级计算机控制的概念，直接数控（DNC）就是多级计算机控制的例子。1968年诞生了世界上第一条柔性生产线，开始了柔性制造系统（FMS）的发展历史。FMS能较好地适应市场多品种、中小批量的产品需求。随着制造系统全面自动化需求的日益增长和计算机辅助设计、辅助制造等相关技术的发展，1974年出现了计算机集成制造（CIM）的概念。进入20世纪80年代后，CIM成为制造系统自动化的研究热点。

专家们认为，CIM的实施，将对制造系统产生深刻的变革，并促进制造系统由局部自动化走向全面自动化。

实现制造系统的自动化，除能将人们从繁重的体力劳动和脑力劳动中解放出来外，同时还能提高生产率，改善产品质量，减少生产面积，节约能源和原材料消耗，降低生产成本等。

制造系统自动化的含义很广，从工作性质分有设计自动化、制造自动化、智能活动自动化等；从工作内容上分有直接生产自动化、辅助过程自动化、管理规划自动化等；从技术含量看，制造系统自动化技术是集制造技术、计算机技术、自动化技术等为一体的综合技术，其涉及的学科领域比较复杂，是一门交叉技术学科，且正在不断发展和完善。

机械制造是将原材料变换为机械产品的过程，研究如何取代人对这个过程中的计划、管理、组织、控制与操作等方面的直接参与是机械制造自动化的任务。换句话说，随着科学技术的发展，相关学科的交叉渗透与融合，使制造领域的许多技术与人、与社会环境组成了更大的“系统”。这一系统不断吸取新的制造哲理而变得庞大，同时又具有明显的柔性化、精密化、宜人化、自动化、集成化、最优化、智能化、清洁化，这是当代机械制造行业正在经历的巨大变化，也是今后发展的必然趋势。这一发展的目标是使物力资源和智力资源更有效的转向应用以达到更高的经济效益。

制造系统的历史是一部由渐变到突变的发展史。制造新技术的发明和应用，积累到一定程度便引起生产方式的变革，从而形成制造系统自动化的相应发展阶段。迄今为止，制造系统自动化经历了单机自动化、刚性自动化生产线、柔性自动化生产线和制造系统全面自动化发展阶段。图1-1列出了自动化制造技术的发展历程。

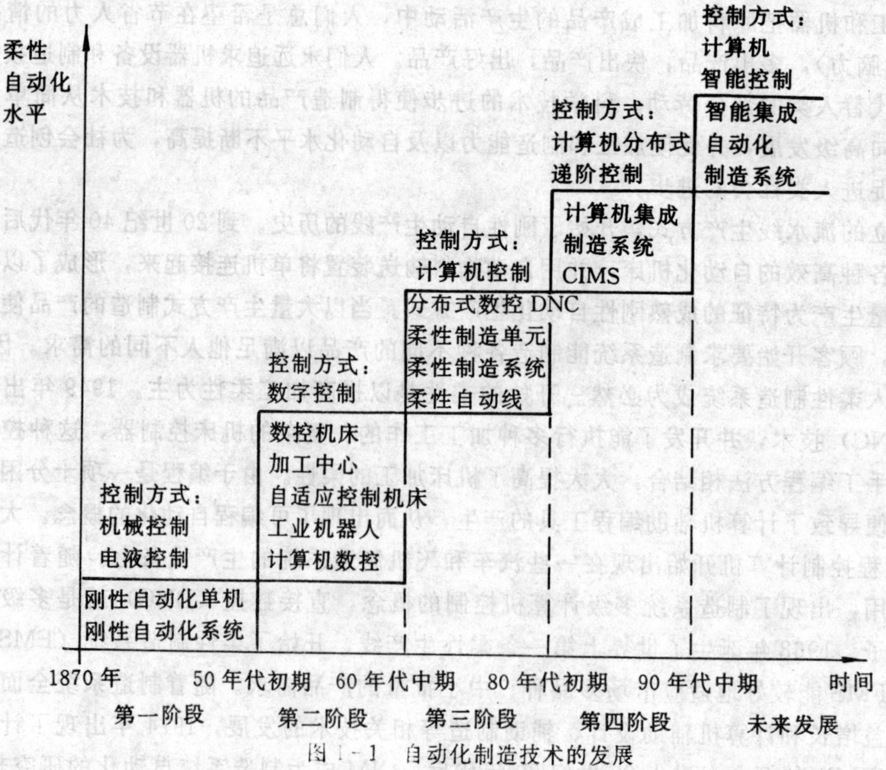

图1-1 自动化制造技术的发展

1.2 制造系统的基本概念与特点

1.2.1 制造系统的定义

关于制造系统的定义，至今还未统一，目前仍在发展和完善之中。现列举国际上比较权威的几个定义作为参考。

英国著名学者帕纳比（Parnaby）1989 年给出的定义为：制造系统是工艺、机器系统、人、组织结构、信息流、控制系统和计算机的集成组合，其目的在于取得产品制造经济性和产品性能的国际竞争性。

国际生产工程学会（CIRP）于 1960 年公布的制造系统的定义是：制造系统是制造业中形成制造生产（简称生产）的有机整体。在机电工程产业中，制造系统具有设计、生产、发运和销售的一体化功能。

美国麻省理工学院（MIT）教授克理索罗理斯（G. Chryssolouris）于 1992 年给出的定义为：制造系统是人、机器和装备以及物料流和信息流的一个组合体。

国际著名制造系统工程专家、日本京都大学人见勝人教授于 1994 年指出：制造系统可以从三个方面来定义：①制造系统的结构方面，制造系统是一个包括人员、生产设施、物料加工设备和其他附属装置等各种硬件的统一整体；②制造系统的转变特性方面，制造系统可定义为生产要素的转变过程，特别是将原材料以最大生产率转变成为产品；③制造系统的过程方面，制造系统可定义为生产的运行过程，包括计划、实施和控制。

综合上述的几种定义，可将制造系统定义如下：

制造过程及其所涉及的硬件（包括人员、生产设备、材料、能源和各种辅助装置）以及有关的软件（包括制造理论、制造工艺和制造方法等）和制造信息组成了一个具有特定功能的有机整体，称之为制造系统。以上定义可以看成是制造系统的基本定义。根据所研究问题的侧重点的不同，制造系统还可以有以下三种特定的定义：

（1）制造系统的结构定义：制造系统是制造过程所涉及的硬件（包括人员、设备、物料流等）及其相关软件所组成的一个统一整体。

（2）制造系统的功能定义：制造系统是一个将制造资源（原材料、能源等）转变为产品或半成品的输入输出系统。

（3）制造系统的过程定义：制造可看成是制造生产的运行过程，包括市场分析、产品设计、工艺规划、制造实施、检验出厂、产品销售等各个环节的制造全过程。

由上述制造系统的定义可知，机械加工系统就是一种典型的制造系统，它由机床、夹具、刀具、被加工工件、操作人员、加工工艺等组成。机械加工系统输入的是制造资源（毛坯或半成品、能源和劳动力），经过机械加工过程制成产品或零件输出，这个过程就是制造资源向产品（成品）或零件的转变过程。一个正在制造产品的机床、生产线、车间乃至整个工厂可看作是不同层次的制造系统；加工中心、柔性制造系统、计算机集成制造系统均是典型的制造系统；另外，一个新产品的开发、一个技术改造项目、一个与制造有关的工程项目、科研课题以及它们所涉及的硬件和软件，也可以看成为不同的制造系统。图 1－2 和图 1－3 分别示出了 ISO 制造系统通用行为模型和人机一体化的自动化制造系统。

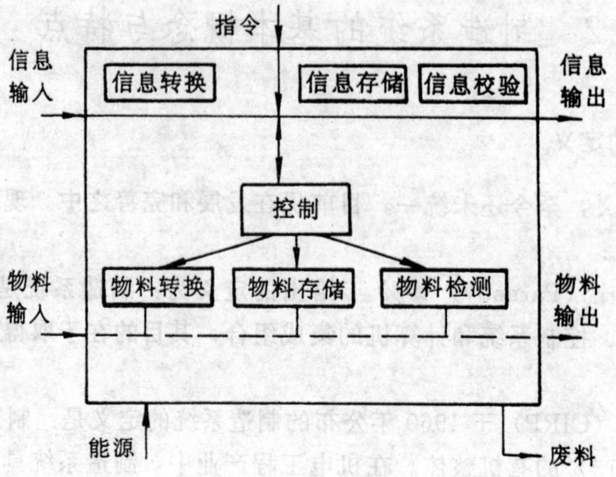

图 1-2　ISO 制造系统通用行为模型

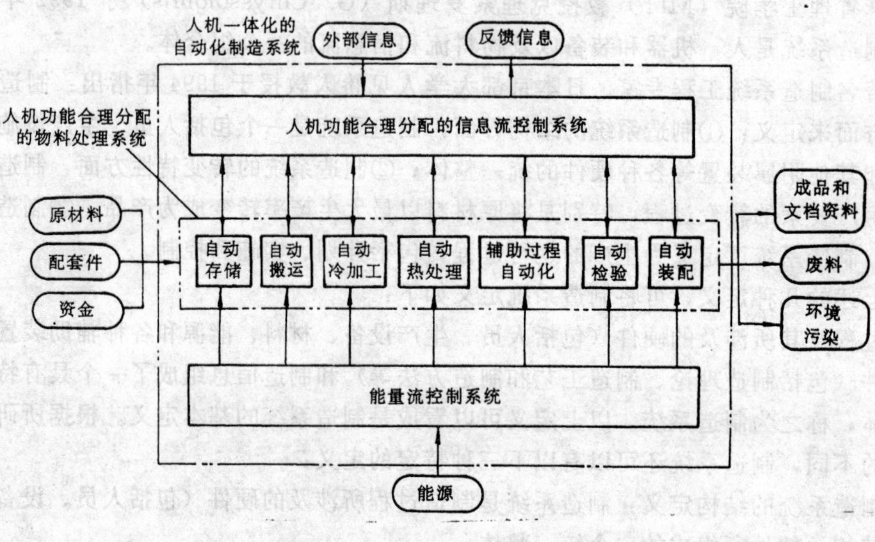

图 1-3　人机一体化的自动化制造系统

1.2.2　制造系统的特征

一个制造系统，具备系统科学中所说"系统"的全部特征：

(1) 集合性：制造系统是由两个或两个以上的可以相互区别的要素（或环节、子系统）所组成。例如柔性制造系统（FMS）是由共性加工系统（如若干数控机床和加工中心）、物料流系统（输送、存储、装卸装置等）、能量流系统、控制系统、监测系统等若干部分组成。

(2) 相关性：制造系统内各要素是相互联系的。集合性确定了制造系统的组成要素，而相关性则说明这些组成要素之间的关系。制造系统中任一要素与存在于该制造系统中的其他要素是相互关联和互相制约的，当某一要素发生变化时，则其他相关的要素也相应地改变和调整，以保持系统的整体最优状态。

(3) 目的性：一个实际的制造系统是一个整体，要完成一定的制造任务，或者说要达到一个或多个目的。制造系统的目的就是要把制造资源转变成财富或产品。

(4) 环境适应性：一个具体的制造系统，必须具有对周围环境变化的适应性。外部环境与系统是互相影响的，两者之间必然要进行物质、能量或信息的交换。如果系统能进行自我控制，即使外部环境发生了变化，也能始终保持最优状态，这种系统被称为自适应系统，该系统的动态适应性表现为以最少的时间延迟去适应变化的环境，使系统接近理想状态。现在的自适应控制机制，就是典型的自适应性系统。

制造系统除具有上述一般系统的普遍特征外，还具有以下四个显著特点：

(1) 制造系统总是一个动态系统。制造系统的动态特性主要表现在：①制造系统总是处于生产要素（原材料、能量、信息等）的不断输入和有形财富即产品的不断输出这样一个动态过程中；②制造系统内部的全部硬件和软件也是处于不断的动态变化之中；③制造系统为适应生存的环境，特别是在激烈的市场竞争中总是处于不断发展、不断更新、不断完善的运动中。

(2) 制造系统在运行过程中无时无刻不伴随着物料流、信息流和能量流的运动。

(3) 制造系统中总是包括着决策子系统。从制造系统管理的角度看，制造系统内除包括物料流、能量流和信息流构成的物料子系统、能量子系统和信息子系统外，还包括若干决策点构成的制造系统运行管理决策子系统。因此，物料、能量、信息和决策点集合这四个要素的有机结合，才构成了一个完整的制造系统。

(4) 制造系统具有反馈特性。制造系统在运行过程中，其输出状态如产品质量信息和制造资源利用状况总是不断地反馈回制造过程的各个环节中，从而实现制造过程的不断调节、改善和优化。

1.3 先进制造系统的若干问题

1.3.1 制造系统中的能量流与信息流

一、制造系统的能量流

能量是一切物质运动的基础。制造系统是一个动态系统，其制造过程中的所有运动，均需要能量来维持，都伴随着能量的流动。来自制造系统外部的能量（如电能），流向制造系统的各有关环节或子系统，一部分用以维持各个环节或子系统的运动，另一部分通过传递、损耗、储存、释放、转化等有关过程，以完成制造过程的有关功能。这种制造系统中的能量运动过程，称为制造系统的能量流。

二、制造系统中的信息流

机械制造系统由物质（料）、能量、信息和决策四要素构成。物料与能量按一定的流程处于动态变化之中，构成了制造系统中的物料流与能量流。制造系统中的信息，同样也是以一定的流程形式在制造系统内部处于连续的动态变化之中，不断地被使用、保存、更新、删除等，这些流程形成了制造系统中的信息流。

按制造系统的过程特性，也可将制造系统功能按其实现的先后顺序划分成战略研究、技术规划、生产计划、制造及统计几个阶段，信息流贯穿了其中每一阶段，而物料流仅仅存在于“制造”一个阶段中，因此，制造系统中的信息流无处不有、无时不有，离开制造系统中的信息流而研究制造系统是不全面的。

在传统制造系统中，从产品设计阶段开始，工程设计人员就必须不断地接受信息（产品需求信息、设计规范、标准等）、加工信息（绘制设计图纸及编码说明）、存储并传递信息（交与下一设计阶段）。为了完成产品加工制造，工艺技术人员必须搜集工艺过程、材料、工具、机床、刀具等物质对象的各种参数（信息），并进行传递、管理等。在生产管理中更离不开对信息的处理。这些工作过程中各种信息变化与传递便形成了制造系统中的信息流。

在传统制造系统中对信息的处理有两点不足：一是信息处理的方式和工具相对落后，从而使制造系统中信息流的响应明显滞后于系统对信息的需求，有时甚至使信息失去了应有的价值；二是没有用系统的观点将信息流同制造系统中的能量流和物料流作为一个有机整体看待，相应地也没有用系统的方法处理信息流同物料流、能量流之间的关系。现代制造系统工程的主要贡献，就是采用系统科学的观点、系统工程的理论与方法将制造系统的信息流、物料流和能量流有机地结合，系统地加以研究，从而使制造技术由工程技术的范畴向“科学”的范畴迈进了一步，为制造系统的发展奠定了理论基础。

1.3.2 先进制造系统发展的新哲理

微电子技术与计算机技术的迅速发展及其在机械制造工业中的广泛应用，使机械制造业正在成为集机械、电子、光学、信息科学、材料科学、生物科学、管理学最新成就的一个新兴技术与新兴工业。自动化、柔性化、最优化、集成化、精密化和智能化是当今机械制造业的特征，也是今后发展的必然趋势。其目的是缩短产品的生产周期、降低成本、提高产品的质量，并为用户提供良好的服务，以提高企业的市场竞争能力。近年来，柔性制造系统(FMS)、计算机集成制造系统（CIMS)、敏捷制造（AM)、精益生产（LP)、并行工程(CE)、智能制造（IM)、再生工程（Reengineering）等新的制造系统模式和哲理层出不穷，一些发达国家投入巨资进行各种现代化制造系统新模式的研究与开发。这些新方法、新技术、新概念的引入，无疑更新了人们的观念，也给机械产品的制造带来了巨大的效益，使人们耳目一新。

一、先进的制造系统及技术

1. 柔性制造单元（FMC）和柔性制造系统（FMS）

柔性制造单元（FMC）溯源于20世纪60年代后期出现的群控（DNC）系统。一般来说，由一台计算机管理多台机床的系统都是FMC。按照上下料方式可以将FMC分为两大类：一类是加工中心配上托盘交换系统（APC)；另一类是数控机床配上工业机器人（Robot)。按照系统计算机控制形式，也可将其划分为分别控制型FMC和封闭控制型FMC。与采用若干单台的数控机床相比，FMC有着显著的特点，主要体现在实现了上下物料及多工位加工的集成，增加了柔性，便于实现计算机化的生产管理。

柔性制造系统（FMS）是由一组数控机床（或制造单元）通过一个公用的物料输送系统和中央控制系统相互连接而成的制造系统，即由自动化物料输送和存储系统，多工位的数控加工系统，计算机控制的信息系统等三部分所组成，FMS的主要特征是实现了包括物料输送与存储在内的车间级或工段级的机械加工过程的集成，提高了自动化程度、柔性及生产效率。在FMS中还增加了作业调度等生产管理方面的功能，这为与企业生产管理、制造资源计划及经营管理的进一步集成创造了条件。

2. 计算机集成制造系统（CIMS）

计算机集成制造的观点在于，通过信息技术将设计与工艺、管理这三个功能模块集成在一起，它是全厂、全企业范围内生产、经营和工程设计等所有活动的计算机集成或综合自动化系统。一般认为，CIMS具体应由六个子系统组成：①计算机辅助经营和生产管理系统；②计算机辅助产品设计/制造等开发工程系统；③自动化制造加工系统；④计算机辅助储运系统；⑤质量控制系统；⑥数据库与通信系统。系统通过计算机网络对全厂物质流、能量流和信息流进行广泛而有效的控制与管理。

人们对CIMS的认识过程经历了从过去强调工程设计、制造工程、信息管理和工厂生产等技术的集成、功能的集成，到现在强调经营、技术和人的集成；由过去的“技术推动”变为现在的“需求牵引”；由过去只注重自动化到现在充分发挥人的作用，强调人的参与等。目前，衡量CIMS是否达到全局最优化有四个要素，即TQCS，T为新产品研制和产品上市的时间，Q为产品质量，C为产品成本，S为满足用户不断增长的需求所提供的增值服务。

3. 敏捷制造（AM）

敏捷制造（AM）是一种新的制造企业战略，其出发点是基于对未来产品和市场发展的分析。随着社会的进步和科学技术的发展，人们对产品的需求和评价标准将从质量、功能的角度进一步扩展到最大限度地使客户满意、资源保护及污染控制等。产品市场总的发展趋势将从当今的标准化到大批量再到未来的多元化和个体化。与产品发展多元化、个体化相适应，未来产品的利润和成本结构也将发生变化。以往，决定产品成本和利润的主要是制造过程中的各种消耗。而多元化、个体化的产品结构中，决定产品成本、利润和竞争能力的主要因素是开发、生产该产品所需的知识的价值，而不是材料、设备或劳动力。

敏捷制造（AM）的总目标是建立一种对用户需求（产品和服务）作出灵敏快速反应的、市场竞争力强的制造组织和活动。当前的目标主要有：①分布式企业有时限的动态网络集成；②动态公司（虚拟公司）的常规组织结构和成员间合作关系的建立；③高柔性制造；④实现快速生产；⑤优化人力、物力资源；⑥关注诸如有效利用能源、环境保护等社会问题；⑦及时的信息；⑧分布式智能网络结构。

柔性技术、新型的管理机构和有知识的工作人员的技艺称为敏捷制造的三大基石。而“制造柔性”和“成员间的合作-虚拟公司”是构成敏捷制造的两个最主要的特点。

4. 精益生产（LP）

精益生产（LP）是日本丰田汽车公司在20世纪50年代为解决所面临的市场小、产品品种多而又没有资金和外汇购买西方最新生产技术问题而创造的一种生产方式。后来被IMVP（International Motor Vehicle Programme）项目研制组织称之为精益生产。精益生产从企业生产的组织与管理出发，强调剔除生产过程一切不增值的部分，精简生产过程。

精益生产（LP）的最大目标是使企业的综合效益达到高指标。简单地说，就是要以最小的投入，取得最大的产出，在花色品种和质量上让用户满意。以最快的速度设计生产出产品来，并以最低的成本、合理的价格在市场上销售，以便在竞争中具有优势。精益生产的实质是在产品开发、生产过程中，通过项目组和生产小组把各方面的人集成在一起，提倡雇佣多面手，优化生产组织结构，把生产、检验、修理等场地集成在一起，并通过相应措施做到与零部件协作厂、销售商和用户的集成，从而简化产品的开发、生产和销售过程，去掉一切不增值的生产过程和环节，获取最大效益，最大限度地满足用户需求，提高企业竞争力。

5. 并行工程（CE）

并行工程（CE）由美国国防分析研究所（IDA）于 1986 年提出，其把并行工程定义为："并行工程是集成地、并行地设计产品及相关的各种过程（包括制造工程和支持工程）的系统方法。这种方法要求产品开发人员在设计一开始就考虑产品整个生命周期中从概念形成到产品报废处理的所有因素，包括质量、成本、进度计划和用户的需求。"

并行工程（CE）的核心是把产品开发和生产的全过程中所涉及的各种各样的工程行为集成在一起，尽量并行（而不是串行）统筹和实施。

CE 的目标是适销、快速、优质、低成本。现代工业品要求在设计周期里做到设计面向制造（DFM）、设计面向价格（DFV）、各环节的质量控制（QFD）、重视用户要求（VOC）、连续不断的改进（CPI），等等，确保在设计周期内把市场调查、供应、设计、制造、销售和服务的资源和经验结合在一起。并行工程强调"过程设计"，强调满足用户的需求，用户的需求不仅仅是产品使用者的要求，而且是产品生命周期中各相关过程的需求，这种需求的变化反映为从面向功能的需求扩展到面向制造、成本、装配、测试的需求，即产品的生产周期的需求。因此，要求设计时不仅要考虑产品的各项性能，还必须考虑制造产品的各种工艺过程，以达到减少工程变动、返工和便于制造的目的。

并行工程的关键是产品及其相关过程设计工作的集成，相关过程包括加工工艺，装配与检测，质量保证，销售和售后服务等，产品开发过程中的各阶段工作交叉、并行进行。

除上述介绍的新技术之外，还有智能制造、合弄制造系统，适时制造、仿生（生物）型制造系统以及自动分布式制造系统等。

二、机械制造领域新技术的共同特性与关键技术

这些新的有关制造系统概念的提出背景是在全世界出现市场变化、竞争更趋激烈的情况下产生的。其共同的理论基础和技术有：自动化技术、计算机与信息处理技术、数据库与网络通信技术、信息集成技术、人机交互技术等。之所以制造领域新技术能如雨后春笋，取决于观念的更新和 20 世纪 80 年代 CAD，CAM，CAE，CAPP，MRP 等的深入而广泛的发展等。

产生上述新技术的途径和出发点显然是：①产品的结构发生变化，小批量产品需求量愈来愈大；②新技术的广泛应用，使机械产品市场的需求变化较大，多变的市场，要求产品及时更新换代；③产品的成本和功能要求不仅涉及设计与制造过程，还包括销售及维修等产品的全生命周期；④生产组织的个体化或动态公司化；⑤多种资源、技术、信息的综合利用或集成；⑥制造业市场竞争加剧。

可见，现代制造新技术所追求的共同目标是成本低、生产率高、灵活性好、全生命周期服务、适应市场变化、质量优，即以"快速、灵活、便宜、质优"而取胜。其特征是：①借助于计算机技术，让计算机参与或计算机辅助完成各种相关工作，如设计、制造、测试、管理、工艺规划等；②强调人的参与，形成人机一体化的交互式系统；③改变组织结构；④强调缩短研制、开发周期，强调减少辅助环节，降低成本，争取时间；⑤强调产品的全生命周期的总成本和总满意度，统筹规划，用户早参与，既顾及产品本身性能，又能顾及对环境、社会的影响；⑥强调各种过程（设计、制造、质检等）、各种资源（人、财、物、信息、设备）、各种技术的综合与集成；⑦将人的智能引入制造工程。总之，新的制造技术的共同特征是高度柔性化、灵捷化、集成化、质量全面化和智能化。所追求的目标都是提高产品质量

及生产效率，缩短设计及制造周期，降低生产成本，最大限度地提高制造业对市场的应变能力，满足用户需求。

我们应针对我国的具体情况，对现代和未来制造业的共有特征作出分析，研究发展战略，制定发展对策，赶上现代制造技术的主流。

第2章　计算机辅助设计与制造(CAD/CAM)

2.1 概　　述

2.1.1 CAD/CAM 技术发展概况

计算机辅助设计（Computer Aided Design）和计算机辅助制造（Computer Aided Manufacturing），常用 CAD/CAM 表示，是指产品设计和制造技术人员在计算机系统的支持下，根据产品设计和制造流程进行设计与制造的一项技术，也是人类智慧与系统中的硬件和软件功能的巧妙结合。它可以使远非单纯人脑所能承担的设计和制造任务当作日常工作处理，其处理能力和复杂程度，将随着一代又一代新的计算机硬件和软件的出现而不断提高。

CAD/CAM 技术是近 20～30 年中迅速发展起来的一门新兴的综合性计算机应用系统技术。20 世纪 40 年代出现第一台计算机，50 年代出现第一台数控机床，60 年代出现交互式图像显示设备、定义自由曲面的方法和力学计算的有限元法，70 年代出现的工作站（Workstation）和造型技术（Wireframe Modeling，Solid Modeling，Surface Modeling）、数据库技术、专家系统，80 年代出现智能机器人技术，CAD/CAM 历经形成、发展、提高和集成各个阶段。市场环境（企业竞争，产品市场寿命短）、设计环境（开发新产品的成功率要高而设计周期短）、制造环境（多品种、小批量和高质量）的变化是 CAD/CAM 技术发展的动力。今天 CAD/CAM 已渗透到工程技术和人类生活的几乎所有领域，并日益向纵深发展。迄今为止，在计算机技术的应用领域中，CAD/CAM 的覆盖率可达 60%。

CAD/CAM 技术主要服务于机械、电子、宇航、建筑、轻纺、管道敷设等产品的总体设计、外形设计、结构设计、优化设计、运动机构的模拟设计、有限元分析的前后置处理、物体质量特性计算、工艺过程设计、数控加工、检验测量等环节，它涉及计算机科学、计算数学、计算几何、计算机图形学、数据结构、数据库、数控技术、软件工程、仿真技术、机器人学、人工智能等新的学科领域。

CAD/CAM 技术具有高智力、知识密集、更新速度快、综合性强、效益高、初始投入大等特点，是世界各国竞相大量投资的高技术——计算机集成制造系统 CIMS（Computer Integrated Manufacturing System）的核心技术基础之一。CAD/CAM 技术的发展，不仅深刻地改变了人们能够借以设计和制造各种产品的常规方式，而且影响到企业的管理和商业对策。因此，任何一个企业和研究机构要想保持设计和制造中的竞争能力，就必须努力研究、开发或使用 CAD/CAM 技术。

设计、制造和市场被看做是从设计思想形成到交付产品的生产过程中三个不可分割的组成部分（图 2-1）。市场把产品的需求信息提供给设计部门，设计部门将产品的定义数据和各种参数传送到制造部门，制造部门中的计划职能单位将产品的定义数据（例如几何数据、加工信息等）转换成工艺定义数据和有关产品制造的说明，然后将这些信息传送到工厂的加工现场，工厂据此进行生产。以计算机为基础的计划工作和管理工作，直接制订出进度计划并监视制造过程和控制产品质量。

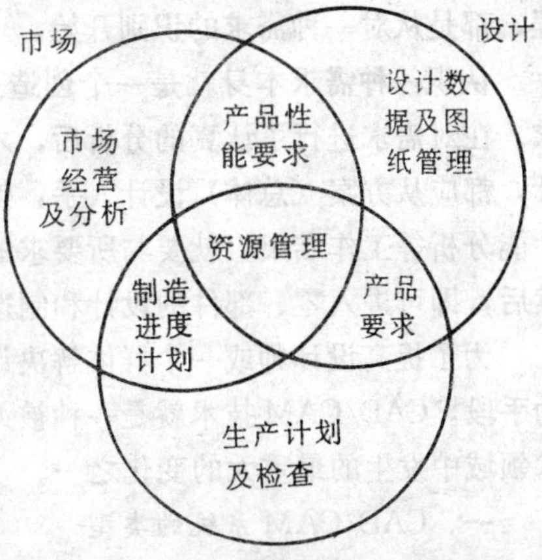

图 2-1　市场、设计、制造的相互关系

我国研究 CAD/CAM 技术始于航空工业。1965 年应用多点加载的弹性梁理论设计了拟合翼型曲线的力学样条算法和机翼外形计算程序，同时以美国的 APTⅡ为蓝本研制了具有 $2\frac{1}{2}$ 坐标功能的 PCL 数控加工自动编程系统 SKC—1。在此基础上，以后又发展了 SKC—2，SKC—3 和 CAM251 数控加工绘图语言，功能从 $2\frac{1}{2}$ 坐标扩大到 3，4，5 坐标。与此同时，在 TQ—16 机上发展了若干种拟合飞机外形的曲线、曲面处理系统，在数学方法上使用了 $y=f(x)$ 形式的小挠度样条、孔斯（Coons）参数曲面、可以准确表示二次曲线的有理参数三次样条、非均匀 B 样条等，并相继研制了 SKHT、AD80、飞龙 79、飞龙 81 等数控绘图系统。

除航空工业外，我国的造船工业也是发展 CAD/CAM 技术卓有成效的行业。这主要表现在船体的数学放样、线型光顺、绘图以及火焰切割语言、数据库配置、集成化系统的设计等方面都有很多创造。

进入 20 世纪 80 年代中期，CAD/CAM 技术已在我国机械、电子、建筑、宇航、轻纺等行业得到了迅速发展。到目前为止，已经引进了近千套大、中、小型机和超级微机的 CAD 硬件系统、I—DEAS，ProE，UG，CADAM，CATIA，CALMA，MEDUSA，TIPS，GEOMOD，EUCLID 等商用 CAD 软件系统以及 ADAN，ANSYS，NASTRAN 等有限元分析软件系统。但是，硬件利用率较低，软件的应用和二次开发进展缓慢。

2.1.2　CAD/CAM 系统

物质世界的各种发明创造，都是为了满足人类的需要而发展起来的。在每种情况下，总是先有某种需要，而后产生一种怎样才能满足那种需要的思想，最后经过努力将其变为现实。人们把从需要到产生思想，再把这种思想变成实物，一般称其为设计和制造过程。这一过程包括市场需求分析、产品性能要求的确定、总体设计模型的建立、模型的综合分析、结构设计、方案优选、评估决策、工程描述、工艺规程设计、加工、装配和检测等环节或者概括地说，产品设计和制造是指从市场需求分析开始，直到形成为产品所必需的一系列有序活动。

从计算机科学的角度看，设计和制造过程是一个信息处理、交换、流通和管理的过程。因此，人们能够对产品从构思到投放市场的整个过程进行分析和控制，即对设计和制造过程中信息的产生、转换、存储、流通、管理进行分析和控制。CAD/CAM 系统实质上是一个有关产品设计和制造的信息处理系统。

产品的类型虽然成千上万，但其设计和制造的时间顺序模式却大同小异。任何设计制造过程，都是从对一种需求的识别开始。

认识一种需求本身就是一个创造过程。设计者常常在竞争形势的观察中察觉出大量的需求。在对需求进行了认真的分析后，才能进入创造性的工程设计阶段。是重新设计还是改型设计，都应从方案（总体）设计入手，使设计产品模型化，然后进行结构设计。一旦结构设计和性能分析等工作结束，就要与所要求的设计性能进行比较并得到最后的经过优选的各种参数。然后，即可进入零、部件的设计和制造。

为了提高设计师或一个群体解决设计、制造问题的创造性和工作效率，已经提出了多种辅助手段。CAD/CAM 技术就是一种被人们广泛采用的主要辅助手段，它是工业革命以来工程技术领域中发生的最重大的变化之一。

一、CAD/CAM 系统的类型

根据功能的不同，目前市场上流行的商业性 CAD/CAM 系统，大体上可划分为两种类型。

1. 通用性系统

典型的通用性系统有 CADAM，UG—Ⅱ，CATIA 等。CADAM 系统是美国洛克希德飞机公司 1965 年开始研制的绘图加工系统，1972 年投入生产使用，1975 年进入市场，目前国际上已有近百家飞机公司和其他部门引用，我国也有 10 余套 CADAM 系统在使用，CADAM 系统是在 IBM 大型机系列和 IBM2250 光笔图形显示终端上开发的。

CADAM 的设计思想是使新的计算机绘图方式尽量保持原来工程制图的习惯，用三面投影图描述三维形体。其内部的存储格式是 $2\frac{1}{2}$坐标的，例如存放一个视图的 Z 平面位置以及各点的 x，y 坐标值。该系统可以在屏幕上百分之百地完成一幅工程图的图面设计，包括标注尺寸线和全部图注，可以方便地存储、调用和修改图纸，同时还能对所设计的产品做几何分析、构造有限元模型、生成数控加工指令等。

UG—Ⅱ（UNIGRAPHICS）是麦道公司自 1984 年起推出的商品化 CAD/CAM/CAE 系统软件。它最早是在 VAX 计算机的通用环境下开发的，后来逐渐转移到 Unix 工作站上，例如 SGI 工作站。从 UG—16 版本以上完全抛开 Unix 操作系统，采用 Windows NT 与目前通用的 Windows 界面相统一，可仿 Unix。使 UG—16 除了可在一般的微机（至少 64MB 内存）上运行外，也可以在工作站上运行。

UG—Ⅱ作为一个 CAD/CAM/CAE 系统，主要提供了以下功能：工程制图模块、线框、实体、自由曲面造型模块、特征建模、用户自定义特征、装配、虚拟现实及漫游、逼真着色、WAVE 技术（参数化产品设计平台）、几何公差等 CAD 模块。

UG—Ⅱ还有较强的 CAM 功能，主要有：车加工、型芯和芯腔铣削、固定轴铣削、清根切削、可变轴铣削、顺序铣、后置处理、切削仿真、线切割、图形刀轨编辑器、NURBS（非均匀有理 B 样条）轨迹生成器。

提供的 CAE 部分主要有如下功能：

有限元分析、机构分析、注塑模分析等模块。另外，UG—Ⅱ还提供了较为完善的钣金件的设计、制造、排样及高级钣金的设计功能。

此外，UG 还提供了用户进行二次开发的接口及用户界面的设计工具等。

CATIA 软件是与 UG—Ⅱ软件功能类似的 CAD/CAM/CAE 系统，但 CATIA 主要应用于航空航天工业，而UG—Ⅱ除了航空航天业外，在汽车、船舶等行业也有较广泛应用。

ProE（Pro/Engineer）和Solidworks在较广泛的机械制造领域中大量使用。

Pro/Engineer是PTC（Parametric Technology Corporation）公司的著名产品。它备有统一的数据库，并具有较强的参数化设计、组装管理、生成加工过程及刀具轨迹等功能；它还提供各种现有标准交换格式的转换器以及与著名的CAD，CAE系统进行数据交换的专用转换器，所以也具有集成化功能。该系统的另一个特点是硬件独立性，它可以在DEC，HP，IBM，SUN，SGI等各种工作站上运行。Pro/Engineer采用实体造型技术，新版本（V8.0）也增加了参数化曲面造型功能，系统也具有用户自定义形状特征的模块。

Pro/Engineer共提供21个模块供用户选择配置适合自己的系统。其中主要模块有：①Pro/Engineer。该模块是系统的基本模块，其功能包括参数化功能定义实体零件及组装造型、三维着色实体或线框造型以及完整的工程图的生成。造型不仅可以在屏幕上显示，还可传送到绘图机或其他支持Postscript格式的彩色打印机上。②Pro/Design。该模块可供用户做二维平面布置上的非参数化组装概要设计，或二维平面布置上的参数化概念分析和三维部件装配平面布置，以加速设计大型及复杂组装的顺序过程。③Pro/Detail。它直接从Pro/Engineer的实体造型上产生ANSI，ISO，DIM或JIS标准工程图，它给用户提供很多的标注尺寸、公差和产生视图的功能。④Pro/Feature。它具有允许用户自定义形状特征和组成复杂形状特征的功能。⑤Pro/Surface它是复杂型面造型模块，可提供各种手段，使用户方便地生成一些需要的流线型表面。⑥Pro/Mesh。该模块能自动生成实体模型的有限元网络，供有限元分析用。输出格式适合于多种兼容的标准有限元分析软件。⑦Pro/Manufacturing。它可生成工艺加工工艺规程、刀具路线轨迹，并能对所生成的工艺过程作工时和成本的估算。该模块还将工艺规程与设计造型直接集成起来，所以任何设计上的改变会使软件自动修改工艺规程。本模块安排的工序包括钻孔、车削和铣削等，可进行5坐标加工。⑧Pro/Moldesign。它用于设计模具部件和模板组装，可自动设计浇口、浇道、浇槽，允许用户同时设计零件和模具。该模块还可作模具的注塑模拟。⑨Pro/Sheetmetal。它具有钣金参数化造型和组装功能，并可指定钣金加工工序，如冲孔、分段冲裁、冲缺等。10Pro/Cabing。它是电缆布线模块，可以同时在电机及机械部件设计和组装中进行，以做到布线优化。11Pro/Assembly。它是参数化组装管理模块，能提供用户表格式手段去产生组装系列，并在组装中自动更换零件。该模块中还包括Pro/Program模块，这是一种提供用户自行编写参数化组装程序的开发工具。12Pro/Interface。该模块提供与其他CAD/CAM系统间的各种标准数据交换格式，例如IGES，SET，VDA和DXF等。13Pro/EC-AD。此模块提供与一些电机CAD系统之间进行数据交换的接口，交换的信息包括电路板轮廓部分面积和高度限制、电子元件形状和位置等。14Pro/CAT。该模块提供与CATIA CAD系统的双向数据交换接口。15Pro/Draft。它是二维绘图模块，其功能是可以使用户直接生成和绘制工程图而无需进行三维造型，也可通过IGES或DXF或接口接受其他CAD系统生成的工程图。16Pro/Libraryaccess。它提供用户各种标准数据库不同的访问权限。数据库包括标准零件及形状特征、生产用刀具和夹具、电缆布线用的接线器和模块零件等。除上述主要模块外，Pro/Engineer还提供用于工程管理的工具、用户利用已有软件自行开发可在系统中运行的程序的工具等。

2. 单功能系统

20世纪70年代末，英国剑桥地区以剑桥大学和CAD中心为核心开设了很多小公司，人员组成少而精，由10人到20人不等，每个公司开发一种到两种小系统，专业上相互间有所分工，又彼此协调，地区内配套。开发的系统有：

GDS——通用绘图系统；

MEDUSA——二维和三维几何设计系统；

ROMULUS——体素拼合系统；

FEMGEN，FEMVIEW——有限元法的前置和后置处理系统；

GNC——$2\frac{1}{2}$坐标数控编程系统；

POLYSURF——参数曲面定义和加工系统；

CINO—F——通用图形输入输出系统；

GEMS——彩色图像显示和处理系统。

从我国的实际情况出发，目前一部分单位处于单功能系统的开发阶段，所以上述开发模式对我们有一定的参考价值。但也有些单位开发的软件功能较完备，使用较方便，例如北京航空航天大学的CAXA系统就是一个功能较完备的CAD/CAM系统。

二、CAD/CAM系统应具备的功能

1973年，当CAD/CAM还处于初期实用阶段时，国际信息处理联合会IFIP（International Federation of Information Processing）曾经给CAD下了一个广义的、并未得到公认的定义："CAD是将人和计算机混编在解题专业组中的一种技术，从而将人和计算机的最优特性结合起来。"人具有逻辑推理、判断、图形识别、学习、联想、思维、表达和自适应的特点和能力，计算机则以运算速度快、存储量大、精确度高、不疲劳、不忘记、不易出错以及能迅速显示数据、曲线和图形见长。所谓最优特性"结合"，即通过人机交互技术，让人和计算机进行信息交流和分析，互相取长补短，使人和计算机的最优特性都得到充分发挥，从而可以获得最佳的综合效果。

一个比较完善的CAD/CAM系统，是由产品设计制造的数值计算和数据处理程序包、图形信息交换（输入、输出）和处理的交互式图形显示程序包、存储和管理设计制造信息的工程数据库等三部分构成的。这种系统的主要功能包括以下几项。

1. 曲面造型（Surface Modeling）功能

系统应具有根据给定的离散数据和工程问题的边界条件来定义、生成、控制和处理过渡曲面与非矩形域曲面的拼合能力，提供汽车、飞机、船舶设计和制造，以及某些用自由曲面构造产品几何模型所需要的曲面造型技术。

2. 实体造型（Solid Modeling）功能

系统应具有定义和生成体素（Primitive）的能力，以及用几何体素构造法CSG（Constructive Solid Geometry）或边界表示法B-rep（Boundary representation）构造实体模型的能力，并且能提供机械产品总体、部件、零件以及用规则几何形体构造产品几何模型所需要的实体造型技术。

3. 物体质量特性计算功能

系统应具有根据产品几何模型计算相应物体的体积、表面积、质量、密度、重心、导线长度以及轴的转动惯量和回转半径等几何特性的能力，为系统对产品进行工程分析和数值计算提供必要的基本参数和数据。

4. 三维运动机构的分析和仿真功能

系统应具有研究机械运动学特征的能力，即具有对运动机构（如凸轮连杆机构）的运动参数、运动轨迹、干涉校核进行研究的能力，以及对运动系统的仿真等进行研究的能力。从而为设计师设计运动机构时，提供直观、可以仿真的交互式设计技术。

5. 二、三维图形的转换功能

众所周知，设计过程是一个反复修改、逐步逼近的过程。产品总体设计需要三维图形，而结构设计主要用二维图形。因此，从图形系统角度分析，设计过程也是一个三维图形变二维图形，二维图形变三维图形的变换过程，所以，CAD/CAM 系统应具有二、三维图形的转换功能。

6. 三维几何模型的显示处理功能

系统应具有动态显示图形、消除隐藏线（面）、彩色浓淡处理（Shading）的能力，以便使设计师通过视觉观察、构思和检验产品模型，解决三维几何模型设计的复杂空间布局问题。

7. 有限元法 FEM（Finite Element Method）网格自动生成功能

系统应具有用有限元法对产品结构的静、动态特性、强度、振动、热变形、磁场强度、流场等进行分析的能力，以及自动生成有限元网格的能力，以便为用户精确研究产品结构受力，以及用深浅不同的颜色描述应力或磁力分布提供分析技术。有限元网格，特别是复杂的三维模型有限元网格的自动划分能力是十分重要的。

8. 优化设计功能

系统最低限度应具有用参数优化法进行方案优选的功能。这是因为，优化设计是保证现代产品设计具有高速度、高质量、良好的市场销售的主要技术手段之一。

9. 数控加工的功能

系统应具有三、四、五坐标机床加工产品零件的能力，并能在图形显示终端上识别、校核刀具轨迹和刀具干涉，以及对加工过程的模态进行仿真。

10. 信息处理和信息管理功能

系统应具有统一处理和管理有关产品设计、制造以及生产计划等全部信息（包括相应软件）的能力。或者说，应该建立一个与系统规模匹配的统一的数据库，以实现设计、制造、管理的信息共享，并达到自动检索、快速存取和不同系统间的交换和传输的目的。

2.2 计算机辅助设计基础

2.2.1 概述

计算机已经发展成为商业、行政管理、军事、工程和研究等方面的必不可少的工具，特别是近几年来，计算机本身证明它在设计和制造上也是一种强有力的工具。在本章中，我们将讨论计算机技术在产品设计和制造中的应用。

2.2.2 CAD 系统的定义

正如第一节中所定义的那样，计算机辅助设计包括了利用计算机去开发、分析或修改一个工程设计所进行的各种设计活动。现代的 CAD 系统（也常叫做 CAD/CAM 系统）是以交互式计算机图形学（ICG）作为基础的，交互式计算机图形学表示了一种面向用户的系统。以图形或符号的形式利用计算机生成、修改和显示数据。计算机图形学设计系统的用户——设计者，通过几种输入设备把数据和指令传递到计算机，计算机通过阴极射线管显示器（CRT）或液晶显示屏（LCD）和用户进行通讯，设计人员可通过输入指令调用所需要的已经储存在计算机内的软件子程序，在 CRT 或 LCD 屏幕上形成图像。在大多数系统中，这种图像是由基本的几何元素——点、线、圆弧等构成的。它可以根据设计者的命令，在屏幕上进行尺寸的放大和缩小，图形的移位、旋转以及其他变换，通过这些处理，形成所需要的图形的细节。

典型的 ICG 系统是一种硬件和软件的组合，硬件包括一台中央处理机、一个或几个工作站以及打印机、自动绘图机和其他绘图设备等外围设备。软件由完成系统中图形处理所需要的程序和为完成用户所要求的特殊工作的专门的应用程序所组成。

ICG 系统是计算机辅助设计系统中的一个重要组成部分，注意这个事实是很重要的。另外一个主要组成部分是人——设计者。交互式计算机图形学是设计者用来解决设计问题的一种工具，实际上，ICG 系统扩大了设计者的能力，这被称为“协同效应”。设计人员所完成的那部分内容是最适合人的智能的（概念化、独立思考）。计算机所完成的工作也是很适合它本身的能力的（高速运算、直观显示、大量数据的储存），合成的系统超过了各个组成部分的总和。

采用计算机辅助设计系统有下面四点基本理由：

（1）提高设计人员的效率　系统能够帮助设计人员对产品、部件的局部装配和零件有一个更加直观的了解，并减少综合、分析和编写设计文件所需的时间，从而提高了设计效率。设计效率的提高不仅降低了设计成本，而且缩短了设计周期。

（2）改善设计质量　一个 CAD 系统可以进行较周密的工作分析，研究更多的可供选择的设计方案，通过系统给定的高精确度来减少设计误差，这些因素使之产生出较好的设计。

（3）改进信息的传递　CAD 系统的使用提供了更好的工程制图，更多的制图标准化、更好的编制设计文件、更少的制图错误和更高的清晰度。

（4）建立一个用于制造的数据库　为产品设计建立设计文件（包括产品和零件的几何形状和尺寸、零件的材料规格、材料清单等）的处理过程中，也就建立起制造产品所需要的大量的数据库。

2.2.3 历史的回顾

计算机辅助设计的发展在很大程度上与计算机图形学有关，当然，CAD 系统包含的内容比计算机图形学多得多，这些我们将在下面讨论。然而，交互式计算机图形学为计算机辅助设计提供了一个必不可少的技术基础。

计算机图形学领域里一项很有意义的研究课题是 20 世纪 50 年代中期和末期，麻省理工学院开发的 APT（Automatically Programmed Tools）语言，这项研究涉及利用计算机进行数控部分编程所需的一种定义几何元素的简便方法。在本章的后半部分里我们将讨论数控编程，尤其是 APT 语言，虽然 APT 语言的发展是计算机图形学领域里的一个重要的里程碑，但早期使用的 APT 并没有实现交互式。

另一个概念——光笔，这个名称形成于 20 世纪 50 年代末期。这种装置的原理是从名为 SAGE（Semi - Automatic Ground Environment System）的防御计划的雷达数据处理研究中得出的，这项计划的目的是开发一种系统，它对雷达收集的信息进行分析处理，同时又能在 CRT

显示器上表示出可能被轰炸的目标。为了缩短歼击机拦截轰炸机的显示时间，就产生了一个利用光笔在 CRT 屏幕上标出一个特殊区域的想法。

在 60 年代初期，Ivan Sutherland 在麻省理工学院进行了一项名为“Sketchpad”的设计，而且，在 1963 年的计算机秋季联合全上提出了一篇关于他的某些研究成果的论文。“Sketchpad”这一课题的研究是很有意义的，因为它是在 CRT 屏幕上实时生成和修改图形的首次论证。许多观察者认为，它标志着交互式计算机图形学的开始。

2.2.4 设计过程

在分析计算机辅助设计几个方面的问题之前，我们按 Shigley 对设计过程的描述强调设计是一个反复迭代的过程。Shigley 把一般的设计过程，分成六个步骤或阶段：①确定设计要求；②确立问题；③综合归纳；④解析及优化；⑤评价；⑥图形显示。

识别设计包括认识存在的问题及其正确的解决办法。这些问题可以是对工程师设计的通用机械中的某些缺点的鉴别，或者是推销员对新产品市场信息的预测。确定问题包括对设计项目制定严格的技术要求。这些要求包括物理特性和功能特性、价格、质量和操作特性。

在设计过程中，综合和解析两者是密切相关而又总是相互反复迭代的。总的系统中的某一组成部分或子系统，一经分析就由设计者归纳形成概念，它们通过解析过程进行改进并重新设计。这个过程重复进行，直到在设计者限定的条件下达到最优化的设计为止。这些组成部分和子系统以同样的反复迭代的方式被综合归纳到最终的总的系统中去。

评价则涉及如何按照问题确定阶段所规定的技术要求对设计进行测定。这种评价往往需要进行样机的试制和测试，以便评定其操作性能、质量、可靠性和其他指标。设计过程的最后一项是设计结果的显示，它包括图纸、材料详细规格、组件的明细表等设计文件的编制。设计文件的编制必不可少地需要建立设计资料的数据库。

工程设计传统上都是在绘图板上完成的，而且以详细的工程图的形式提供设计文件。机械设计包括产品图及它的各组成部分、子系统和生产产品所需要的工具和夹具。电气设计涉及提供线路图及电气元件的详细规格等。其他工作设计领域（如结构设计、飞机设计、化工设计等）同样要求手工编制文件。在每一项工程中，传统的方法是用手工综合一个初步的设计，然后对该设计进行某种形式的分析，这种分析可以包括复杂而精细的工程计算，也可以包括对设计的审美力的主观判断，分析过程识别设计可做的某些改进。如上所述，这种处理是反复迭代的。每一次迭代产生一次设计上的改进。迭代过程的最大困难在于耗费大量时间，完成设计方案就需要许多工时。

2.2.5 计算机在设计中的应用

由现代化计算机辅助设计系统完成的各种设计任务可分为四个方面的功能：①几何造型；②工程分析；③设计审核和评价；④自动绘图。

这四个方面相当于 Shigley 提出的一般设计过程中的最后四个阶段。几何造型相当于“综合”阶段，在这一阶段内，借助了交互式计算机图形系统，进行结构设计方案的选定；工程分析相当于第四阶段，进行分析和优化；设计审核和评价是一般设计过程的第五步；自动绘图包括将存放在计算机存储器内的设计图像数据转换成为硬拷贝文件。它是显示设计结果的一种重要方法。

一、几何造型

在计算机辅助设计中，几何造型涉及计算机兼容的某一物体几何图形的数学描述，数学描述使物体的图像可以通过计算机辅助设计系统的 CPU 产生的信号在图形终端进行显示和处理，具有几何造型能力的软件必须设计成可供计算机和设计人员有效地使用。

为了进行几何造型，设计人员通过生成基本的几何元素，如点、线和圆等，对这些元素定比例、旋转或其他变换，使各种元素连接成人们所要的物体的形状，并在交互式计算机图形系统中生成图形，在屏幕上构成物体的图像。在几何造型过程中，计算机将这些图形变成数学模型，以数据文件的形式储存在计算机中并在屏幕上显示出图形，随后，可以由数据文件调用模型去进行审核、分析或改造。

几何造型描绘物体有几种不同的方法。基本的方式是用线框表现物体，在这种方式中物体由相互连接的线表示，如图 2－2 所示，线框几何造型按照交互式图形系统的功能，可以分成三类，这三类是：

(1) 2D　二维表示方式，用于平板类物体。

(2) $2\frac{1}{2}$D　这种方式在一些方面超出二维的范围，可以表现一个三维物体，只要这些物体没有侧壁枝节部分。

(3) 3D　这种方式可以得到更复杂的几何形状的全三维造型。

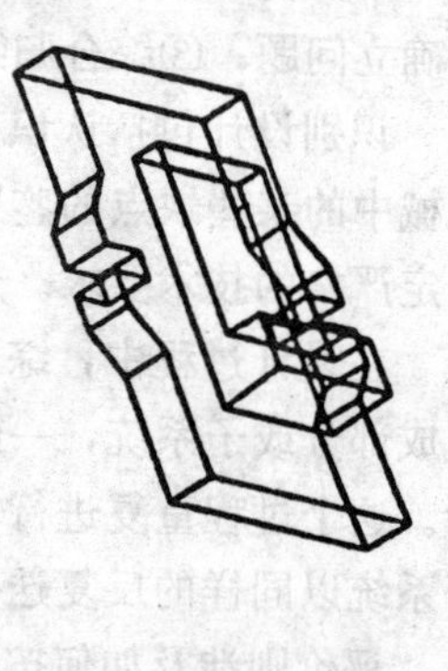

图 2－2　零件线框图

有时，对于复杂的形状，甚至于用三维的线框图也不能正确表达，线框模型可以用几种不同的方法来加强，图 2－3 表示上图所示的同一物体，但是有两种可能的改进方法，第一种方法是利用虚线描绘物体的后侧边缘，它们被前面所遮蔽；第二种改善的方法是完全消除隐藏线。这样就为观察者提供了一个清晰的图片。某些 CAD 系统具有一种自动消除隐藏线的功能，而另一些系统则要求用户由观察者去识别要消除的线，线框图的另一种改进的办法是表面表示法，它给观察者看到的是立体的形状，而储存在计算机内的还是线框模型。

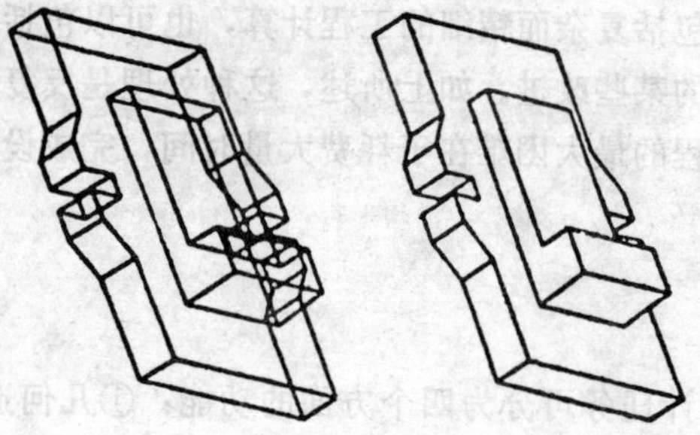

图 2－3

(a) 用虚线表示零件的后侧　(b) 消除了隐藏线

图 2－4　零件的三维实体模型

最先进的几何造型方法是三维实体造型。这种方法见图 2－4 中，一般是使用称为“图素”的立体几何形状构成物体，我们将在以后讨论线框图和立体模型之间的差别。

某些 CAD 系统的另一个特性是具有绘制彩色图像的功能，利用彩色可以在图像屏幕上显示更多的信息。彩色图像可以使装配组件中的零件更清晰，或者使尺寸更突出，或者可以达到其他许多目的。

二、工程分析

某些类型的分析几乎在所有的工程设计方案的公式表达方式中都是需要的，这种分析可以包括应力-应变计算、热传导计算或者用于所要设计的系统的动态描述的微分方程求解。计算机可以被用来辅助这些分析工作。经常需要由工程分析小组内部开发专门的程序来解决一个特殊的设计问题，在另外一些场合，工程分析可以用市场上销售的通用软件来完成。

工程分析软件中可进行物质性能分析（表面积、重量、体积等）和有限元分析。

三、设计的审核和评价

可以很方便地在图像终端校核设计的精确度，并可进行零件装配的“干涉”校验。

四、自动绘图

包括直接从 CAD 数据库生成工程图的硬拷贝。而有些 CAD 系统可以自动标注尺寸，生成阴影面，按比例绘图，产生断面图和放大图。

五、零件的分类和编码

零件的分类和编码是用与编码分类表格相似的零件设计分类，并将各相似性联系起来。设计者可以用分类和编码系统去检索已有的零件设计而不总是重新设计新零件，这样的系统在制造方面也有一些用处。

2.2.6 建立一个用于加工的数据库

在上一节中已经叙述了计算机辅助设计对提高企业设计部门的生产率的许多方法，使用 CAD 系统的另一个重要原因是它可以得到制造产品所需要的数据库。通常工业上的制造周期要好几年，由设计绘图人员提供工程图，然后由制造工程师编制工艺过程计划（即“工艺卡”），把有关产品设计与加工过程的工作分隔开来，基本上使用了一个分两步走的过程，这样既浪费时间又使设计人员和制造人员重复劳动。而在一个集成的 CAD/CAM 系统中，产品设计和制造人员建立起直接的联系。CAD/CAM 的目的不只是实现某些设计步骤的自动化和某些制造过程的自动化，而且实现设计与制造之间的自动传递。基于计算机的系统已经得到发展，它产生产品制造过程中所需的计划和管理的许多数据和文件。

用于加工的数据库是一个集成的 CAD/CAM 数据库，它包括了设计阶段获得的有关产品的全部数据（几何形状数据、材料清单、零件清单、材料详细规格等）以及生产需要的另外一些数据，它们中很多也是以产品设计为基础，图 2-5 表示一个典型的面向生产的企业中 CAD/CAM 数据库与设计和制造的关系。

2.2.7 计算机辅助设计的效益

计算机辅助设计有很多好处，但其中仅有一部分能够很容易地加以估量，有些效益是无形的，反映在改善工作质量、获得更加合适有用的信息、改善控制等方面，所有这些都很难定量测定。而另一些效益是有形的，但由此而得到的节约（资金）要在生产过程以后才显露出来，所以在设计阶段很难对它给出一个资金数目。某些由实现 CAD/CAM 所得到的效益能够直接估量。表 2-1 提供了一个关于集成的 CAD/CAM 系统的可能的效益清单。

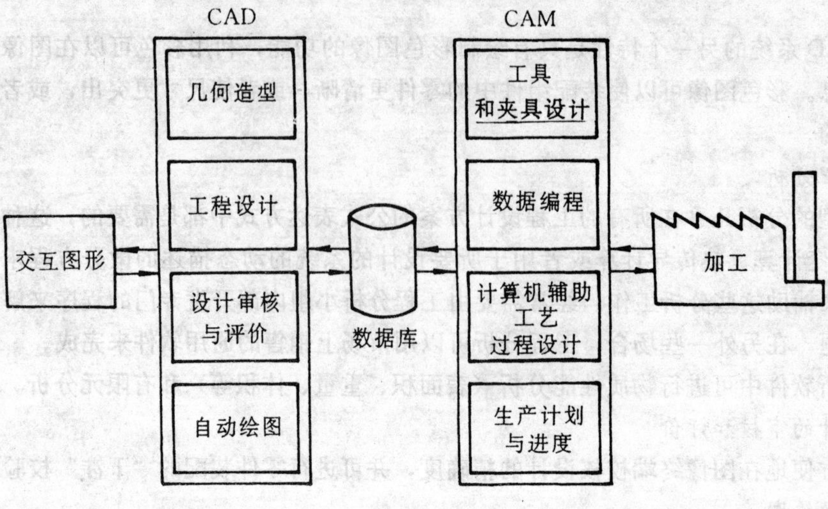

图 2-5　CAD/CAM 数据库与 CAD，CAM 之间理想的关系

表 2-1　实现一个集成 CAD/CAM 系统的 CAD 部分可能得到的效益清单

1. 提高工程的生产率
2. 缩短投产准备周期
3. 降低对工程技术人员的要求
4. 很容易实现用户的修改
5. 对市场需求的快速反应
6. 避免了为适合进度表要求而进行的转包合同
7. 使转换中的错误减小到最少
8. 提高了设计精度
9. 在分析方面很容易判别零件间的相互干涉
10. 提供更好的功能分析以减少样品试验
11. 辅助文件编制
12. 使设计更标准化
13. 提供较好的设计
14. 提高工具设计的效率
15. 提供较好的成本核算资料
16. 缩短了日常的绘图和数控零件编程所需的培训时间
17. 减少了数控零件编程的错误
18. 有可能使用更多的现成的零件和刀具
19. 有助于确保设计结果符合目前的制造技术
20. 使用优化算法，节省材料和加工时间
21. 提供一个工作进行状态下的运行结果
22. 使各个工程的设计人员的管理更加有效
23. 帮助检验复杂零件
24. 在工程师、设计人员、绘图人员、管理人员和不同工程小组间建立更好的联系和更多的理解

2.3 计算机图形软件和数据库

2.3.1 概述

软件与硬件相辅相成，缺一不可。下面将讨论与交互式图形软件和数据库有关的问题和方法。

图形软件是程序的集合，用户可以通过它方便地使用计算机图形系统，它包括在CRT上建立图像，处理图像，完成用户和系统之间的各种交互等。除了图形软件外，还可以有一些附加程序，可以实现CAD/CAM有关的专用功能，包括设计分析程序（如有限元分析和动态模拟），以及制造工艺设计程序（如自动加工设计和数控自动编程）。

计算机图形系统的软件是和系统使用的硬件相关的，W. M. Newman和R. F. Sproull给出了在设计图形软件时必须考虑的六条准则：

(1) 简易性。图形学软件要容易使用。

(2) 一致性。软件对于用户是以一致的可预知的方式工作。

(3) 完整性。在整套图形功能中不应有引起使用不方便的遗漏。

(4) 容错性。系统应以较少的要求承受操作者的失误。

(5) 可行性。在系统硬件限制范围内，软件应该是尽可能地利用系统的性能，图形软件应该是高效的，响应是快速和一致的。

(6) 经济性。图形软件不应该是非常庞大和高价的，以致影响它们的使用。

图形软件包必须具备的主要功能有以下五种：

(1) 生成图形元素。图形元素是基本图像单元，如点、线段、圆等。

(2) 坐标变换。用来改变显示屏上的图像位置。包括比例变换、重新定位和旋转。

(3) 显示控制和开窗功能。使用户能从给定的视角和以要求的比例显示图像。

(4) 分段功能。使用户能有选择地取代、删除或修改图像的某些部分。

(5) 用户输入功能。因为用户输入功能允许操作者将命令和数据输入到系统中去，所以它是图形软件中的一个关键功能块。

用户利用图形软件可进行如下工作：

(1) 几何构形。图形系统通过利用图形元素建立模型来完成应用模型的定义，在构造模型过程中，通过被定义图形元素的调用、组合和图形编辑，生成应用模型。

(2) 变换。许多编辑功能都包括图形元素、由图形元素组成的单元甚至于整个模型的变换，包括二维变换和三维变换。

2.3.2 线框模型和实体造型

一、三维几何的重要性

早期的CAD系统基本上是以二维的形式显示被设计物体的自动绘图系统。操作者（如设计员和绘图员）可以使用这些图形系统，以他们所需的方式产生线框图，然后得到高质量的图纸，使用这些系统可以较快地完成绘图，提高设计效率。

然而，这些早期系统有一个根本性的缺陷。虽然它们能迅速高效地产生高质量的工程图纸，但系统在数据文件里存放的是二维的图形记录。通常图纸的对象是三维物体，因而要求人们用二维图形来解释三维形体，早期的 CAD 系统不能描述物体的三维性质，将信息存储到数据文件中时，要求系统的使用者确定二维表示的正确性（如隐藏线消除或虚线等）。

近几年来，许多计算机辅助设计系统具有三维空间定义物体的能力，这是一个强有力的功能，因为它允许设计者在计算机里产生一个物体的完整的三维模型，而不是二维表示。然后计算机能够生成正视图、透视图和物体的特定细节。

图 2-6 说明了二维图形的局限性，它可以表示若干可能的几何形状中的任何一个，甚至三维透视图，如图 2-7 所示的，也不能惟一地定义物体的立体形状。因而在建立物体模型时图形系统具有三维描述是重要的。

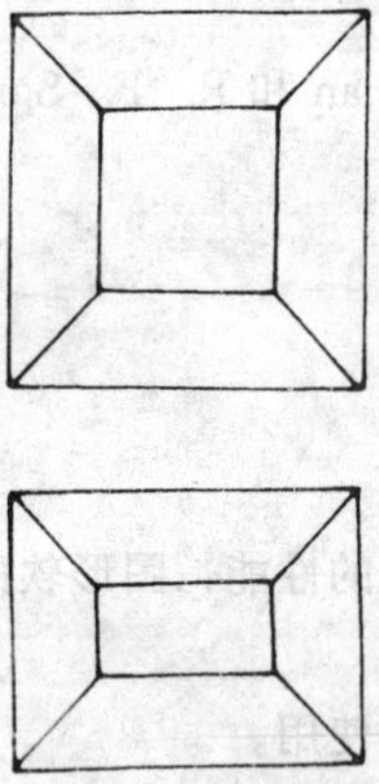

图 2-6　未消除隐藏线的三维物体正视图

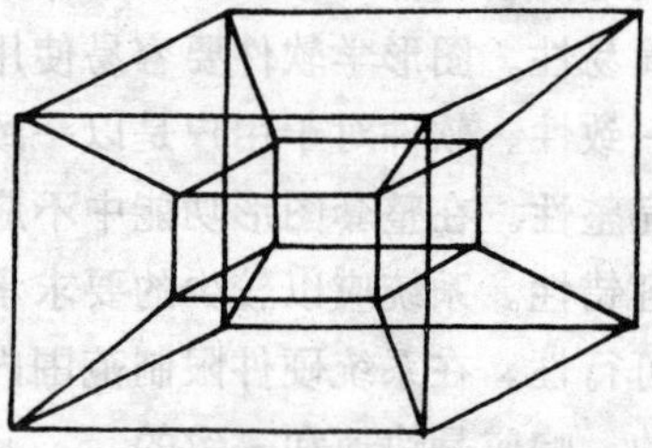

图 2-7　图 2-6 物体的未消除隐藏线的透视图

二、线框模型

目前大多数图形系统使用一个称做线框模型的造型方式。在线框模型的构造中，物体的棱边用线来表示。图 2-2 说明了这个表示形式，对于有曲面的物体，要加一些外轮廓线以表示其轮廓，如图 2-8 所示。图像具有以线条构成框架结构的外貌，因此称作线框模型。用线框模型建立的图像也有一些局限性，当然，这些局限性对三维物体特别明显。在许多场合，线框模型非常适合二维描述。线框模型最大的局限是用以定义模型的边（和外轮廓面）的线显示图像。目前许多使用中的三维线框模型设计系统还没有自动消除隐藏线的功能。结果，表示模型后面棱边的线却通过了前面的面，这将会使观察者对图像感到迷惑不解，某些情况下图像可能以几种不同的方式来解释。如图 2-7 所示，通过人机交互消除图像中位于后面的隐藏线可以解决不同解释的问题。

许多 CAD 系统是在数据库里定义模型的，用线框模型造型对此也有一个限制。例如，在定义面时，面的哪一侧属于实体可能含糊不清，这种限制将造成计算机系统不能全面地和毫不含糊地定义物体。

三、立体模型

实体造型在对用户的真实感和计算机图形定义两方面改进了线框模型。这种方法对于观察者来说看到的是立体物体，出现错误的解释之可能性是最小的，当彩色加到图像上时，图像变得非常逼真，具有这种功能的图形系统将会广泛应用于计算机辅助设计和制造以外的各种领域，这些应用将包括杂志和技术资料的彩色说明、动画电影和模拟训练（如飞机驾驶员训练）。

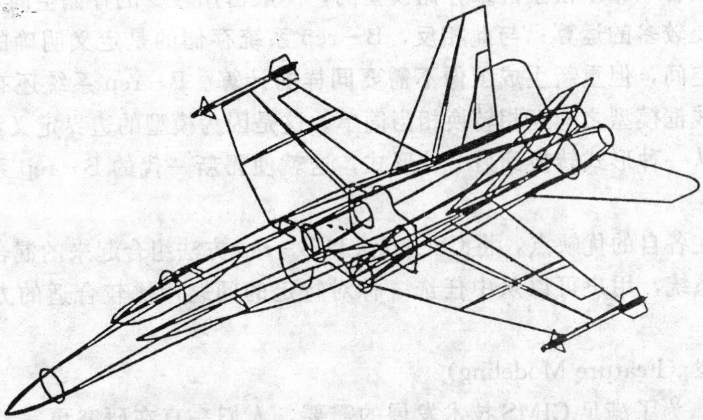

图 2-8　用最主要的控制曲线表示的 F-18 战斗机的线框模型

促使实体造型系统（即具有实体造型能力的图形系统）广泛使用的原因有两个。首先是用户不断地了解到线框模型的局限性，尽管基于线框模型的 CAD 系统已经是很有用了，但实体造型使得图形技术出现惊人的改进；第二个原因是出于计算机硬件和软件的不断发展，使得实体造型变得可以实现。立体模型生成需要大量的运算，涉及计算机速度和存储器大小。高性能、低成本的小型机能满足所需要求。软件的发展，将提供随着实体造型系统的发展而产生的各种应用程序。其中包括自动化程度很高的模型设计系统，更完整的三维模型工程分析，包括干涉检查、自动制造设计和逼真的生产模拟等。

实体造型问题有两种基本方法：

(1) 立体几何构造法（缩写为 CSG），也叫单元构造法。

(2) 边界描述法（缩写为 B-rep）。

CSG（Constructed Solid Geometry）系统允许用户用三维体素如矩形体、立方体、球体、圆柱体和锥体等设计模型，这种单元构造法除了生成物体由三维表示外，对模型描述和前面所述方法相似，在图形数据库中设计立体模型最常用的方法是布尔操作。

边界描述法（Boundary-representations）是以物体边界为基础，定义和描述几何形体的方法。这种方法能给出物体完整、显式的边界描述。其原理是：每个物体都由有限个面构成，每个面（平面或曲面）由有限条边围成的有限个封闭域定义。或者说，物体的边界是有限个单元面的并集，而每一个单元面也必须是有界的。用边界法描述实体，必须满足一定条件。一个理想、有效表面的条件是：封闭、有向、不自交、有限和相连接，并能区分实体边界内、边界外和边界上的点。

这两种方法有它们各自的优缺点：CSG 系统具有令人满意的过程化优点，在模型初始建立时，往往用规则的立体体素，通过各种并、交、差运算，非常容易建立一个精确的立体模型，数据库中用这种方法产生的模型文件也更加紧凑。

另一方面，B-rep 系统也有它的优点，当碰到一些非同一般而且又不包括在 CSG 系统体素清单中的形体时，它的优点就很明显了，像飞机机身、机翼和汽车车身是一个合适的说明，这些形状用CSG系统处理相当困难，但用B-rep方法却非常容易实现。

这两种方法的另一不同点是所采用的模型存储在数据库里的方法。CSG系统是通过数据和逻辑过程的结合（布尔模型）来存储模型的，一般占用较少的存储空间，但重新生成模型和它的图像需要较多的运算；与此相反，B-rep系统存储的是定义明确的模型边界，这需要较多的存储空间，但重新生成图像不需要同样的计算。B-rep系统还有一个优点是边界表示和相应的线框模型之间互相转换相当简单。这是因为模型的边界定义和线框模型定义相似，因而容易从一种形式转换到另一种形式，这就使得新一代的B-rep系统和已存在的CAD系统兼容。

由于两者存在各自的优缺点，将CSG方法和B-rep方法组合起来的混合系统被建立起来了，利用这种系统，用户可以从中任选一种对特定的问题用比较合适的方法来生成几何模型。

四、特征造型（Feature Modeling）

80年代以来，为了满足CIMS技术发展的需要，人们一直在研究更完整地描述几何体的实体造型技术。为实现CAD/CAM技术的集成化，满足自动化生产要求的实体造型技术必须考虑诸如倒角、圆弧、圆角、孔，以及加工用到各种过渡面等形状信息和工程信息，特征造型正是为满足这一要求而提出来的。

特征是指产品描述的信息的集合，并可按一定的规则分类。纯几何的实体与曲面是十分抽象的，将特征的概念引入几何造型系统的目的是为了增加实体几何的工程意义。常用的特征信息主要包括：①形状特征，与公称几何相关的概念；②精度特征，可接受公称形状和大小的偏移量；③技术特征，性能参数；④材料特征，材料、热处理和条件等；⑤装配特征，零件相关方向、相互作用面和配合关系。其中形状特征按几何形状的构造特点可分为：通道、凹陷、凸起、过渡、面域、变形；按特征在设计中所起的作用又可把形状特征分为5类；基本类，零件的主要形状；附加类，形状局部修正特征；交特征类，基本特征和附加特征相交的性质；总体形状类，整个零件的属性；宏类，基本类的复合。

与传统的几何造型方法相比，特征造型具有如下特点：①特征造型着眼于更好地表达产品的完整的技术和生产管理信息，为建立产品的集成信息服务。它的目的是用计算机可以理解和处理的统一的产品模型替代传统的产品设计和施工成套图纸以及技术文档，使得一个工程项目或机电产品的设计和生产准备的各个环节可以并行展开。②它使产品设计工作在更高的层次上进行，设计人员的操作对象不再是原始的线条和体素，而是产品的功能要素，像螺纹孔、定位孔、键槽等。特征的引用体现了设计意图，使得建立的产品模型容易为别人理解和组织生产，设计的图样容易修改。设计人员可以将更多的精力用在创造性构思上。③它有助于加强产品设计、分析、工艺准备、加工、检验各个部门间的联系，更好地将产品的设计意图贯彻到各个后续环节并且及时得到后者的意见反馈，为开发新一代基于统一产品信息模型的CAD/CAPP/CAM集成系统创造前提。

传统的线框造型、曲面造型和实体造型方法只给出了构成几何体的数据，从中无法得知其特征信息，但可以从造型中提取有关的特征。目前有两种提取方法：一种直接使用特征进行设计；另一种是从现有的几何模型提供的数据中提取特征。

特征模型一方面包括了实体造型系统的全部信息，另一方面又能识别和处理所设计零件的特征。从用户操作和图形显示上，往往感觉不到特征模型与实体模型的不同，其主要区别表现在内部数据表示上。

通过定义特征，可以避免计算机内部实体模型数据与外部特征数据的不一致性和冗余，可以方便地对特征进行编辑操作，使用户界面更友好。针对机械产品形状设计定义的主要特征有：孔、轴、圆角、倒角、槽、平椎体、凸缘、筋、吊耳、管道、薄壁件等。

目前一些研究工作者从制造领域着手，将特征与工艺过程设计、数控加工自动编程、零件自动检测等环节联系起来。

以特征为基础的造型方法是CAD建模方法的一个新里程碑，它可以充分提供制造所需的几何数据，从而可用于制造可行性方案的评价、功能分析、过程选择、工艺过程设计等。把设计和生产过程紧密结合，有良好的发展前景。

五、参数化造型

参数化造型的主体思想是用几何约束、工程方程与关系来说明产品模型的形状特征，从而达到设计一簇在形状或功能上具有相似性的设计方案。目前能处理的几何约束类型基本上是组成产品形体的几何实体公称尺寸关系和尺寸之间的工程关系，因此参数化造型技术又称尺寸驱动几何技术。

参数化实体造型中的关键是几何约束关系的提取和表达、几何约束的求解以及参数化几何模型的构造。目前，二维参数化技术已发展得较为成熟，在参数化绘图方面已得到了广泛应用。而三维参数化模型能处理的问题都比较简单，能处理的面类型主要是轴线、平面和轴对称面，能处理的约束类型还很有限。

2.3.3 其他CAD特性和CAD/CAM的一体化

大多数现有的计算机辅助设计系统都具有下述的绘制工程图的功能：

(1) 根据线框模型在图纸上自动绘制交叉阴影线。

(2) 能在图纸上书写正文，并能控制如下参数：字母的尺寸、文体、正文的垂直和水平书写选择等。

(3) 半自动尺寸标注，尺寸可以从数据库中获得。尺寸标注的典型特性包括；常用的直线型和角度型；英制和公制（国际制）；以小数或分数显示尺寸；各种公差显示等。

(4) 自动生成材料清单（装配表和材料表）。

所有这些特性都有助于减少设计和绘图所需的时间。

在大多数CAD系统中，通常提供各种高级语言接口，如FORTRAN语言。这些接口允许用户扩展用于分析的应用程序，同时也提供利用其他程序和子程序的可能性。这些接口使得能在生产发展中应用各种各样强有力的设计分析手段和制造工艺设计方法。

一、CAD/CAM系统的集成

对于产品设计和制造的全过程而言，CAD和CAM技术长期处于单独发展和使用状态。对于不同的CAD系统，在CAD系统与CAM系统之间无法共享信息资源，只能通过专门开发的数据接口实现部分信息的传递。科学计算和CAD/CAM技术的发展，迫切需要开发高效能的集成系统（Integrated System）。

在一个企业、一个设计所中，存在着许多不同时期、不同人员开发的互相缺乏联系的单项应用工程系统（或模块程序），这些独立的系统（或模块程序）互相封闭、各自独立运行。

随着计算机技术的发展和应用水平的提高，用户使用要求的不断扩大与深入，这些不同功能的、孤立的系统远不能满足实际工程的需要，存在愈来愈严重的问题，它们是：

(1) 功能各异、孤立存在的诸系统封闭运行，难于取得及时、正确的综合信息。

(2) 各孤立系统（或模块）自成一体，数据重复和冗余，浪费计算机资源。

(3) 各孤立系统（或模块）相互需要取用的信息，只能通过各自的输入/输出接口人工进行转换，易造成信息丢失。

(4) 各孤立系统之间不能直接通过工程数据库和网络实现信息和资源共享。

(5) 各孤立系统自行开发，低水平重复，人力资源浪费。

如何实现把各种单独的专业应用程序连接在一起，是当前 CAD/CAM 技术的关键之一。

1. CAD/CAM 系统集成化的目的与原则

CAD/CAM 系统集成化的目的是提供一种能覆盖以某类产品为主的、更高效能的设计/制造整体系统。集成系统的集成技术是要实现系统中各应用程序所需要的及产生的信息进行存储和交流，达到软件资源和信息共享，避免不必要的重复和冗余。

系统集成的基本原则是：使一个计算机应用部门或行业的 CAD 和 CAM 应用软件，在 CAD/CAM 总体设计的指导下，以工程数据库为核心，以图形系统和网络软件为支撑，用现代化计算机接口的方法，把这些 CAD，CAM 应用软件连接成为一个有机的整体；使之互相支持，互相调用，信息共同占有，数据共同享用，以发挥出单项应用软件所达不到的整体效益，使应用成果能作综合性的优化处理，得出经济上最合理、技术上最先进的最优化方案和设计。

系统集成的具体原则是：

(1) 各子系统间信息流必须畅通无阻，相互间能达到数据共享和交换，并保证安全、可靠。

(2) 各子系统必须满足该工程领域中 CAD/CAM 应用的要求，软件不应重复，信息不应冗余。

(3) 应充分利用原有的软件、硬件及用户熟悉的操作方式，但又应尽量使用当前的新技术。

(4) 各子系统应用软件集成宜在新一代软件平台上进行。

(5) 各子系统应用软件集成不是现有软件的简单堆积，而应是在该行业、该领域的 CAD/CAM 系统的总体设计的指导下，按照系统工程的原理和软件工程的方法来进行优选、改造和集成。按照该应用工程领域信息流程进行集成，便于发挥集成系统的总体效益。

(6) 集成系统能覆盖产品的设计和制造的主要领域，应有统一的产品数学模型。

(7) 应特别注意各子系统之间的接口关系，应有统一的用户界面和尽可能统一的数据模式，并应获得用户的良好反映。

(8) 为使各子系统有条不紊地投入运行，必须设计完备的执行控制程序，对集成系统进行组织和控制。

(9) 应选择良好的图形和网络支撑环境，尽量选用当前的国际标准。

(10) 集成应符合工程化和实用化要求。

2. CAD/CAM 系统集成化的内容

CAD/CAM 系统的集成内容包括硬件集成和软件集成。硬件和软件组成 CAD/CAM 系统的一个有机的综合体，其选择的依据是用户的需求和系统进一步扩充发展的可能性。

（1）硬件集成　硬件系统的选择与配置有其决策因素，可以选择主机系统的中心配置，也可以选择工作站或微机系统的分布式配置。为了充分发挥资源共享、并行作业，以提高系统的工作效率，选用分布式配置为好。当今网络技术的发展，采用局域网可以将不同型号的微机、工作站连接起来，发挥各自的特长，从而使运行在不同型号计算机上的各子系统在硬件上集成起来。硬件集成也可以采用客户机/服务器（Client/Server）体系结构。它的优点是客户机可以共享网内的各种资源，便于实现多台计算机系统的互连、互操作与集成，提高整个系统的可靠性与实用性。这种网络结构体系，通常用小型机或高档微机作为服务器，服务器提供网络服务、数据库服务、文件服务及通信服务等。这些服务可以由不同的服务器完成，也可以集中在一台服务器上完成。一般 CAD/CAM 系统用的客户机具有较强的图形功能或计算功能，便于满足 CAD/CAM 性能的要求。根据客户（用户）要求在客户机上配备、安装各种需要的子系统，来实现用户进行产品 CAD/CAM 的工作。

（2）软件集成　软件集成包括应用程序的集成和信息集成两个方面。为了便于软件的集成，建议采用系统核心（System Kernel）。它是将 CAD/CAM 软件系统对环境的依赖集中于一体，为应用程序提供各种帮助，包括数据的统一管理、程序管理、数据接口和运行控制等。一般 CAD/CAM 集成系统的核心主要有：工程数据库、通用数据接口、程序管理、统一的用户界面程序和执行控制程序等。采用系统核心的好处是：

1）系统集成具有灵活性。用户可以根据 CAD/CAM 工程的不同阶段，灵活地组织流程，也可以根据工程的不同需求，灵活地增加或减少应用程序，集成系统充分地向用户开放。

2）数据管理的科学性。集成系统中数据分为两类：非共享数据通过专用接口存放在专用数据库中。共享数据通过通用接口存放在公用工程数据库中，从而大大地减少了数据冗余和保证了数据的统一。按专业类别存放的数据便于用户的使用和信息查询。

3）接口程序的精练性。集成的应用程序通过集成核心与其他应用程序实现数据交换，大大减少了接口程序的开发。

4）友好的用户界面。集成提供统一的执行控制程序，按照一般工程技术人员的思维设计流程路径，为用户提供统一的、方便的、友好的菜单式用户界面。

对应用软件程序（子系统）来说，通过对系统运行进行统一组织和控制的执行控制程序（又称总控程序），以及用于进行信息交换的接口和网络程序，使各应用子系统（模块）有机地连接起来，同时对各子系统进行规范管理，还可根据需要，通过菜单的使用，增加系统的灵活性、可扩展性与可维护性。对信息来说，通过数据模型和共享数据库的建立、数据的统一管理、通用数据接口等来实现数据的集成、管理与控制。

一般 CAD/CAM 系统的软件集成需要满足：

1）集成系统有畅通的信息流和正确的数据转换。

2）提供信息共享和软件共享的机制。

3）提供所有软件信息的版本控制及管理。

4）信息项改动时，自动跟踪相关信息项。

5）保证内部有一致性的接口和外部有统一的、友好的人机界面。

6）用统一的执行控制程序来组织各种信息的传递和运行。

经验表明，从一体化 CAD/CAM 数据库中获得的利益远远大于将 CAD 和 CAM 分别应用的得益，在设计所需的数据库和加工中所需的数据库中存在着很大的重复。在设计和制造两者之间传统存在的间隙上架起联系的桥梁是一体化 CAD/CAM 系统的重要目标。

2.3.4 产品数据管理

产品数据管理 PDM (Product Data Management)，将计算机在产品设计、分析、制造、工艺规划和质量管理等方面的信息孤岛集成在一起，对产品整个生命周期内的数据进行统一的管理，准确地描述了企业想干什么事情的全部信息。

一、PDM 定义

按照专门从事 PDM 和 CIM 相关技术咨询业务的国际公司——CIMdata 公司总裁 Ed Miller 在"PDM today"一文中给出的 PDM 的定义是：PDM 是管理所有与产品相关的信息和过程的技术；与产品相关的所有信息，即描述产品的各种信息，包括零部件信息、结构配置、文件、CAD 档案、审批信息等；与产品相关的所有过程，即对这些过程的定义和管理，包括信息的审批和发放。这一定义意味着 PDM 在工业上的应用范围非常广阔。

1995 年 9 月 Gartner Group 公司的 D. Burdick 在所作的"CIM 策略分析报告"一文中定义为：PDM 是为企业设计和生产构筑一个并行产品艺术环境（由供应、工程设计、制造、采购、销售与市场、客户构成）的关键使能技术。一个成熟的 PDM 系统能够使所有参与创建、"交流"、维护设计意图的人，在整个信息生命周期中自由共享和传递与产品相关的所有异构数据。

这里要特别强调几个含义：

(1)"异构数据"　由于产品设计所涉及的知识构成越来越复杂，各领域专家借助不同的硬件、不同的操作系统和不同的应用软件工具参与设计，所以产品信息往往要由不同的软件供应商提供的多种应用软件系统生成或使用。例如采用不同的操作系统，如 Windows NT 和 Unix 等；采用不同的 CAD 软件，如 AutoCAD 和 UG 等；采用不同的数据库管理系统，如 Oracle，Foxpro 等；硬件方面可能采用 PC 机或工作站。这样就产生了类型各异的设计结果数据。又由于参与设计的人员可能分属不同的部门甚至是不同地域，设计活动的分散性使信息存放在不同的部门或异地。总之，由各种不同的应用软件产生，又分散地存放在不同部门或不同地点、不同类型的硬件设备上的产品数据称为异构数据。

(2)"与产品相关的过程"　这些过程指产品的发放过程、产品变更过程和其他的工作流程。

(3)"电子资料室 (Data Vault)"　传统的技术文档是由企业的技术资料室人工管理，管理的是纸介质的图样和技术说明书等文件，这些文件是由人工通过纸介质传送。而电子文档是存放在企业不同部门或不同地点的计算机上的异构电子数据，这些数据要由电子资料室管理，并通过计算机网络信息高速公路有组织地以电子邮件方式进行传送。PDM 是一个面向对象的电子资料室，它能集成产品生命周期内的全部信息（图、文、数等多媒体信息）；它是一种管理软件，它能提供数据、文件、文档的更改管理、版本管理、产品结构管理和工作流程管理；它是在数据库基础上的一种软件技术，它是介于数据库和应用软件间的一个软件开发平台，在这个平台上可以集成或封装 CAD，CAM，CAE 等多种开发环境和工具；它能与制造资源管理 MRP-Ⅱ和人、财、物管理系统 MIS 集成，实现产品生产过程的管理。

目前，PDM 是相当热门且快速成长的技术，得到美、欧、日等工业发达国家企业界的高度重视。据美国CIMdata公司预估，今后5年将以30%的年增长率发展。PDM在我国的应用刚刚起步，就得到我国企业界的广泛关注，并得到共识，即采用PDM，对改变我国国有企业当前处境和促进其走出困境，参与国内和国际市场竞争是一条可行之路。

二、PDM的功能

PDM系统为企业提供了一种宏观管理和控制所有与产品相关信息的机制，覆盖了产品生命周期内的全部信息。与产品相关的信息包括任何属于产品的信息，如CAD/CAM文件、材料清单（BOM）、产品配置、事务文件、产品定单、电子表格和供应商清单等。与产品有关的过程包括加工工序、加工指南、相关标准、工作流程和机构关系等处理程序。

据CIMdata公司的提法，PDM系统主要包括以下几个功能：电子资料室（Data Vault）和文档管理（Document Management）、产品配置管理（Product Configuration Management）或称产品结构管理、工作流程管理（Workflow or Process Management）、分类与查询管理和项目管理等。基于这种技术，PDM系统能够实现分布式环境中的产品数据共享，为异构计算机环境提供一种集成的应用平台，从而较好地实现新一代的计算机集成应用系统。

1. 电子资料室及文档管理（Data Vault and Document Management）

电子资料室（Data Vault）是PDM的核心，它一般是建立在关系型数据库（如Oracle）基础上，主要保证数据的安全性和完整性，并支持各种查询与检索功能。通过建立在数据库之上的相关联的文本型记录，用户可以利用电子资料室来管理存储于异构介质上的产品电子数据文档，如建立复杂数据模型、修改与访问文档、建立不同类型的或异构的工程数据（包括图形、数据序列和字处理程序所产生的文档等）之间的联系，实现文档的层次与联系控制、封装管理应用系统（如CAD、CAPP、字处理软件、图像管理与编辑等），方便地实现以产品数据为核心的信息共享。

电子资料室通过权限控制来保证产品数据的完整性，面向对象的数据组织方式能够提供快速有效的信息访问，实现信息透明、过程透明。

电子资料室通过封装应用软件，使得用户可以快速准确地访问数据，而无需了解应用软件的运行路径、安装版本以及文档的物理位置等信息。它为PDM控制环境和外部世界（用户和应用系统）之间的传递数据提供一种安全的手段，一个完全分布式的电子资料室能够允许用户迅速无缝地访问企业的产品信息，而不用考虑用户和数据的物理位置。

2. 产品配置管理

产品配置管理（Product Configuration Management）以电子资料室为底层支持，以材料清单BOM（Bill of Material）为其组织核心，把定义最终产品的所有工程数据和文档联系起来，对产品对象及其相互之间的联系进行维护和管理，产品对象之间的联系不仅包括产品、部件、组件、零件之间的多对多的装配联系，而且包括其他的相关数据，如制造数据、成本数据、维护数据等。产品配置管理能够建立完善的BOM表，并实现产品版本控制，高效、灵活地检索与查询最新的产品数据，实现产品数据的安全性和完整性控制。

产品配置管理能够使企业的各个部门在产品的整个生命周期内共享统一的产品配置，并且对应不同阶段的产品定义，生成相应的产品结构视图，如设计视图、装配视图、工艺视图、采购视图和生产视图等。

3. 工作流程管理功能

工作流程管理（Workflow or Process Management）主要实现产品的设计与修改过程的

跟踪与控制。包括工程数据的提交与修改控制或监视审批、文档的分布控制、自动通知控制等。它主要管理当一个用户对数据进行操作时会发生什么，人与人之间的数据流动以及在一个项目的生命周期内跟踪所有事务和数据的活动。这一模块为产品开发过程的自动管理提供了保证，并支持企业产品开发过程的重组以获得最大的经济效益。

4. 分类及检索功能

任何一个设计都是设计人员智慧的结晶，日益积累的设计结果是企业极大的智力财富，企业发展的一个重要方面是对现有设计进行革新，创造更好的产品。PDM 的检索和零件库功能就是最大程度地支持现有设计的重新利用，以便创建出新的产品，它包括零件数据库的接口，基于内容的而不是基于分类的检索和构造电子资料室属于编码过滤器的功能。

5. 项目管理功能

一个功能很强的项目管理器能够为管理者提供到每分钟项目和活动的状态信息，通过 PDM 与流行的项目管理软件包接口，还可以获得资源的规划和重要路径报告能力。到目前为止，项目管理在 PDM 系统中考虑得还很少，许多 PDM 系统只能提供工作流程的活动状态信息。

综上所述，PDM 系统的文档管理是基础，产品管理的重要环节是产品配置管理，工作流程管理面对的是各种简单的或复杂的工作流程，项目管理和零件分类管理的重要作用是有助于 PDM 与 MIS，MRPⅡ进行信息交换。

以上介绍了 PDM 系统应具备的功能。到目前为止，没有哪一个商用的 PDM 软件拥有上述的全部功能，而且各种 PDM 软件正在不断完善和发展各项功能。但是，PDM 系统都包括文档管理、产品配置管理及工作流程管理等最基本的功能，来对产品的整个生命周期进行完整的描述和控制，因此，PDM 在企业中的作用已经普遍为大家所认同。

三、PDM 的类型

1. 按管理对象分类

可分成电子文档管理和面向产品管理两类。电子文档管理是面向文档的管理，将过去资料室手工管理文档方式转变为用计算机管理电子文档方式。面向产品管理是面向产品的数据管理，管理的范围是产品整个生命周期内的全部数据。

2. 按管理的范围分类

PDM 系统管理产品整个生命周期内的数据。实际上在产品不同阶段所涉及到的产品数据是 PDM 系统管理的全部数据中的一个子集。如设计部门主要管理有关产品的设计数据，工艺部门主要管理工艺制造的数据，财务部门主要关心有关产品成本的数据，计划部门关心生产制造方面的数据，等等。因此 PDM 系统可分成部门级的 PDM 系统、企业级的 PDM 系统和分布式的 PDM 系统。

(1) 部门级的 PDM 系统和企业级的 PDM 系统　从 PDM 系统的不同应用分，可以有部门级的 PDM 系统和企业级的 PDM 系统。它们之间的区别在于管理范围不同，部门级的 PDM 系统管理的是某个部门所涉及的产品数据，而企业级的 PDM 系统管理整个企业所涉及的产品数据。

(2) 分布式 PDM 系统　目前，国际上流行的大型关系型数据库都提供管理分布式数据的功能。分布式数据库不仅将数据分别存放在不同部门，不同地区，而且还提供透明的查询手段和适当的数据备份。在分布式数据库的平台上，实现分布式 PDM 系统的途径也有差异。

四、PDM 的优点

PDM 能够描述复杂的数据类型和结构，动态地定义和修改数据模式和严格的约束管理等。PDM 的优点有：

(1) 缩短上市时间　限制产品进入市场的速度有三个因素：完成任务所用的时间，如工程设计和工装；任务交接之间的时间浪费，如一份已发布的设计，躺在生产工程师的抽屉内等待处理；返工的时间损失。

PDM 系统对减少上述限制产品进入市场的时间非常有效。它能够在需要数据的时候立即得到这些数据，加快任务的完成；支持并行工程；允许授权的小组成员随时访问所有相关的数据，并保证这些数据总是属于最新的版本。

(2) 提高设计效率和提高生产效益　从传统上看，设计人员在处理信息上花费了约 25%～30%的时间，如寻找信息、检索信息、等待图样的复制件、新数据的存档等。PDM 几乎完全避免了这种空载时间，设计人员不再需要知道到什么地方去寻找发布的设计或其他数据，只要一经要求就能得到这些设计或数据，PDM 向工程师提供正确适当的工具，以便使数据访问更加有效。有了 PDM 系统后，使设计工程师把更多的时间用在实际的设计上，集中精力识别、重复利用和修改现有的类似设计，大大地缩短设计过程，提高设计效益。因此，采用 PDM 系统可以提高生产效益。例如著名的 IBM 公司采用 PDM 作为一种战略技术，在其经营的过程中，压缩过程变化的非增值时间达 70%，选择零部件的效率提高 35%，冗余部件大量减少。据统计，每减少 1%的剩余部件，可以使 IBM 公司因减少过量的库存、废品、返工和供货限制而增加 2 亿美元以上的产出。

(3) 提高设计与制造的准确性　凡是参加同一项目的每一个人都能用同一数据来工作，并且一直保持最新的数据，这是 PDM 系统的一个主要优点。如果在主文件上工作，你就知道它是惟一的一份文件；如果查看一个标准复制件，你就知道它是最新主文件的副本。因此避免了设计上的重叠或不一致，甚至当人们在并行工作的时候也是这样。显然，这样做的结果，在制造或质量保证阶段出现的设计问题会很少很少。工程变更单越少，说明一次性设计的准确程度就越高，产品走向市场的步子就越快。

(4) 保护数据完整性　当数据被那些需要它的人访问时，PDM 系统可以确保全部的主文件和历史变化的记录能够绝对保持准确和安全。

(5) 更好地利用富有创造力的团队精神　设计人员常常在解决问题的方法上持保守态度，理由不外乎是他们认为探索另一种解决办法所付出的时间代价太高，将过多的时间花费在可能不成功的全新设计方法上，将是无法接收的。而采用 PDM 系统后，使得设计富有创造精神。首先可以很方便地跟踪与某一产品变化有关的所有文件和试验结果，这样将减少设计返工和潜在的设计错误；其次通过与其他人共享风险，能很快地将数据提供给需要它的人来使用，这样将减少失败的风险；再有通过允许人们互相交流想法，并利用用户包传递工具来传递这些想法，这样能够促进通过协作方式解决问题。

(6) 使用舒适　在普通的工作环境中，需要用户掌握更高的访问信息的技艺。当用户想在 PDM 系统上查看某一信息时，将会自动载入一种应用，然后将这一信息载人 PDM 系统，因此，PDM 系统以更加面向用户的方式来完成任务。

(7) 更好地控制项目　一般产品开发项目几乎都被推迟，其原因并不是在一开始就计划不周，而是因为在项目进行过程中失控。因为项目产生出大量的数据，并像滚雪球一样快速增加，这样多的数据，超出了传统项目管理技术的能力范围。竞争的时间压力越大，数据不一致的范围就越大，返工的可能性也越大。PDM 系统能确保牢牢地控制这些数据，使项目的进展得到控制。产品结构、变更管理、配置管理和可跟踪性都是 PDM 的主要优点。它还能通过自动数据发布和电子签发程序来加强控制。这样，一项规定好进度的任务就不会被忽略、掩盖或遗忘。

(8) 更好地管理工程变更　PDM 系统必须允许在数据库里生成和保存任一设计的多个修订版本和改型。使用户可以生成一个设计的多个替代方案，而不用担心前面的版本会丢失或意外地被擦去。而且每个版本和修订版都要"签字"和"标注日期"，消除对现有设计的任何有关分歧，提供完整的变更审查线索。

(9) 向全面质量管理迈进的重要一步　通过对产品开发周期内引入一组相关审查过程，PDM 系统可以建立适应 ISO 9000 系列验证和全面质量管理（TQM）的环境。TQM 的很多基本原理，如通过"个人授权"来识别和解决问题都是 PDM 结构中所固有的，正规的控制、检查、变更管理过程和规定责任也将有助于保证用户所选择的 PDM 系统能够与国际质量标准保持一致。因此，PDM 技术是企业重构和发展的一项必不可少的重大基础结构技术，企业各项先进管理计划的实施都离不开 PDM，例如企业经营过程的重构、并行工程、ISO 9000 系列国际质量认证，等等。可以说，PDM 是推动当今企业重构或改革的一项主要使能技术，是企业提高自身竞争力的必需具备的手段。

2.4　传统的数字控制

一、概述

计算机辅助制造起源于数字控制（NC），这种在数控发展过程中建立的模型经过长期的补充和改进发展成为今天的计算机辅助制造（CAM）技术。

二、数控的定义

数字控制简称数控，是一种可编程序的自动控制方式，主要是指用记录在媒体上的数字信息对机床进行控制，使之自动执行规定的加工过程。由于使用数字量信息，容易与 CAD 系统衔接，形成 CAD 与 CAM 紧密结合的一体化系统。过程的控制是通过数字、字母和符号实现的。在数控中，通常为某一种工件或工艺过程编写一个专用指令程序，当被加工的工件或工艺过程被更改后，指令程序就要做相应的变化。数控的灵活性表现在当被加工工件或工艺过程发生变化时，仅需对程序作相应的改变，编制一个新程序显然要比改变生产装备容易得多。

数控技术被广泛地应用于各种场合，诸如绘图、装配、检验、薄板冲压和点焊等。然而，数控主要应用于金属机械加工方面。在现代工业中，工件除了要求加工成各种尺寸和形状，且规模为中小批量生产，加工每一个零件都要有钻、车、铣等一系列操作。数控适宜于这类产品的加工，这也是数控获得惊人发展的原因。

三、历史背景

传统的数控是在 John T. Parsons 大量开创性工作基础上逐步建立的。20 世纪 40 年代后期。Parsons 设想了用记录有坐标位置数据的穿孔卡来控制机床工作。通过控制机床以微小的增量运动来加工机翼曲面。1948 年，Parsons 对美国空军表明了他的想法，随后美国空军为麻省理工学院的伺服机构实验室的一系列研究项目提供费用。

麻省理工学院首先研制了数控铣床的样机，即将仿型铣床改装为带有定位伺服机构的三轴铣床。1952 年，第一台数控机床问世了，到了 1953 年，数控机床的一些潜在功能逐渐得到发挥。

不久以后，机床制造商制定了介绍商用数控装置的计划。一些诸如制造飞机机身的工厂，着手设计数控装置的机床以满足他们的特殊生产的需要，美国空军继续资助麻省理工学院开发研究数控机床的零件编程语言，即现在广泛使用的 APT 语言（Automatically Programmed Tools），APT 语言能使程序员用简单的英语语句写成加工指令来控制机床。尽管使用 APT 语言编制的程序，对许多计算机来说是太冗长了，但由于它的许多优点，APT 语言仍被广泛地应用于现代工业，很多其他现代的编程语言仍基于 APT 概念。

所谓飞机工厂的特殊生产需要，即：产量少，转型快，质量要求高，并且现代高速战斗机的设计中为了提高结构的强度重量比，增加使用中的可靠性，扩大机体内部的有效空间，使用了大量的整体结构件。除了一般的整体壁板、整体框和梁以外，在 F—14 和“狂风”等变后掠翼飞机中，整个中翼盒采用全钛的整体结构。机翼的转轴支座与中翼盒侧壁连成一体。主要结构件用钛合金厚板铣切加工后再用电子束焊熔接。切削加工中 80%以上的原材料变成了切屑。与过去的薄壁铆接结构比，飞机壳体制造工时的分配比例发生了显著变化。据个别工厂统计，采用整体结构后全机壳体制造总工时中板金零件的加工工时从原来的 29%下降为 19%，机械加工工时从 14%上升为 40%，装配工时从 51%下降为 34%，其余的表面处理和热处理工时从 6%变为 7%。

整体结构件承受的载荷大，空间协调关系复杂，质量要求严格，用普通机床加工不但制造周期长，生产中的薄弱环节多，废品率高，加工容差大，而且引起零件超重。只有采用数控加工后，才使局面得到根本改观。因此国外的飞机工厂，近年来都扩建了数控车间，配置了上百台大型数控机床，建立完善的计算机编程、控制系统，充分发挥这一先进技术在新机研制和批生产中的主导作用。例如美国麦道飞机公司从 1975 年起发展群控系统，采用计算机三级管理的形式。最上面一级使用 IBM3033 大型机，运行零件的加工程序，将结果输送到中间一级普宜 Perkin - Elmer3220 超级小型机中，再由后者将控制信息分配到 IBM7 控制系统中，一台 IBM7 带动 8 台机床。到 1981 年时，整个群控系统一共带动 109 台机床。加工重要的钛合金整体框时，使用监控系统检查刀具的实际走刀路线是否与程编要求一致，防止由于机床的偶然故障而产生废品。西德 MBB 飞机公司为了生产“狂风”的钛中翼盒，利用 28 台数控机床组成了自动化制造系统。除了在机床控制中使用计算机三级管理的群控系统外，在车间内还组织了三条自动供应线，利用车间的不同层次空间，将铣刀、夹具和毛坯运送到加工工作地。钛合金加工的刀具磨损量大，为此建立了刀具刃磨、测量和分档的专门工段。刀具库内存放 6 万把铣刀。整个系统的管理水平和自动化水平都很高。这种生产组织形式中将数控机床的毛坯、刀具、夹具供应以及成品和切屑的运送进行统筹安排，组成各种自动传输线，并由计算机统一管理和控制，被称之为柔性制造系统 FMS（Flexible Manufacturing System）。

从上述实例不难看出数控加工在现代化飞机上所占的举足轻重的地位以及国外为了充分发挥它的效益而在技术上、管理上所作的巨大努力。

2.5 数控机床

一、概述

数控机床是数字控制机床的简称。数控机床的运动参数和各种动作是由机床配置的数控系统以数字量的形式进行控制的。这些动作和运动参数是由零件的加工程序详细规定好的。

数控机床最早起源于美国。早期的数控机床，加工程序的载体是穿孔纸带，通过光电阅读装置把纸带上的穿孔代码信息输入机床的控制装置——数控系统。

二、数控机床的特点

在普通机床上，开车、停车、走刀、主轴变速等操作是由工人直接控制的。在自动机床和仿型机床中，上述操作和运动参数通过凸轮、挡块和靠模等装置以模拟量的形式来设定。它们能加工比较复杂的零件，有一定的灵活性和通用性，但是零件的加工精度受靠模、凸轮的制造精度影响，工序准备时间长。数控机床则是利用记录在穿孔纸带或其他控制介质上的数字指令来操纵机床的各种动作。工件的加工内容、尺寸和操作步骤等用数字代码表示。通过纸带输入机床的控制机中，由后者加以运算处理后，转换成各种信号，控制机床的动作，自动加工出工件来。

数控机床与其他各种自动化机床的一个显著区别是：当加工对象改变时，除了相应更换刀具和解决毛坯装夹方式外，只需要更换一条新的穿孔带，便可以自动加工出新的零件，不必对机床作任何复杂的调整。归纳起来，数控机床与其他机床相比，其优点是：

(1) 加工精度高。尺寸精度一般在 0.005～0.1 mm 之间，不受工件形状复杂程度的影响。加工中消除了操作者的主观误差，提高了同批零件的一致性，使产品质量保持稳定。

(2) 生产效率高。加工过程中省去了划线、多次装夹定位、检测等工序，有效地提高了生产率。

(3) 自动化程度高。除了手工装夹毛坯外，全部加工过程都由机床自动完成，减轻了劳动强度，改善了劳动条件。

(4) 生产准备周期短。采用数字控制可以省去许多专用工具、样板和标准样件。针对航空产品改型频繁、试制周期短等特点，数控机床具有特殊的优越性。

(5) 便于建立通信网络。数控机床使用数字量信息，容易衔接计算机辅助设计系统，形成计算机辅助设计与制造紧密结合的一体化系统。

数控机床的缺点是：

(1) 投资额大。数控机床采用了尖端的复杂技术。这种技术所花费的投资远大于非数控机床。这种高成本需要生产部门更认真地使用这些设备。为了收回投资，必须提高设备的利用率。

(2) 保养费用高。由于数控机床技术复杂，操作困难，因此设备保养问题变得非常重要。虽然数控机床的可靠性不断提高，但数控机床的保养费用还是要比普通机床高。

(3) 挑选培训合适的数控技术人员。数控车间管理比普通车间需要有更高的技术。程序员和 NC 维护人员就是两类非常短缺的技术人员。

因此要切实解决好零件编程、刀具供应、操作和维修人员的培训及备件订货等问题。

三、数控机床的组成

数控机床主要由机床的床体和数控系统两大部分组成。机床床体是指机床的机械部分，包括床身和导轨、各运动部件及各种工作台等。数控系统是机床的控制部分，它是一个相对独立的组成部分，一种数控系统通常可以与不同的机床相连配。

数控机床的床体与普通机床相比，其各部分的精度要求较高。运动部分的传动机构用滚珠丝杠，导轨表面涂有特殊塑料层，以保证运动平稳而无游隙。

数控系统一般由四部分组成，即控制介质、数控装置、伺服拖动系统以及机床本体，见图 2-9。

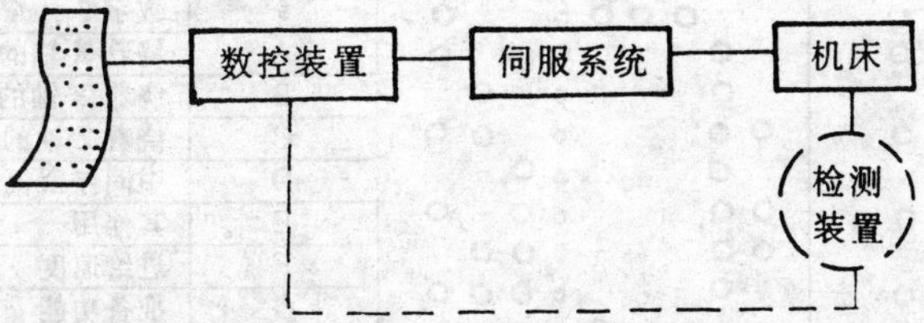

图 2-9　数控机床的组成

1. 控制介质

控制介质或称信息载体，是将人的操作意图转达给数控机床的一个中间媒介，它载有加工一个零件所必需的全部信息。一般说来，数控机床的输入装置有两类：一类是使用数码拨盘、字符键、按键等手动输入装置；另一类是使用穿孔纸带、磁带等控制介质的自动输入装置。20 世纪 90 年代之前国内应用最多的控制介质是八单位穿孔纸带。它的代码形式根据国际通用标准有两种，即 EIA 和 ISO 标准。我国规定采用 ISO 代码作为国内通用标准，但 EIA 代码也有应用。这两种代码的纸带规格按照 ELARS—227 标准规定，如图 2-10 所示。

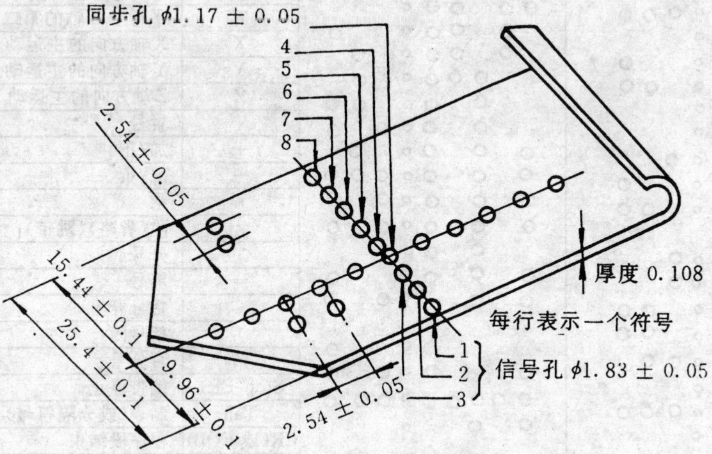

图 2-10　八单位标准穿孔纸带

EIA 和 ISO 标准代码见表 2-2。

表 2-2　数控机床用 EIA 和 ISO 代码表

EIA 代码									ISO 代码									符号	符号的含义
8	7	6	5	4	0	3	2	1	8	7	6	5	4	0	3	2	1		
		○			·						○	○		·				0	数字 0
					·			○	○		○	○		·			○	1	数字 1
					·		○		○		○	○		·		○		2	数字 2
			○		·		○	○			○	○		·		○	○	3	数字 3
					·	○			○		○	○		·	○			4	数字 4
			○		·	○		○			○	○		·	○		○	5	数字 5
			○		·	○	○				○	○		·	○	○		6	数字 6
					·	○	○	○	○		○	○		·	○	○	○	7	数字 7
				○	·				○		○	○	○	·				8	数字 8
			○	○	·			○			○	○	○	·			○	9	数字 9
	○	○			·			○		○				·			○	A	绕着 X 轴的转角
	○	○			·		○			○				·		○		B	绕着 Y 轴的转角
	○	○	○		·		○	○	○	○				·		○	○	C	绕着 Z 轴的转角
	○	○			·	○				○				·	○			D	中间停留机能
	○	○	○		·	○		○	○	○				·	○		○	E	其他用
	○	○	○		·	○	○		○	○				·	○	○		F	进给速度
	○	○			·	○	○	○		○				·	○	○	○	G	准备功能
	○	○		○	·					○			○	·				H	输入(刀具补偿数)
	○	○	○	○	·			○	○	○			○	·			○	I	圆弧起点对圆心沿 X 轴坐标
	○		○		·			○	○	○			○	·		○		J	圆弧起点对圆心沿 Y 轴坐标
	○		○		·		○			○			○	·		○	○	K	圆弧起点对圆心沿 Z 轴坐标
	○				·		○	○	○	○			○	·	○			L	其他用
	○		○		·	○				○			○	·	○		○	M	辅助功能
	○				·	○		○		○			○	·	○	○		N	程序号
	○				·	○	○		○	○			○	·	○	○	○	O	不用
	○		○		·	○	○	○		○		○		·				P	平行于 X 轴的第三坐标
	○		○	○	·				○	○		○		·			○	Q	平行于 Y 轴的第三坐标
	○			○	·			○	○	○		○		·		○		R	平行于 Z 轴的第三坐标
		○	○		·		○			○		○		·		○	○	S	主轴转速
		○			·		○	○	○	○		○		·	○			T	刀具功能
		○	○		·	○				○		○		·	○		○	U	平行于 X 轴的第二坐标
		○			·	○		○		○		○		·	○	○		V	平行于 Y 轴的第二坐标
		○			·	○	○		○	○		○		·	○	○	○	W	平行于 Z 轴的第二坐标
		○	○		·	○	○	○	○	○		○	○	·				X	X 轴方向的主运动
		○	○	○	·					○		○	○	·			○	Y	Y 轴方向的主运动
		○		○	·			○		○		○	○	·		○		Z	Z 轴方向的主运动
	○	○		○	·		○	○			○	○	○	·		○		:	冒号
	○	○	○		·						○		○	·		○	○	+	加/正
	○				·						○		○	·	○		○	−	减/负
	○			○	·	○			○		○		○	·		○		*	乘
		○	○		·			○	○		○		○	·	○	○	○	/	除(省略)(跳带)
		○	○	○	·		○	○	○		○		○	·	○			;	分号
									○		○	○	○	·	○		○	=	等号
		○		○	·	○					○		○	·				(	括号开
	○	○	○	○	·	○			○		○		○	·			○	)	括号闭
	○		○	○	·		○	○	○		○			·	○		○	%	百分号
				○	·		○	○										Stop(ER)	倒带停止
		○	○	○	·	○	○						○	·			○	Tab	制表(或分隔符号)
○					·				○				○	·	○		○	CR(或 EOB)	程序段结束
	○	○	○	○	·	○	○	○	○	○	○	○	○	·	○	○	○	Delete	注销
			○		·				○		○			·				Space	空格
													○			○		LF	换行

从表 2-2 可知，纸带上共有 9 列孔，其中一列小孔称为同步孔或中导孔，用来产生读带的同步控制信号。其余 8 列大孔用来表示数字、字母和符号。字母又称地址码，用来区分

后面所跟的数字的含义。一个字母和一串数字、符号组成所谓“字”，若干个字组成一个程序段，用来表达一个完整的操作命令。若干个程序段组成一道完整的工序。在 EIA 标准中，构成代码的每一行孔数必须是奇数。其中第五列孔用来补奇，即当某个代码的孔数为偶数时，就在该行第五列上加穿一孔，使孔的总数成为奇数。而 ISO 标准中所有代码的孔数必须是偶数，第八列孔用来补偶。数控机床的输入系统中安排有专门的奇偶校验电路。当输入的代码一旦违返 EIA 或 ISO 标准规定的奇、偶数时，控制机发出出错信息，并命令停机。

记录在穿孔纸带上的数控加工信息必须符合机床控制系统所要求的格式。图 2－11 表示录有较典型的加工圆弧段命令的一段纸带，采用 ISO 代码。

一段完整的控制命令中一般包含以下三种信息：

(1) 几何信息　确定被加工零件的几何形状，如位移向量、圆心、曲面法向量等。

(2) 辅助功能信息　说明加工条件，如刀具几何参数、进给量和主轴转速、开关冷却液、纸带结束等。

(3) 准备功能信息　说明插补类型、选择坐标平面、实现刀具半径补偿等。

图 2－11 中的指令编排方式代表目前应用最广泛的一种格式，称为字地址格式。它的特点是每个数值的前面有一字母，用来标志后随数据的类型。当某组数据与前面程序段相同时，可以省略不送。

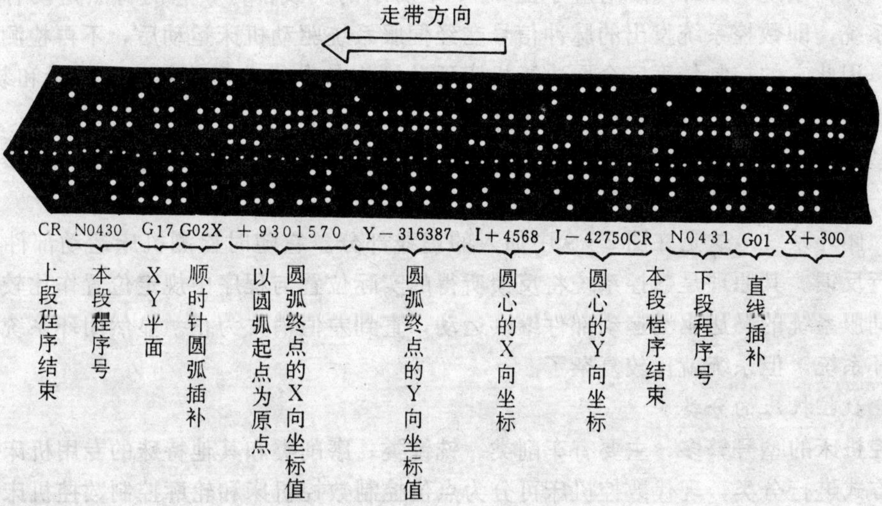

图 2－11　采用 ISO 代码的一段纸带

2. 数控装置

数控装置是数控机床的中枢，一般由输入装置、控制器、运算器和输出装置组成。它接受控制介质送来的信息，加以变换和处理后控制机床的动作。

输入装置和读带机相联，接受后者送来的纸带代码，并将它转换成适当的信息送到各有关的寄存器寄存，作为控制和运算的依据。

控制器的功能是协调和控制数控装置各部分的工作，使机床按规定的要求协调地动作。

运算器接受控制器的命令，及时对输入的几何信息进行插补运算，并向输出装置发出进给脉冲。

输出装置的作用是根据控制器的命令接受运算器的输出脉冲，经过功率放大驱动伺服系统，使机床按编程的要求产生运动。

机床的各种受控动作可以概括如下：

(1) 完成主轴的启停、转向和变换转速。

(2) 确定进给方向、速度和进给方式，如点定位、走直线、走圆弧、循环进给等。

(3) 选择刀具及产生刀具半径补偿，完成各种辅助操作，如松开与锁紧工作台、旋转工作台与分度、开关冷却液等。

3. 伺服系统

数控机床的另一个重要组成部分是伺服系统，它是数控机床运动部件与数控系统连接的装置，包括伺服驱动机构和机床的可移动部件。它是机床数控系统的执行部分，将数控装置发送来的电脉冲信号转变为机床各部件的运动，使工作台或刀架精确定位或按预期的轨迹作严格的相对运动，加工出符合图纸要求的零件。因此，伺服系统的性能直接影响数控机床的加工精度、表面质量和生产率。

每个电脉冲信号经伺服系统的驱动机构驱动机床部件部产生的运动量称为脉冲当量。常用的脉冲当量为 0.01mm/脉冲、0.005mm/脉冲以及 0.001mm/脉冲。现代数控机床多为 0.001mm/脉冲，对于转动部件为 0.001°/脉冲。

伺服系统按照控制原理的不同可分为开环系统和闭环系统两大类。

(1) 开环系统　开环系统对应于图 2-9 中所示的实线部分，它的特点是没有反馈信息给数控系统，即数控系统发出的脉冲信号在经伺服系统驱动机床运动后，不再检测机床实际运动量。因此它的控制精度完全取决于机床运动机构各个传动环节的加工质量和装配质量。它的优点是结构简单、容易调试、造价低。

典型的开环伺服系统使用步进电机。机床的数控装置每发来一个进给脉冲，步进电机相应旋转一个步距。后者再经减速齿轮带动丝杠和螺母驱使工作台移动。

(2) 闭环系统　这是在图 2-9 中加入的虚线部分。它随时检测机床运动部件的实际位置，进行反馈。其原理是数控系统将反馈所得的实际位置与程序中规定位置作比较，以其差值控制伺服系统的马达驱动运动部件继续运动，直到差值消失为止。显然闭环系统的精度要高于开环系统，但系统就比较复杂了。

四、数控机床的分类

数控机床的型号繁多，主要有车削类、铣镗类、磨削类和其他特殊的专用机床。按机床的运动方式进行分类，现代数控机床可分为点位控制数控机床和轮廓控制数控机床两大类。

1. 点位控制数控机床

点位控制（Positioning Control），又称点到点控制（Point to Point Control）。这类机床的数控装置只能控制刀具从一个位置精确地移动到另一个位置，在移动过程中不作任何加工。至于两相关点之间的移动速度和轨迹，并不影响工件的加工质量，只影响生产率。例如图 2-12 中，刀具从起点到终点，原则上可以走①到⑤中任一条路线。这类机床有数控钻床、数控镗床、数控冲孔机等。数控钻铆机也属于点位控制机床。

2. 轮廓控制数控机床

轮廓控制（Contouring Control）又称连续轨迹控制。这类机床的控制装置能同时对两个或两个以上的坐标轴进行连续控制。加工时不仅要控制起点和终点，而且要控制整个加工过程中的走刀路线和速度。如图 2-13 所示，刀具从起点①出发，按图中所示轨迹移动并到达终点位置②，切削中需要控制每个中间位置的 X，Y 坐标值以及对应的切削方向和切削速度。利用这种功能可以加工曲线轮廓或曲面。

轮廓控制又可进一步细分为：

(1) 两坐标联动　这类控制系统能同时控制两个坐标轴。这类机床除了一般加工平面零件用的两坐标铣床和线切割机外，还包括某些三坐标铣床，其中的 X，Y，Z 三个坐标轴中只能同时控制两个坐标轴联动，第三个坐标轴只作阶段性调整，习惯上称为两坐标半（$2\frac{1}{2}D$）机床。

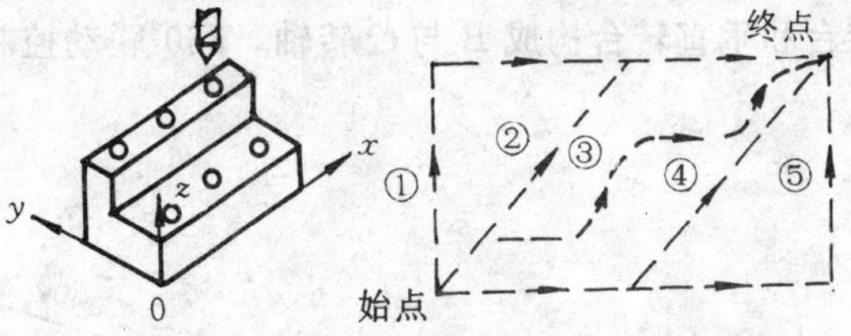

图 2-12　点位加工

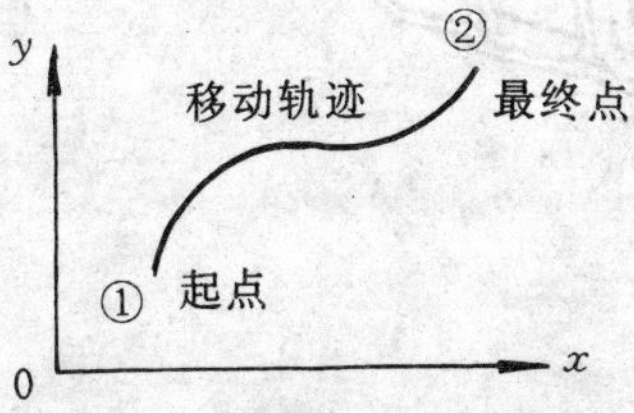

图 2-13　轮郭控制加工轨迹

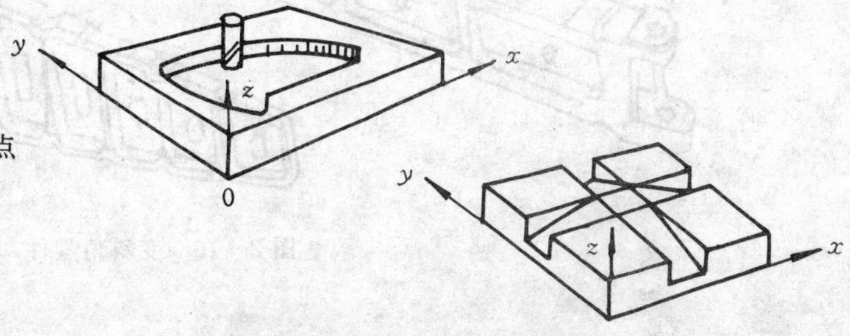

图 2-14　两坐标联动加工

(2) 三坐标联动　机床的 X，Y，Z 三个坐标轴可同时联动，因此刀具可在三维空间作连续运动，加工一般的曲面外形零件。

(3) 四坐标联动　机床除 X，Y，Z 三个坐标轴之外，还有一个旋转坐标同时联动。这个旋转坐标通常是 A（旋转轴平行于 X 轴）或 B（旋转轴平行于 Y 轴），如图 2-15 所示。其中 Z 向为主轴运动方向。通常在其台面上可附装一个旋转工作台，旋转坐标为 B。带 A 坐标摆转的大型四坐标铣床，在飞机制造厂中用途较广，主要用来加工尺寸大、外形轮廓有变化的斜角（简称变斜角）零件，如飞机纵向大梁、部分翼肋和隔框等。如图 2-16 所示。

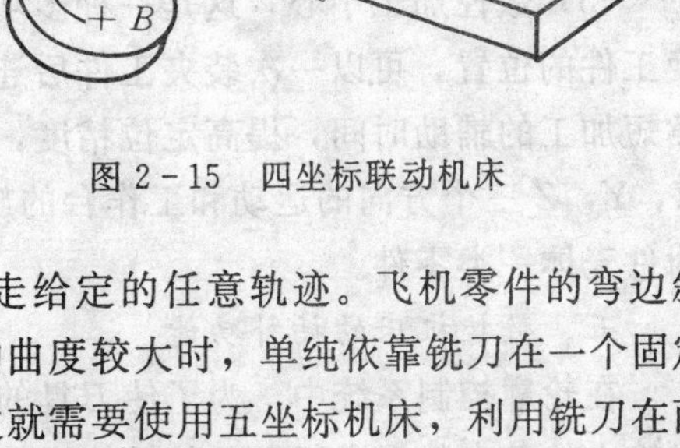

图 2-15　四坐标联动机床

(4) 五坐标联动　如图 2-17 所示。机床除 X，Y，Z 三个坐标轴之外，还有两个旋转（或摆动）坐标同时联动，这样可以控制刀具在空间走给定的任意轨迹。飞机零件的弯边斜角一般都在外形曲线的法平面内测量。当零件外形的曲度较大时，单纯依靠铣刀在一个固定的平面内摆动很难保证加工的斜角符合设计要求。这就需要使用五坐标机床，利用铣刀在两个坐标平面内摆动，使得铣切加工面始终与零件的外形法线平面保持一致。图 2-18 左图表示加工框缘的情形，右图例子中使刀具底面经常和被加工表面相切，提高切削效率。

五坐标联动的数控加工中心是连续控制的另一种典型机床。通常结构是 Z 轴（主轴）

为水平安置，台面作 X 轴向移动。主轴箱沿立柱上下作 Y 向移动，台面上安装可卸式水平转台和垂直转台构成 B 与 C 转轴，360°联动控制。

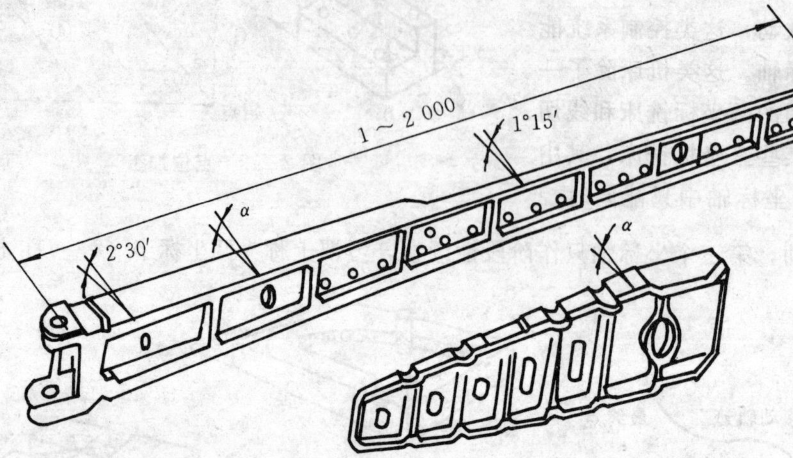

图 2-16　变斜角零件

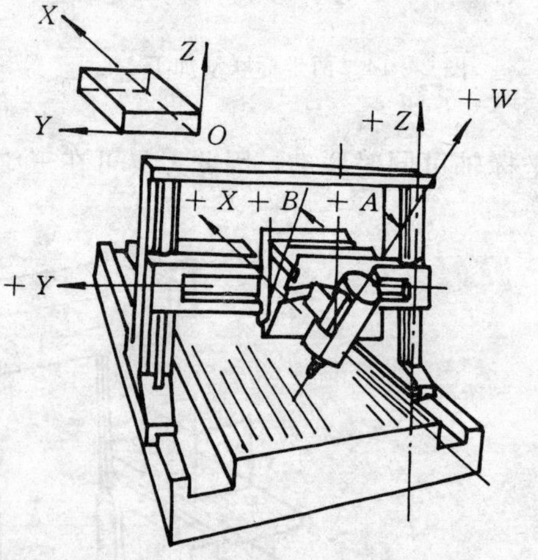

图 2-17　五坐标数控机床

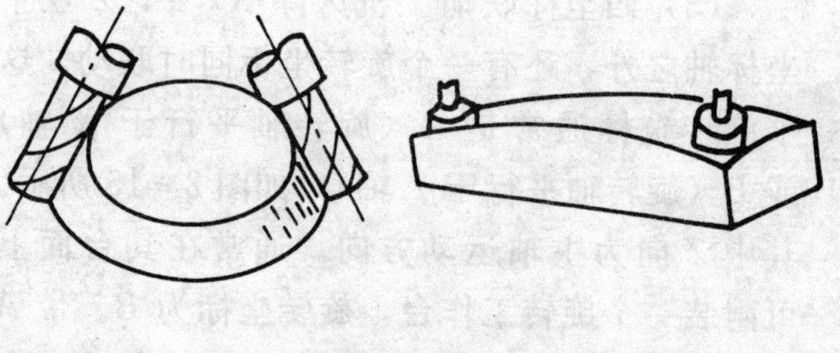

2-18　加工复杂曲面零件

(5) 数控加工中心　这是一种多功能的数控机床，具有刀库和自动换刀机构，能自动转换工件的位置，可以一次装夹工件后连续完成铣、镗、钻、铰、攻丝等多道工序，因此大大缩短加工的辅助时间，提高定位精度，大量节省专用工夹具。四坐标加工中心的结构，具有 X，Y，Z 三个方向的运动和工作台的旋转运动。这类机床一般用来加工发动机机匣、液压附件壳体一类零件。

五、数控机床的插补功能

在轮廓控制系统中，为了使刀具的运动轨迹符合工件表面的几何定义要求，必须将控制机输入的基本数据进行必要的插值运算，逐点描述给定的一段直线或曲线的形状，而且边运算边将计算结果转换成进给脉冲，分配给各个坐标值，这一过程称为插补。执行插补运算的装置称为插补器。按照运算方式区分，有一次插补和二次插补等。

一次插补器即直线插补器，用来加工直线轮廓或用直线段逼近的曲线轮廓。这是一种计算直线段中间点的坐标的过程。输入点的位置可以用绝对坐标或增量坐标表示。

二次插补器有圆弧插补器和抛物线插补器等，用来处理圆弧段和抛物线段的加工信息。使用二次插补可以明显缩短曲线加工的程序长度，获得更高的加工质量。

六、数控机床坐标轴的命名规则

数控机床的坐标轴命名和运动方向的规定，是一个十分重要的问题。每一个数控机床的编程人员和操作人员，都必须对坐标轴及其运动方向有一个统一的、正确的理解。否则，程序编制将发生混乱，操作时会发生事故。因此国际标准化组织（ISO）对数控机床的坐标轴及其运动方向作了如下规定：

(1) 不论机床的具体结构是工件静止、刀具运动，还是工件运动、刀具静止，确定坐标系时一律认为工件相对静止，刀具产生运动。

(2) 机床的直线运动，其 X，Y，Z 采用右手直角坐标系。通常取 Z 轴平行于机床的主轴，X 轴水平且平行于工件装夹面，Y 轴按右手系确定。X，Y，Z 的正方向是使工件尺寸增加的方向，见图 2-19。

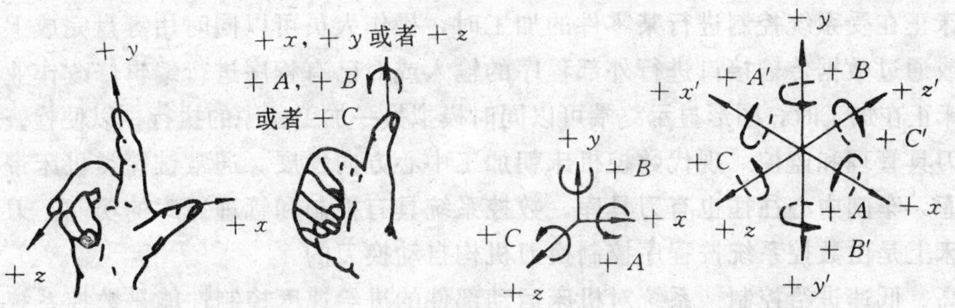

图 2-19 数控机床坐标系命名规则

(3) 机床的三个旋转运动 A，B，C 的转轴分别平行于 X，Y，Z 轴，按右螺旋前进的方向取为正向。

七、数控机床的刀具补偿

数控加工中刀具尺寸直接影响零件的加工精度。刀具在使用中不可避免要磨损，而每次刃磨后刃口尺寸相应发生变化。为了使刀具的尺寸波动不致影响零件的加工精度，简化零件的数控编程，使数控程序与刀具形状和刀具尺寸无关，在数控系统中必须具备刀具半径补偿功能。这样程编员只要按照零件图纸的外形尺寸计算走刀路线，而当控制机进行插补运算时，自动加入一个刀具半径向量，使得输出的插补信息成为刀具中心的走刀轨迹。刀具半径的具体值由操作人员在刀补拨码盘上设定。

刀补向量的引入、改变和撤消，一般只允许安插在直线段指令中。如果在圆弧段指令中引入或撤消刀补向量，将要求刀具走出阿基米德螺线，这在许多现有控制机中是难以做到的。但也有一些高档的控制机可以做到。

2.6 计算机数控（CNC）

一、概述

计算机数控就是利用一个专用的可存储程序的计算机执行一些或全部的基本数字控制功

能的 NC 系统。随着计算机硬件性能价格比的迅速降低和图形显示器的推广应用，现代数控系统已不需要穿孔纸带，而由计算机直接控制，简称 CNC。它是用一台小型通用计算机或个人计算机直接控制一台机床，机床的控制程序存储在计算机的内存中，容易修改和扩充功能，灵活性好。

二、CNC 的功能

为了充分发挥计算机的潜力，现代 CNC 系统的功能已远远不只是完成基本的直线和圆弧插补计算，而是配置了不少专用的软件，可完成多方面的工作，其中一些功能传统的 NC 不可能完成或完成很困难。下面介绍现代 CNC 系统通常具备的主要功能。

(1) 坐标轴控制　能同时联动控制 3，4 和 5 个坐标轴。能达到较高的切削速度和加工质量。

(2) 刀具偏置补偿　现代数控系统往往具有三维空间直线的刀具半径补偿功能。

(3) 编程功能　系统提供某些编程功能。通常可以使用系统的彩色图形显示终端，人工编制由直线和圆弧组成的平面轮廓件的加工程序，系统配有软件自动计算轮廓的交点与切点。

(4) 平行作业　系统可以平行地实现两种工作模式：机床受控模式和编程模式。

当机床正在受系统控制进行某零件的加工时，操作人员可以同时用键盘完成上述手工编程工作，或通过数据传输接口进行外部程序的输入或对已有程序进行编辑修改作业。

当机床正在加工时，图形显示终端可以同时模拟另一加工程序的执行，以便检查与编辑。

(5) 刀具管理和监控　现代数控机床朝加工中心方向发展。通常铣镗类机床带有几十把刀具的刀库，车削中心往往也有刀具库。数控系统具有控制和管理刀库的功能。刀具的更换在加工机床上是由数控系统按程序控制换刀机构自动换刀的。

(6) 高、低速进给控制　系统对机床运动部件的进给速度控制性能是数控系统的一个重要性能指标。现代数控系统能在很短距离内以相当高的进给速度控制机床切削运动。这对曲面加工是十分有利的，可以大大缩短加工时间，尤其对曲率变化较大的过渡区加工，仍可获得好的加工质量。

(7) 电子触头找正　系统提供三维测量用触头（类似测量的测头），用它在找正工件时极为方便。

(8) 实物测量及自动生成加工程序　用上述三维电测头可对实物（要复制的样件）进行扫描测量，系统自动采集测量点数据，点的间距与扫描速度有关，扫描点数据经由接口自动生成直线插补 NC 程序，并可不再作任何后置处理就可执行此程序。

(9) 外部编程的执行和 DNC 作业　系统通常配有标准化的数据通信接口，可接受外部传输来的程序，例如 CAD/CAM 系统输出的加工程序。对于简短的程序可以存储入库；对于加工复杂曲面的长程序可以分块输入给本系统，并同步地执行。这就保证系统能适应由别的计算机控制与管理的 DNC 作业方式。

(10) 便携式电子手动操纵装置　系统通常提供便携式电子手动操纵器。操作人员用它可以在观察最清楚与方便的地点灵敏地调整机床运动部件的运动，其控制范围为 0.02～20mm。

2.7　直接数字控制（DNC）

直接数字控制（DNC）可以定义为一个加工系统，在该系统中由一台计算机直接连接和实时控制许多机床。零件加工程序直接从计算机内存传送给机床，而不是通过纸带读入器输入。原则上，一台大的计算机能控制 100 台以上的独立的机床。DNC 计算机在每一台机床需要时就提供指令。当机床需要控制指令时，它们就立即与计算机作通讯联系。DNC 也包含了收集和处理从机床反馈给计算机的数据。

2.7.1 一个 DNC 系统的组成

一个直接数控系统由四个基本部件组成：

(1) 中央计算机。

(2) 大容量外存储器，存储 NC 零件程序。

(3) 远程通讯线。

(4) 机床。

计算机从大容量外存中调用零件程序指令并在需要的时候将它们发送给单独的机床。它也接受从机床反馈的数据。这两路信息流实时产生，意味着每台机床对指令的要求几乎是在同时被满足的。同样地，计算机必须一直准备接受来自机床的信息，并且随时作出响应。DNC 系统显著的特性在于计算机是完全实时地为大量的独立机床服务。

有时充分利用卫星计算机也是必要的，这完全取决于计算机所承担的机床数据量和所需的计算量。这些卫星机是小型计算机，它们为中央计算机减轻了许多负担。每个卫星机控制数台机床。成组的零件程序指令从中央计算机中接受过来，并被存放在卫星机的缓冲器里，然后它们根据需要被分配给每台独立机床。机床的反馈数据在被中央计算机收集之前也存放在卫星机的缓冲器里。

2.7.2 DNC 的功能

DNC 的主要功能有：

(1) 无穿孔纸带的 NC。直接数字控制的主要目的之一是取消穿孔纸带，这免除了制做穿孔纸带的麻烦。

(2) NC 零件程序存储器。DNC 系统的第二个重要的功能是有关存储零件程序的问题。程序存储器必须满足几个要求：第一，程序必须是可以获取的，以便能装入 NC 机床。第二，该系统在需要时必须允许输入新程序，删除老的程序且能编辑已存在的程序。第三，DNC 软件必须完成后置处理功能。在 DNC 系统中的一些零件程序通常作为 CLFILE（刀位文件）被存储起来。对于一台专用机床，CLFILE 必须被转换成相应的机床指令。这种转换由后置处理程序执行。第四，必须建立存储子系统以执行某些数据处理和管理功能，如文件保密、程序显示、数据计算，等等。

(3) 数据的收集、处理和报告。对于 DNC 的前面两个功能，都涉及到从中央计算机到工厂里的机床的直接联接问题。DNC 的另一个重要的功能包含了一个正相反的链，即将来自于机床的返回数据传送给中央计算机。DNC 包含了一个两通路数据传输。

DNC 在完成了数据收集、处理和报告之后的基本目的是监控厂里的生产，测量车间中的生产执行情况，收集有关产品记数、刀具的用途、机床的利用情况及其他数据。这些数据必须由 DNC 计算机处理，并且做出有关的报告，向管理人员提供工厂运行所必需的信息。这种 DNC 功能的范围已被逐年扩大，其收集的数据不仅来自于 NC 机床，而且来自于厂里所有其他的加工中心。

（4）通讯。要完成DNC的前述三个功能，就需要有一个通讯网络。在各种子系统中间的通讯联系对任何DNC系统的运行来说都是一个重要的功能。直接数控中的基本通讯链在系统的如下几个部分之间进行：

中央计算机和一些机床之间；

中央计算机和NC零件编程器终端之间；

中央计算机和存储NC程序的大容量外存之间；

任意一个通讯链都可被建立在DNC系统和如下任意一个附加系统之间：

计算机辅助设计（CAD）系统；

车间现场控制系统；

全部数据处理计算机；

远程维护诊断系统；

厂中其他计算机自动系统。

随着DNC技术朝着未来计算机集成工厂方向的发展，这些类型的通讯方式将更加普遍。

2.7.3 DNC的优点

就像CNC与传统的NC系统相比具有一定的优点一样，利用直接数控也具有相应的优点。下面就扼要地列出前面所讨论的DNC的优点。

1. 取消了穿孔纸带和纸带读入器

直接数控消除了传统的NC系统中最不可靠的部分。在某些DNC系统中，硬接线控制部件也被取消，并且由一个被设计成更适合DNC操作的专用机床控制部件所替代。

2. 具有更大的计算能力和灵活性

大型DNC计算机提供了可以比传统的NC更有效地执行计算和数值处理的功能。因为这些功能是由软件而不是硬接线设备执行的，因此对这些功能的更换和改进就具有灵活性。例如，这些功能包含用方便的编辑和一些诊断特性来进行圆弧插值及零件程序设计。

3. 将NC零件程序方便地存储到计算机文件中

这完全比得上在大多数传统NC中的穿孔纸带那种原始手工存储的方式。

4. 作为CLFILE而存储的一些程序

在DNC中的零件程序通常是以切削轨迹数据的形式存储的，而不是存储专用机床的指令。以这种更通用的格式存储的程序在生产计划中，具有在不同机床上加工同一零件的灵活性。

5. 车间作业的报告

DNC的重要特性之一是包含了来自NC机床的生产执行数据的收集、处理和报告。

6. 为未来计算机自动化工厂的发展建立框架

直接数控的概念体现了由计算机系统管理工厂的发展进程的第一个阶段。

2.8 数控编程及数控加工

2.8.1 手工编程

一、数控编程的内容与步骤

用普通机床加工零件，事先需要根据生产计划和零件图纸的要求编制工艺规程，其中包括确定工艺路线、选择加工机床、设计零件装夹方式、计算工序尺寸和规定切削用量等。应用数控加工时，大体也要经历这些步骤。这时的工作流程可以简略地用图 2-20 来表示。图中虚线框内反映了零件的程序编制过程。其中包括三个主要阶段：

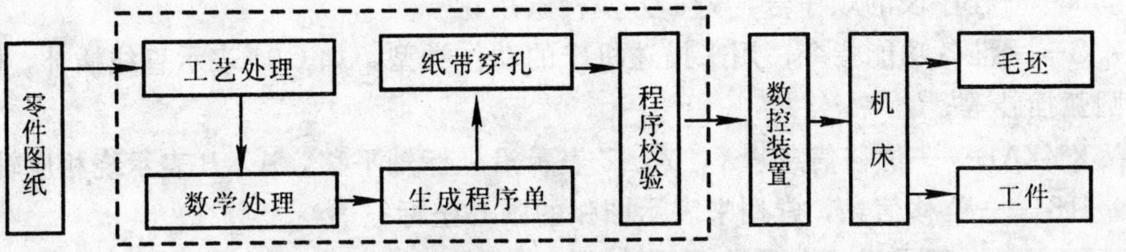

图 2-20 零件加工流程图

(1) 工艺处理 即分析图纸、选择零件加工方案、设计装夹方式、确定走刀路线等。

(2) 数学处理 计算刀具运动轨迹的坐标数据。

(3) 后置处理 按照数控机床的指令格式将计算的走刀路线数据编写成相应的程序段。

程编人员在完成加工零件的工艺处理之后，按照所用数控机床的指令和程序段格式用手工编写出零件加工的程序清单，并制作成合格的控制介质的过程，称为手工编程。如果由计算机完成，称为自动编程。手工编程的工作量大，手续繁琐，容易出错。因此只要条件允许，我们应该尽量使用计算机自动编程。

对于加工内容只需作点位直线控制的零件通常采用手工编程。对于轮廓为直线和圆弧组成的零件，如果形状比较简单，数据处理工作量不大，也可以用手工编程。

二、手工编程

手工编程时，要求编程人员熟悉所用数控机床的控制媒介和指令系统。

数控机床的控制媒介已经在前面数控机床的组成中介绍过了，下面简单介绍数控机床指令的形成及基本格式。

1. 指令的形成

在图 2-10 中，纸带的每一个位置上，几乎都可能存在孔。实际上，纸带的代码是由各个位置上孔的有无所构成的。由于每一个位置上存在孔的有或无两种可能性，可以用 0（无孔）或 1（有孔）表示，所以这个代码系统称之为二进制代码系统。

一个二进制数字称为一个位（bit），一个字符码是由一行二进制位构成的，即一个字符码是位（bit）的组合，它代表一个字母、数字或是其他的符号。字是字符的集合，用于形成指令的一个部分。典型的数控字是由 X 位置、Y 位置、切削速度等组成。程序段则是字的集合。一个程序段是一条完整的数控指令，若干个程序段组成一道完整的工序。

2. 数控机床的指令格式

数控机床的控制指令格式虽然在国际上有很多标准规定，但实际上并不完全统一。某些早期生产的数控机床在控制器的逻辑设计上作了简化，很多功能未达到目前国际上通用的标准，而许多新型数控机床又在不断地改进和创新，有很多功能超过了目前国际上通用的标准。此外，即使是同一功能，不同厂商采用的指令格式也有一定的差异。所以这里只能举例说明一般的指令格式。

一般说来，一个程序段中指令的字母数字编排顺序如下：

N×××G××X±××…×Y±××…×Z±××…×

其他坐标　IJK　PQRAB…F××S××T××M××CR

上述各种功能符号的含义是：

N——程序段的顺序号，为了方便检索用；

G——准备功能指令，用来描述机床的动作类型，如 G01 表示直线插补，G02 表示顺时针圆弧插补等；

XYZAB——位移信息，*X*，*Y*，*Z* 表示沿坐标轴平移，*A*，*B* 表示绕相应轴旋转；

IJK——位移信息，常用来表示圆弧的圆心坐标；

PQR——刀具半径向量沿 *X*，*Y*，*Z* 坐标轴方向的校正量；

F——进给功能指令，规定走刀的进给速度；

S——速度功能指令，规定所选择的主轴转速；

T——刀具功能指令，规定选用的刀具号；

M——辅助功能指令，控制机床的某种特定动作，如 M08 表示打开冷却液，M00 表示程序结束并停机等；

CR——程序段结束。

详细说明见表 2-3 和表 2-4。

表 2-3　常用工具准备指令

代　码	功　　能
G00	点位控制，将工件定位到编程位置上
G01	直线插补
G02	顺时针方向圆弧插补
G03	逆时针方向圆弧插补
G17	*XY* 平面选择
G18	*ZX* 平面选择
G19	*YZ* 平面选择
G33	螺纹切削，等螺距
G40	取消刀具偏移
G41	刀具左偏
G42	刀具右偏
G60～G79	保留用于点位系统
G80	取消固定循环
G81～G89	用于镗孔、钻孔、攻丝等的固定循环
G90	绝对坐标编程
G91	相对坐标编程

表 2-4 常用辅助功能指令

代　码	功　能
M00	程序停机
M01	选择停机，按下“选择停”按扭后才起作用
M02	程序结束，走带到下一程序的起点
M03	主轴顺时针方向旋转
M04	主轴逆时针方向旋转
M05	主轴停转
M06	换刀
M07	开 2 号冷却液
M08	开 1 号冷却液
M09	关闭冷却液
M10	夹紧
M11	松开
M30	程序终了，自动倒带

三、手工编程实例

我们以一个点位控制加工时的手工编程为例。如图 2-21 为要进行钻孔加工的零件图纸，图纸上的三个孔先钻到直径为 12.294 mm，最终孔的直径尺寸要求扩到 12.7 mm。推荐速度和①进给量如表 2-5 所示。

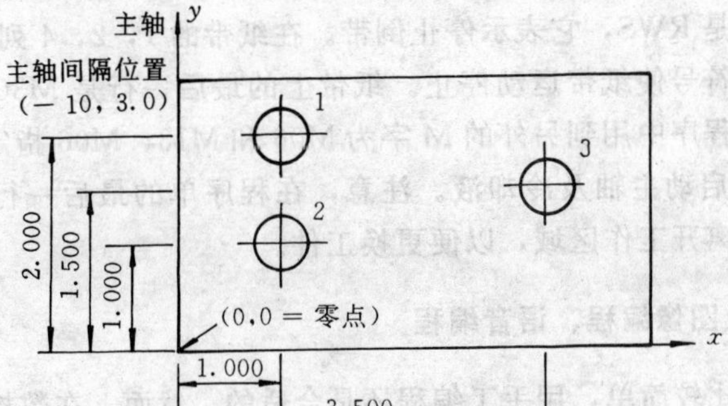

图 2-21 零件的钻孔加工

表 2-5 推荐速度和进给量

	速度/（r·min）	进给量/（mm·min）
直径为 12.294 mm 的钻头	592	90.170
直径为 12.7 mm 的钻头	382	97.028

① 推荐的切削速度和进给量可从切削用量手册中获得。

数控钻床操作如下：由机床操作者手工更换钻头，但各个速度和进给量则必须在程序中指定，编程穿孔。机床有浮动零点特性和绝对定位功能。

零件编程的第一步是确定工件的坐标系。假定零件的外形轮廓在钻孔前已被加工好，因此操作者能够用零件上的某一个角作为参照点。我们确定左下角为参照点和坐标系原点。完整的程序单如下。程序单的第一行表示零点的 X，Y 坐标。机床操作者将纸带插入读带机，第一程序段被读入系统（一个程序段通常对应于程序单上的一行），然后，钻头将定位在机床台面的参照点上，操作者按下零开关调整机床。

N00	X0	Y0				CR	零点
RWS							
N01	X2500	Y5000	F355	S592	M13	CR	钻孔 1
N02		Y2500				CR	钻孔 2
N03	X6000	Y3700				CR	钻孔 3
N04	X—2500	Y7500			M06	CR	换刀
N05	X6000	Y3700	F382	S382	M13	CR	扩孔 3
N06	X2500	Y2500				CR	扩孔 2
N07		Y5000				CR	扩孔 1
N08	X—2500	Y7500			M06	CR	换刀
N09					M30	CR	返回

程序单上的第二行是 RWS，它表示停止倒带。在纸带的 1，2，4 列上穿制该信号的孔。在穿孔带倒带之后，该符号使纸带运动停止。纸带上的最后一行是 M30 字，它使穿孔带在加工周期结束时倒带。程序中用到另外的 M 字为 M06 和 M13，M06 指定机床停止加工，以便操作员换刀，M13 则启动主轴及冷却液。注意，在程序单的最后一行里，即穿孔倒带的同时，刀具已重新定位离开工作区域，以便更换工件。

2.8.2 自动编程及图像编程、语音编程

上节例子中的工件比较简单，用手工编程还是合适的。然而，在数控机床上加工的大多数零件都是相当复杂的。在复杂的点位控制加工和轮廓控制加工中，手工编程成为一件十分冗长乏味的工作，且容易出错。在这种情况下，利用计算机作辅助数控零件编程则是更加合适的。现已开发了许多种零件编程的语言系统，自动完成那些原来由编程员完成的大量计算工作，这既节省了时间，又使结果更加准确，编程效率更高。

一、自动编程

20 世纪 50 年代初，美国麻省理工学院（简称 MIT）林肯实验室研制成第一台数控铣床，美国空军随即投资，组织数控机床的工业化生产。从 1955—1956 年起开始装备飞机工厂，用来加工大尺寸的整体壁板和复杂的整体结构件。为了更好的解决零件的编程问题，借鉴了当时研制计算机通用算法语言的经验，麻省理工学院着手设计了一种编程工具 APT (Automatically Programmed Tools)，是当前国际上流传最广、影响最深的数控编程语言。

利用 APT 语言编程，是用专用语句书写源程序，送入计算机，由 APT 处理程序经过翻译和运算后输出刀具中心轨迹，称为刀位文件（Cutter Location File)；然后再经过后置处理，将通用的刀位数据格式换成特定机床所要求的专用控制指令格式。

使用 APT 编程的特点是：

(1) 源语言接近英语的自然语言，容易为车间工艺人员接受，编程人员不必学习数学方法和计算机程序设计技巧。

(2) 软件资源丰富，在 20 多年的广泛应用中积累了大量的实践经验，适用范围极其宽广，包括点位加工、2 坐标、$2\frac{1}{2}$坐标以至 3，4，5 坐标加工、绘制模线、火焰切割，等等，积累的后置处理程序有数百种之多。

(3) 程序成熟，经过充分的考验，诊断功能强，用户容易查错。

当然，APT 也有它的缺点，例如内容庞大，要求在大型计算机上运行，占用内存和外存空间多；由于发展的时间早，某些算法并未采用计算机几何学的最新理论成果；目前仍旧使用批处理形式，源程序的编写、编辑、修改等不如交互式图形显示编程系统方便、直观，等等。

二、零件编程员的任务

在计算机辅助零件编程中，编程员的任务包括两个基本步骤：

(1) 确定工件的几何形状。

(2) 确定工艺过程和刀具轨迹。

无论工件怎么复杂，总是由一些基本的几何元素组成，我们用图 2-22 所示的比较简单的工件为例。虽然，该零件的整体形状不太规则，但其外形轮廓是由直线和圆弧段相交组成的。几乎任何一个设计者所想表达的零件都可用点、直线、平面、圆、圆柱和其他由数学方法定义的曲面来描述。零件编程员的任务是列出组成零件的所有元素，对每个几何元素作出标记，并清楚地规定各元素的尺寸和位置。

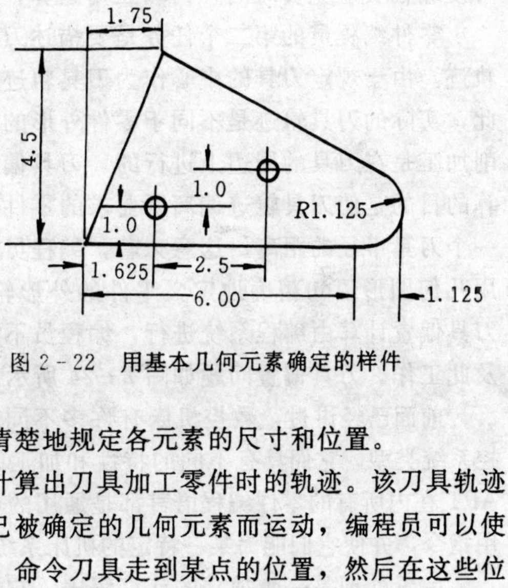

图 2-22　用基本几何元素确定的样件

确定工件几何形状之后，编程员下一步必须计算出刀具加工零件时的轨迹。该刀具轨迹的详细说明包括刀具逐步运动的顺序。刀具沿着已被确定的几何元素而运动，编程员可以使用各种运动命令指挥刀具沿工件表面加工。比如，命令刀具走到某点的位置，然后在这些位置上钻孔。除了零件几何形状和刀具运动轨迹语句之外编程员也必须提供其他的指令，以准确地操作机床。

三、计算机的任务

在计算机辅助零件的编程中，计算机的任务由下列步骤组成：

(1) 输入翻译。

(2) 算术运算。

(3) 刀具偏置计算。

(4) 后置处理。

这些步骤的顺序及它们和编程员与机床之间的关系如图 2-23 所示。

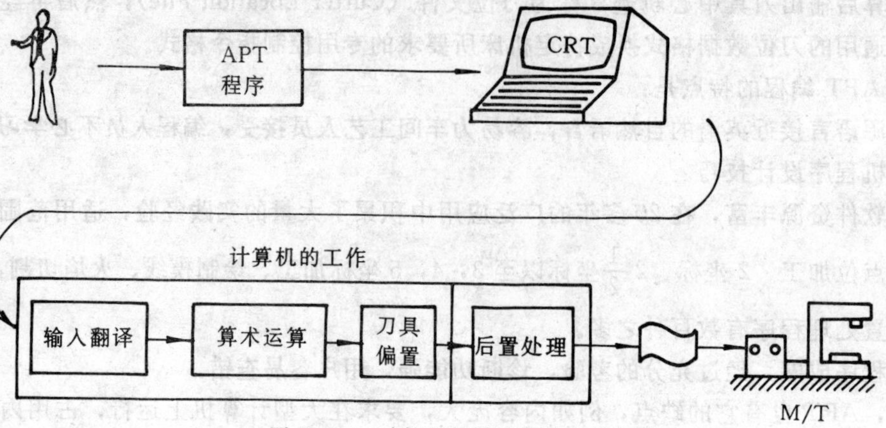

图 2-23 计算机辅助零件编程的步骤

零件编程员输入用 APT 或者其他语言编写的程序，输入翻译部件将程序中的代码指令转换成计算机能用的形式，以备进一步处理。

系统的算术运算部分由一系列的子程序组成，这些子程序用于解决生成零件表面的数学问题。它们由各种零件编程的语句调用。算术运算部分实际上是零件程序包中的基本部分，可使编程员避免费时的几何和三角运算，而将精力集中在工件的工艺规程上。

零件编程员的第二个任务是要描述刀具的轨迹。由于规定刀具的中心作为刀具轨迹，因此，实际的刀具轨迹是不同于零件外形的。切削加工是在刀具的周边上进行的。刀具偏置计算的目的是使刀具轨迹偏离所要求的零件表面一个刀具半径的距离。这意味着，编程员需利用几何图形语句精确地定义零件的外形轮廓。刀具偏置计算由编程系统进行，编程员不需顾及此工作。刀具偏置问题如图 2-24 所示。

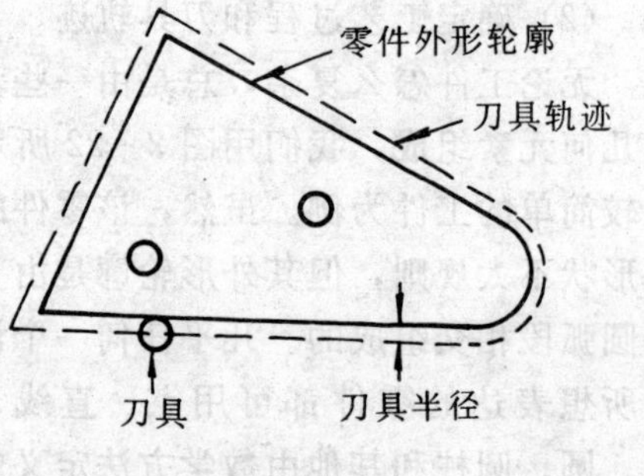

图 2-24 轮廓加工中零件编程的刀具偏置问题

前面已经讲过，数控机床有许多不同的数控系统类型，它们具有不同的特性和加工能力，并且使用不同格式的数控指令。差不多包括 APT 在内所有的零件编程语言都是通用的，因此，计算机在自动编程中的最后任务是接受通用指令，并使它们能为某一特定的机床系统所使用。完成这个任务的单元称为后置处理程序。

后置处理是一个独立的计算程序，它的功能是为某一特定的机床制作指令。后置处理的输入是另外三部分的输出，即一系列的刀具定位和其他指令。后置处理的输出是具有加工机床所要求的正确格式的数控加工指令。

四、APT 语言的组成

APT 语言的语句有四种类型：

(1) 几何图形语句 这些语句用来定义组成工件的各个几何元素。有时也被称为定义语句。

(2) 运动语句 这些语句用来描述切削刀具的轨迹。

(3) 后置处理语句 这些语句用于某一特定的机床和控制系统。用它们来规定进给量、速度以及机床的其他功能。

(4) 辅助语句　这些语句用于标识零件、刀具和一些公差等。

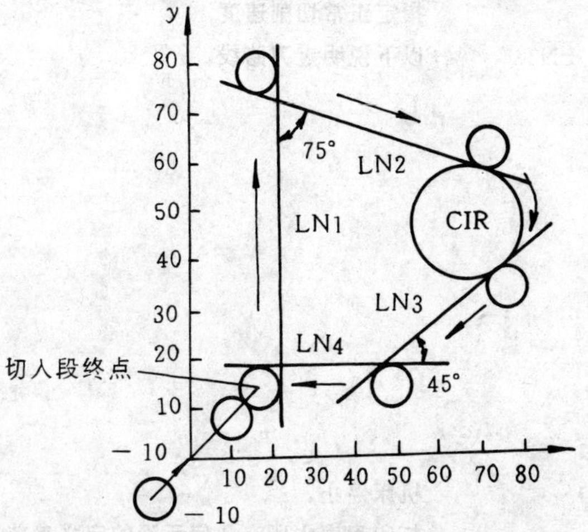

图 2-25　APT 编程的实例图

五、APT 编程的简单实例

加工如图 2-25 所示零件的 APT 程序如下：

PARTNO TEMPLATE	初始语句，说明加工对象是样板。写在 PARTNO 后面的标题名将穿制在数控纸带的开头，便于检索。
REMARK KS—002	注释语句，说明零件图号
REMARK WANG 15—FEB—1983	注释语句，说明程编员姓名、日期。
■■	双美元符表示一行语句结束，后面的字符起注释作用，不解释执行。
MACHIN/F240，2	后置处理语句，说明数控机床控制系统的类型和系列号。
CLPRNT	说明需要打印刀位数据清单。
OUTTOL/0.002	指定用直线段逼近零件轮廓的外容差和内容差。
INTOL/0.002	(容许误差)
CUTTER/10	说明选用平头立铣刀，直径为 10 mm.
■■DEFINITION	以下为几何定义语句。
LN1=LINE/20，20，20，70	
LN2=LINE/（POINT/20，70），ATANGL，75，LN1	
LN3=LINE/（POINT/40，20），ATANGL，45	
LN4=LINE/20，20，40，20	
CIR=CIRCLE/YSMALL，LN2，YLARGE，LN3，RADIUS，10	
XYPL=PLANE/0，0，1，0	
SETPT=POINT/−10，−10，10	
■■MOTION	以下开始运动语句。
FROM/SETPT	指定起刀点。
FEDRAT/F01	选用 F01 快速前进。
GODLTA/20，20，−5	刀具走增量。
SPINDL/ON	启动主轴旋转。

```
COOLNT/ON                                 送冷却液。
FEDRAT/F02                                指定切入速度。
GO/TO，LN1，TO，XYPL，TO，LN4             初始运动指令。
FEDRAT/F03                                指定正常切削速度。
TLLFT，GOLFT/LN1，PAST，LN2               以下说明走刀路线。
GORGT/LN2，TANTO，CIR
GOFWD/CIR，TANTO，LN3
GOFWD/LN3，PAST，LN4
GORGT/LN4，PAST，LN1
FEDRAT/F02
GODLTA/0，0，10
SPINDL/OFF
COOLNT/OFF
GOTO/SETPT
END                                       机床停止。
PRINT/3，ALL                              打印程序中所有几何元素的定义参数。
FINI                                      零件源程序结束。
```

六、图像编程

图像数控编程，简单地说就是根据计算机图形显示器屏幕上显示出的零件设计图形，在软件支持下自动生成零件数控加工程序的编制工作。运用交互式图形进行数控零件编程是一个计算机辅助设计和计算机辅助制造一体化的极好例子。编程过程是在 CAD/CAM 系统的图形终端上进行的。编程员运用那些在计算机辅助设计过程中定义的零件几何信息，用高级语言指挥系统，建立刀具的运动轨迹，在许多情况下，刀具轨迹是通过 CAD/CAM 系统软件自动产生的。上述过程的输出结果是 APT 程序的清单或者是能经后置处理产生数控指令的实际刀具位置文件 CLFILE（Cutter Location File）。

具体的形式是：采用有人机互交功能的图像仪，把被加工零件的图形显示在屏幕上，在相应程序支持下，编程者（应用者）只输入必须的工艺参数，用光标“指点”被加工部位，程序就自动计算刀具加工路径，模拟加工状态，并显示路径及刀具形状，以便检查刀具轨迹。用一条命令即可输出加工程序清单或穿制纸带。

利用计算机进行图像编程，用户不需编写任何源程序，当然也就省去了调试源程序的繁琐工作。由于刀具轨迹立即显示出来，直观、形象地模拟了刀具路径与被加工零件之间的关系，出错后易发现及改正，因而可靠性大为提高，试切次数可减少。对于不太复杂的零件，往往一次加工合格，其编程时间平均节省 2/3 以上。

进行图像编程有以下三个步骤：

1. 零件的几何图形定义

CAD/CAM 中的数控编程是从零件的几何图形定义开始的。如果零件的几何模型事先没有生成，则必须在图形终端上建立图形。

零件在 CRT 屏幕上显示出来，接着编程员给几何图形的各曲面和元素注上标号。注标号的工作是由 CAD/CAM 系统根据编程员的几个简单命令完成的。标号注完以后，系统自动产生 APT 几何图形定义语句。

2. 选择刀具

CAD/CAM 系统有一个刀具库，该库中装入车间所使用的各种刀具，且按照刀具类型进行目录编排。编程者既能从库中选取一种刀具，也能按照新刀具的参数和尺寸（直径、转角半径、切削长度等）设计新的刀具。

3. 刀具轨迹生成

使用交互式图形生成轨迹的方法，取决于加工类型（例如仿形铣、车削、金属板料加工）和零件的复杂程度。目前使用的商品化 CAD/CAM 系统运用交互式方法，常常有一些由系统自动执行的某些常用的机械加工程序。这些自动程序包括：沿着零件轮廓外形运动的仿形铣、立铣腔槽、点位控制钻孔及表面轮廓加工。

交互式方法允许编程者以步进的方式生成刀具轨迹，并借助于图形显示器形象地进行校验。这一过程从确定刀具的起始位置开始，然后编程者指挥刀具沿着所定义的零件几何形状表面移动。随着刀具在 CRT 屏幕上移动，与之相应的 APT 运动命令由 CAD/CAM 系统自动制定。交互方式在程序生成过程中给使用者提供适当的时机插入后置处理语句。这些后置处理语句包括机床指令，例如进给速度、切削速度和冷却液的控制等。

一般集成化程度高时不输出 APT 程序，只输出刀位点文件。

下面为一个利用图像编程的实际例子（图 2-26，2-27，生成的 APT 程序没有列出）。

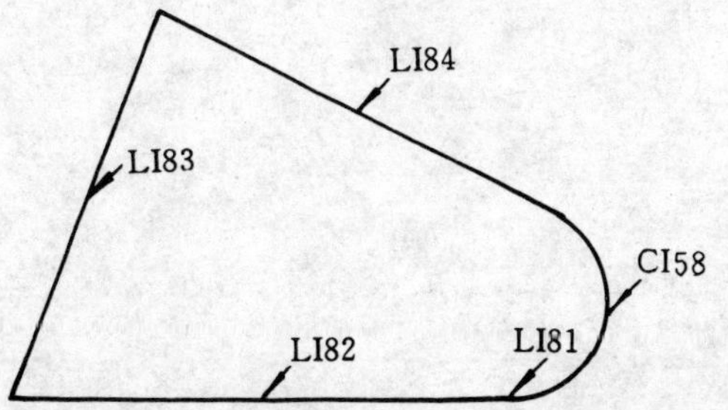

图 2-26　系统给零件加注标号

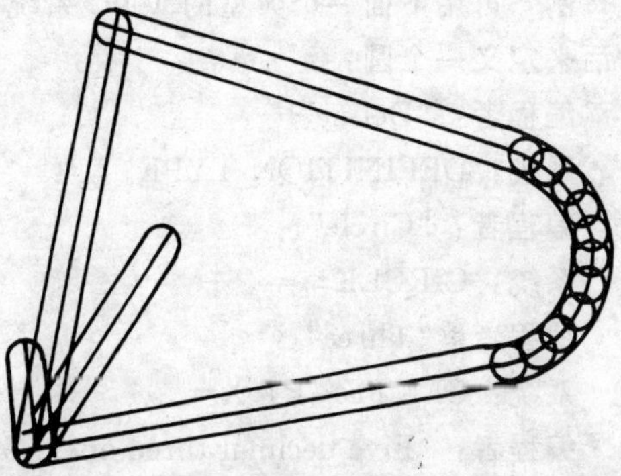

图 2-27　系统自动生成的刀具轨迹

图像数控编程有五个非常显著的优点：

(1) 节省几何图形定义时间　由于零件几何图形信息在使用 CAD/CAM 图形系统设计时已形成，零件编程者不需重新定义零件的几何图形，而几何图形的定义在一般的 APT 编程中是一个耗时的过程。

(2) 实时直观校验　图形终端显示刀具轨迹，以便零件编程者实时校验，大多数编程错误能被校验出来，并及时得到修正。一般的 APT 或者其他数控语言，往往在编写程序和校验/修正之间存在一个滞后过程。

(3) 自动编程程序的使用　对于常见的零件编程情况，例如仿形切削和铣腔槽等，使用自动的 MARCO 型程序可大大减少零件编程时间。

(4) 单件作业　因为使用 CAD/CAM 系统使得零件编程时间显著减少，对于单件加工来说，数字控制成为一种经济上有吸引力的方法，没有 CAD/CAM，准备零件程序所需的时间是对于单件加工中使用数控的一个很大的障碍。

(5) 可与其他有关功能结合　显然，可把产品设计功能与零件编程结合起来，也可与加工中的其他功能相结合。这些功能包括：刀具设计、工艺过程设计、操作者的准备、指令准备以及将一些零件组成几个零件簇以便于编程等。随着数控编程在近 30 年来的惊人发展，在计算机上完成零件编程的逻辑化过程是不困难的。这或许将使得编程工作完全由计算机自动完成而不需要人的辅助。

七、语音编程

数控机床的语音编程（缩写为 VNC）就是将加工过程口述给一个语音输入的数控纸带制备系统。VNC 使编程者避免了那些人工书写程序、键盘穿孔或打字和手工校验等步骤。

用 VNC 进行零件编程时，操作者的话音进入一个具有背景噪声衰减功能的头箍式话筒。编程指令以“车”、“螺纹”和“直径”之类的工艺用语和接受各个编程者的语音模式。这是通过重复词汇中各个字大约五遍以提供一个参考组，然后将参考组与实际编程时的语音命令进行比较。阈值系统的全部词汇大约包含 100 个字，使用其中 30 个左右的字就能完成大部分的数控编程工作。

在与系统对话中，编程者必须用每个字前后的停顿来将其分隔。停顿时间必须有 1/10 s 或更长，以便语音识别系统能区分所发出命令之间的界限，使该波形特性与编程者的参考组中的字进行比较。在这一限制下典型的字输入速率大约是每分钟 70 个字。当这些字说出时，在操作者面前的 CRT 终端验证各命令并提醒操作者继续说下一条命令。

例 可用下面一个典型的 VNC 系统（显示在 CRT 屏幕上）和编程者（说话）之间的对话来定义一个圆：

编程者：“Define”

系统：DEFINITION TYPE。

编程者：“Circle”

系统：CIRCLE ♯＝。

编程者：“Three”。

系统：CENTER PT X＝。

编程者：“Five decimal three one. GO”。

系统：Y＝。

编程者：“Two decimal four seven five，GO”。

系统：RADIUS＝。

编程者：“One decimal five，GO”。

系统：CW/CCW。

编程者：“Counterclockwise”。

当所有的编程指令被输入并被验证后，系统对该加工任务制成穿孔纸带。

VNC 的优点主要在于节省了编程时间，缩短了制造周期。节省编程时间可达 50％以上。精度的改善和对编程者的计算技巧要求低，这也是 VNC 的有益之处。

第3章　成组技术（GT）

成组技术 GT（Group Technology）是从制造工艺领域的应用开始，并逐步发展成为一种提高多品种、中小批量生产水平的生产与管理技术。目前，随着现代制造系统的发展，GT 被认为是 FMS 及 CIMS 等先进制造系统的技术基础。

3.1　成组技术基本原理

3.1.1　成组技术的产生

成组技术是在多品种、中小批量的生产实践中产生的。在制造业中，每年生产的产品种类成千上万，且每种零件都具有不同的形状、尺寸和功能。但是，当人们仔细观察时，就又会发现零件之间存在相似性。图 3－1（a）的零件具有不同的功能，但形状尺寸相近；图 3－1（b）的零件在形状上有较大差异，但加工工艺过程具有较高相似性。因此，可以将零件进行分类并归并成组（常称零件族）。

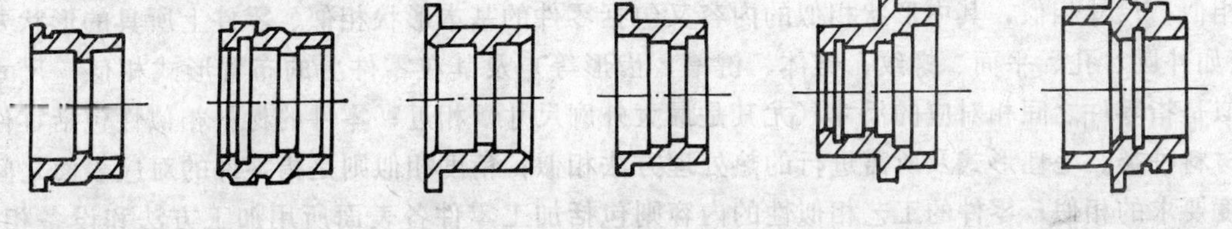

(a)

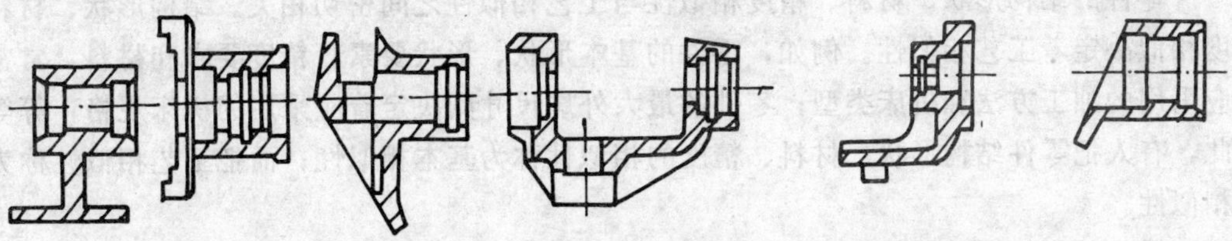

(b)

图 3－1　零件族示例

虽然这种基本概念已存在很长时间，但直到 20 世纪 50 年代末才由前苏联的米特洛凡诺夫（С. П. Митрофанов）系统地提出成组技术的概念和方法。此后不久，由于德国的奥匹兹（H. Opitz）和英国的布利希（E. G. Brisch）等在零件分类编码系统等方面的贡献，使成组技术迅速推广到欧洲及日本，随后进入我国以及美国（美国直到 20 世纪 70 年代末 80 年代初才给予足够的重视）。

3.1.2 成组技术的实质

从广义上讲，成组技术就是将许多各不相同，但又具有相似性的事物，按照一定的准则分类成组，使若干种事物能够采用同一解决方法，从而达到节省人力、时间和费用之目的。长久以来，人们从经验中认识到，把相似的事物集中起来加以处理，可以减少重复性劳动和提高效率。这一类的例子几乎可以在各类工作和生活领域看到。所以，成组技术并不是一个全新的概念。然而，要在工作中自觉建立和应用这一概念，并使之科学化、系统化和形成一整套具有完整体系而又行之有效的技术，则是近30余年来新的发展。

成组技术的普遍原理可以适用于各个领域。当在机械制造系统领域内研究与应用成组技术时，成组技术可定义为：将企业生产的多种产品、部件和零件，按照一定的相似性准则分类成组，并以这种分组为基础组织生产的全过程，从而实现产品设计、制造和生产管理的合理化及高效益。

成组技术的核心和关键是按照一定的相似性准则对产品零件的分类成组。因此，零件相似性是应用成组技术的基础。

3.1.3 零件的相似性

所谓零件的相似性是指零件所具有的各种特征的相似。每种零件都具有多种特征。正是这些特征的组合，才构成区别于其他种零件的一个零件品种。然而，许多零件的某些特征又可能相似或相同，这些相似或相同的特征，就构成了零件之间的相似性。

一种零件往往具有包括结构型状、材料、精度、工艺等多方面的许多特征，这些特征决定着零件之间在结构形状、材料、精度、工艺上的相似性。零件的结构形状相似性包括形状相似；尺寸相似，其中形状相似的内容又包括零件的基本形状相似、零件上所具的形状要素（如外圆、孔、平面、螺纹、锥体、键槽、齿形等）及其在零件上的布置形式相似；尺寸相似是指零件之间相对应的尺寸（尤其是最大外廓尺寸）相近；零件的材料相似性包括零件的材料种类、毛坯形式及所需进行的热处理方法相似；精度相似则是指零件的对应表面之间精度要求的相似；零件的工艺相似性的内容则包括加工零件各表面所用加工方法和设备相同，零件加工工艺路线相似，各工序所用的夹具相同或相似以及检验所用的测具相同或相似。

零件的结构形状、材料、精度相似性与工艺相似性之间密切相关。结构形状、材料、精度相似决定着工艺相似性。例如，零件的基本形状、形状要素、精度要求和材料，常常决定应采用的加工方法和机床类型；零件的最大外廓尺寸则决定着应采用的机床规格；等等。因此，有人把零件结构形状、材料、精度的相似性称为基本相似性；而把工艺相似性称为二次相似性。

零件的相似性是零件分类的依据。从企业生产的需要出发，可侧重按照零件某些方面的相似性分类成组（族）。

3.2 零件分类编码系统

随着成组技术应用领域的不断扩大和计算机技术的发展，零件分类编码系统（Classing and Coding Systems）在成组技术研究和应用中起着重要的作用，并成为实施成组技术的一个重要工具。

所谓零件分类编码系统就是用符号（数字、字母）等对产品零件的有关特征，如功能、几何形状、尺寸、精度、材料以及某些工艺特征等进行描述和标识的一套特定的规则和依据。

3.2.1 零件分类编码系统的结构

一、零件分类编码系统的总体结构

从总体结构来看，零件分类编码系统有整体式和分段式两种结构形式：

(1) 整体式结构　整个系统为一整体，中间不分段。通常功能单一，码位较少的分类编码系统常用这种结构形式。

(2) 分段式结构　整个系统按码位所表示的特征性质不同，分成 2～3 段，通常有主辅码分段式和子系统分段式两种形式。分段式结构的分类编码系统在使用上具有较发的灵活性，能适应不同的应用需要。

二、分类编码系统码位之间的结构

分类编码系统各码位间的结构有以上下三种形式：

(1) 树式结构（分级结构）　在树式结构中，码位之间是隶属关系，即除第一码位内的特征码外，其他各码位的确切含义都要根据前一码位来确定，如图 3-2 (a) 所示，这种结构的每个特征码有很多分支，很像树枝形状，故称树式结构。树式结构的分类编码系统所包含的特征信息量较多，能对零件特征进行较详细的描述，但结构复杂，编码和识别代码不太方便。

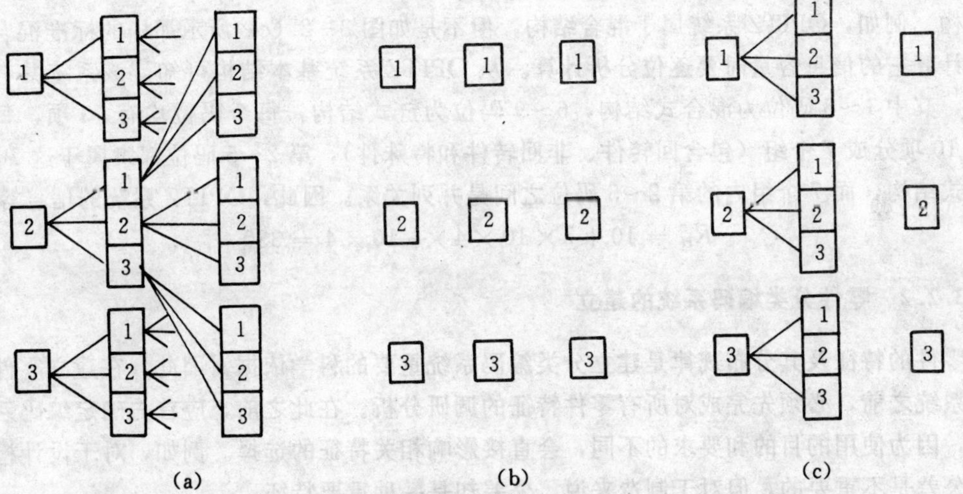

图 3-2　码的结构

(2) 链式结构（并列结构、矩阵结构）　在链式结构中，每个码位内的各特征码具有独立的含义，与前后位无关，如图 3-2 (b) 所示。这种结构形式像链条，故称链式结构。链式结构所包含的特征信息量比树式结构少，但结构简单，编码和识别也比较方便。OPITZ 系统的辅助码就属于链式结构形式。

(3) 混合式结构　混合式结构是指同时存在以上所述的两种结构，如图 3-2 (c) 所示。大多数分类编码系统都采用混合式结构。

三、零件分类编码系统的信息容量

所谓系统信息容量就是一个分类编码系统所容纳的零件特征信息总数量，它是评定分类编码系统功能的重要参数。信息容量越大，零件特征就能描述得越详细。系统信息容量取决于系统内码位数量、项数和结构。

设码位数量为 N，每个码位内的项数为 M，则树式结构的信息容量为

$$R_s = \sum_{n=1}^{N} M^n$$

例如，图 3-2（a）结构的容量为

$$R_s = \sum_{n=1}^{N} 3^n = 3 + 3^2 + 3^3 = 39$$

链式结构的信息容量为

$$R_L = M \cdot N$$

例如，图 3-（b）结构的容量为

$$R_L = 3 \times 3 = 9$$

在混合式结构中，设树式结构的码位数为 N_s，链式结构的码位数为 N，而且树式结构的码位在前，则混合式结构中信息容量为

$$R_H = \sum_{n=1}^{N} M^n + M \cdot N_L$$

例如，图 3-2（c）结构中信息容量为

$$R_H = \sum_{n=1}^{N} 3^n + 3 \times 1 = 3 + 3^2 + 3 = 15$$

以上的计算公式仅适用于标准结构的系统，而实际使用的分类编码系统并不完全是标准的结构。例如，OPITZ 系统属于混合结构，但不是如图 3-2（c）所示那样的标准混合式结构，计算它的信息容量时要逐位分析计算。从 OPITZ 系统基本结构可知，该系统共有 9 位码位，其中 1～5 码位为混合式结构，6～9 码位为链式结构，每个码位均有 10 项，每一码位的 10 项分成 7 个组（包含回转件、非回转件和特殊件），第 2～5 码位都隶属于这 7 个组，呈树式结构，而 7 个组内的第 2～5 码位之间是并列关系。因此，OPITZ 系统的信息容量为

$$R_H = 10 + 7 \times 10 \times 4 \times + 10 \times 4 = 330$$

3.2.2 零件分类编码系统的建立

零件的特征及其分布规律是建立分类编码系统重要的科学依据，因此，在建立零件分类编码系统之前，必须先完成对所有零件特征的调研分析。在此之前，应首先确定编码系统的用途，因为使用的目的和要求的不同，会直接影响相关特征的选择。例如，对于设计检索来说，公差是不重要的，但对于制造来说，公差却是一种重要特征。

通常一个企业（或行业）使用的分类编码系统应能简便而有效地反映本企业所有产品零件的有关特征。要获得本企业（或行业）零件特点及分布的资料，就要对零件进行统计分析，这是建立分类编码系统的一个重要步骤。例如，研制 OPITZ 系统时，曾对 26 个企业的 45 000 种零件进行了统计分析。

零件统计分析的内容一般有以下 7 个方面：

（1）零件的种类，如机加件、钣金件、焊接件等。

（2）零件的形状、尺寸及其分布规律。

（3）形状要素的出现规律和内在联系。

(4) 材料种类。

(5) 毛坯形式。

(6) 精度。

(7) 其他工艺特征（如加工方法、设备等）。

如果零件的种数很多，则不一定要对所有的零件都进行统计。可以选择一些具有代表性的零件，特别是本企业（行业）主要产品的零件进行统计分析。但是统计的范围也不能太窄，零件种数不能太少。否则，将影响统计结果的准确性。

在零件统计分析所获取资料的基础上，可以进行相关特征的选择，并确定系统的总体结构、码位数、码位间的结构、码位排列的顺序、代码使用的数制（二进制、八进制、十进制、十六进制、字母数字型等）、码位内信息排列方式等。最后，经在一定范围内的试用，对系统方案进行修改、扩充和完善，而形成一个完整有效的零件分类编码系统。

3.2.3 国内外零件分类编码系统的发展概况

针对不同应用需求，选择不同的特征和码位数，采用不同的结构，就形成不同的分类编码系统。目前，国内外已出现了数目众多的分类编码系统。国外著名的分类编码系统有OPITZ系统（德）、MNTPOΦAHOB（前苏联）、BRISCH系统（英）、KK—3系统（日）、CODE系统（美）、MICLASS系统（荷）等。其中由德国阿亨工业大学OPITZ教授开发的OPITZ系统是世界上最著名的系统。OPITZ系统简单且使用方便，是一个比较完善的系统，已被很多公司采纳。在OPITZ分类编码系统中，每个零件用9位数字描述：前5位数字用以表示零件的几何形状，称为形状代码，后4位数字则表示零件的尺寸、材料、毛坯和加工精度，称为辅助代码（详见图3-3）。

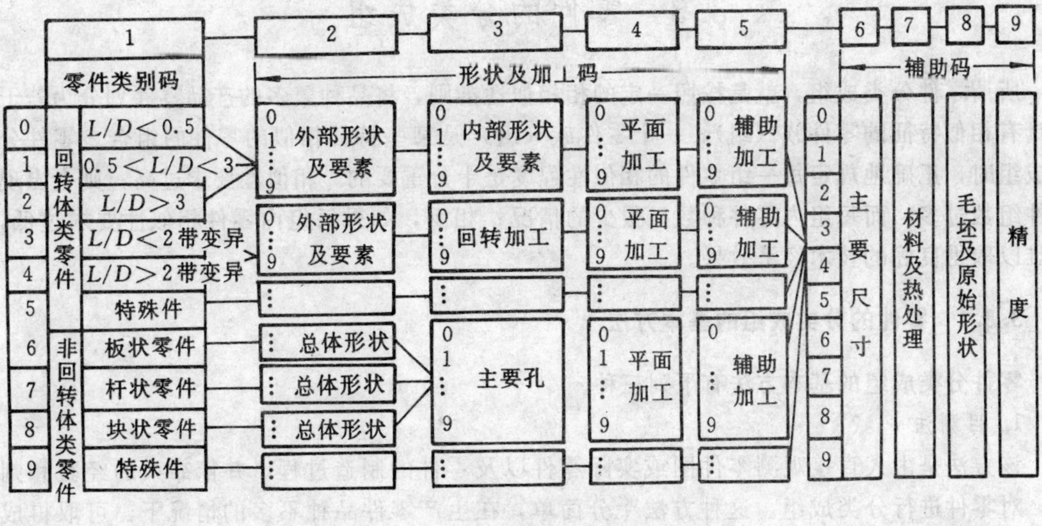

图3-3 OPITZ分类编码系统结构

我国的许多企业也先后开发和采用了多种分类编码系统。这里我们简要介绍一下机械工业部颁发的机械零件分类编码JLBM—1系统（JB/Z251—85）。JLBM—1系统适用于产品设计、工艺设计、加工制造和生产管理等各方面。

图 3-4 是 JLBM—1 的基本结构。该系统具有 15 个码位，每一个码位从 0～9 的 10 个数码表示不同的特征项号。15 个码位中，第一、二码位为名称类别矩阵（其中第一位为名称粗分类，如轮盘类、环套类、齿轮类、箱壳体类等，第二位为名称类别细分类，如垫圈片、环、套、螺母等是环套类的细分类），用以描述零件的主要形状和功能；第三至第九码位为形状和加工码位，用以描述零件外部形状、内部形状、平面、曲面的加工及其他辅助加工；第十到第十五码位为辅助码位，用以描述零件的材料、毛坯、热处理、主要尺寸与精度。

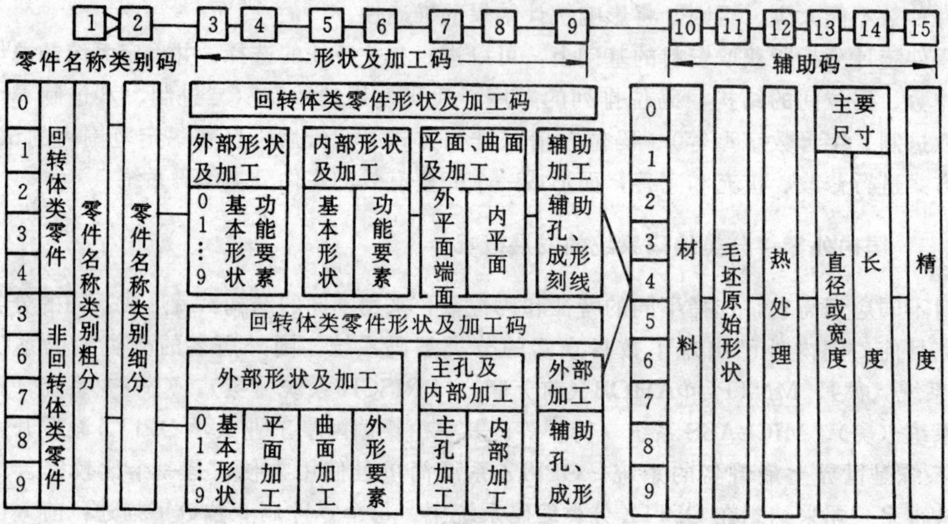

图 3-4 JLBM—1 分类编码系统基本结构

3.3 零件的分类成组

所谓零件分类成组，就是按照一定的相相似性准则，将品种繁多的产品零件划分为若干个具有相似特征的零件族（组）。一个零件族（组）是某些特征相似的零件的组合。零件分类成组时，正确地规定每一组零件的相似性程度是十分重要的。相似性要求过高，则会出现零件组数过多，而每组内零件种数又很少的情况；相反，如果每组内零件相似性要求过低，则难以取得良好的技术经济效果。

3.3.1 零件的分类成组的基本方法

零件分类成组的基本方法有下列三种。

1. 目测法

该方法是由人直接观测零件图或实际零件以及零件的制造过程，并依靠人的经验和判断，对零件进行分类成组。这种方法十分简单，在生产零件品种不多的情况下，可取得成功。但当零件种数比较多时，由于受人的观测和判断能力的限制，往往难以获得满意的结果。据国外资料报导，当零件种数大于 200 时，要取得完全成功是比较困难的。

2. 生产流程分析法

生产流程分析包括工厂流程分析、车间流程分析和单元流程分析等，生产流程分析法主要是指车间流程分析。该方法是通过分析全部被加工零件的工艺路线，识别出客观存在的零件工艺相似性，从而划分出零件族。这种方法仅适用于成组工艺。生产流程分析法是英国的伯贝奇（J. L. Burbidge）教授首先提出，并在成组工艺的实践中获得成功应用的。

3. 分类编码法

该方法是利用零件分类编码系统对零件编码后，根据零件的代码，按照一定的准则划分零件族。因为零件的代码表示零件的特征信息，所以代码相似的零件具有某些特征的相似性。按照一定的相似性准则，可以将代码相似的零件归并成族。

3.3.2 生产流程分析法

生产流程分析是建立在分析工厂目前正在采用的零件工艺过程的基础上。这种方法只涉及零件的制造方法，而不考虑零件设计特征的相似性。具体方法有关键机床法、聚类分析法（单链聚类分析法、排序聚类分析法、模糊聚类分析法）等，其中用关键机床法划分零件族，通常按下列步骤进行：

（1）整理和修订设备清单、每种零件工艺路线卡、产品零件明细表等资料。

（2）求出基本零件组，具体步骤包括形成机床使用表、选择关键机床（通常选择加工零件种数最少的机床为关键机床）、形成基本组。

（3）将基本组合并成零件族和机床组，这项工作与人的经验和判断有很大关系，存在一定的灵活性。

（4）检查机床负荷，进行机床负荷平衡。

生产流程分析可以用手工方式进行，也可以利用计算机。计算机用于生产流程分析是从1973年才发展起来的。目前，借助计算机只能进行上述步骤的（1），（2），（4），而步骤（3）还需用手工方式进行。

3.3.3 分类编码法

零件分类编码可以在宏观上描述零件而不涉及零件的细节，零件节类编码系统是进行零件分类编码的重要工具。采用分类编码法划分零件族时，首先考虑的问题是如何着手建立一套适用于本企业的分类编码系统。通常有两条途径：一是从现有的系统中选择；二是重新研制新的系统。

分类编码法划分零件族的步骤如下：

（1）选择或研制零件的分类编码系统。

（2）进行零件编码。

（3）按照一定的准则，根据零件代码划分零件族。

一、选择分类编码系统

因为选用一种合适的现有系统远比重新制定一种新系统少花费大量的人力、物力和时间，因此企业应尽量选用已有的系统。选择分类编码系统时，首先要考虑实施成组技术的目的和范围以及成组技术与计算机技术相结合等问题，因为它将直接影响对分类编码系统复杂程度的选择。现有的多种多样的系统中，有的以描述零件设计特征为主，适用于设计的系统；有的以描述零件工艺特征为主，适用于工艺的系统；也有的既描述零件设计特征，又描述零件工艺特征，设计和工艺均适用的系统。此外，由于计算机技术迅速发展，成组技术中越来越广泛地使用计算机。目前已研制出用计算机进行零件编码的分类编码系统，这种系统由于依靠计算机进行信息处理，有可能包含有关设计、工艺和管理等多方面信息，具有多种功能。当然，这种系统本身也就比较复杂。

选择分类编码系统时，如果仅仅为了实施成组工艺，显然应当选择一种以描述零件工艺特征为主的系统。但是，目前成组技术的发展，已不仅涉及工艺部门，而且涉及从产品设计到制造和管理的各个部门。一个企业内部，不能为满足不同需要同时使用几个系统，而只能使用一个系统。因此，对于一个企业来说，选择一个合适的分类编码系统是十分重要的。

由于每种分类编码系统都具有一定的适用性，各个企业之间又难免存在着一定的差异，因此，所选择的分类编码系统不一定能完全适合本企业使用。当所选择的分类编码系统不能完全适用于本企业时，往往是根据本企业的特点对系统进行某些局部修改或扩充，以适合本企业使用。

二、零件的编码

在选定（或重新制订）了零件分类编码系统以后，可以对本企业的零件进行编码。零件编码有人工编码和计算机编码两种方式。

人工编码，即由人根据零件分类编码系统的编码法则，对照零件图，编出零件的代码。这种方法编码的速度较低，它与编码系统本身的结构、零件图的复杂程度和编码人员的技术水平有关。人工编码的出错率较高，因为在编码过程中受到人的主观判断因素影响较大。

计算机编码，需要一套计算机编码的程序。国外有些分类编码系统配有这种程序。例如，MICLAASS 分类编码系统，配有人-机对话型的零件编码程序。编码时，编码人员只需逐一回答计算机所提出的一系列逻辑问题，计算机便能自动地编出零件的代码。计算机所提问题的数目，随着零件复杂程度不同而不同。对于一个中等复杂程度的零件，计算机要提 10～20 个问题。对于一个简单的零件，计算机至少要提 7 个问题。

对于图 3－5 所示的回转体类零件，若采用 OPITZ 系统进行分类编码，其结果见图 3－6；若采用了 JLBM—1 系统进行其分编码，其结果见图 3－7。

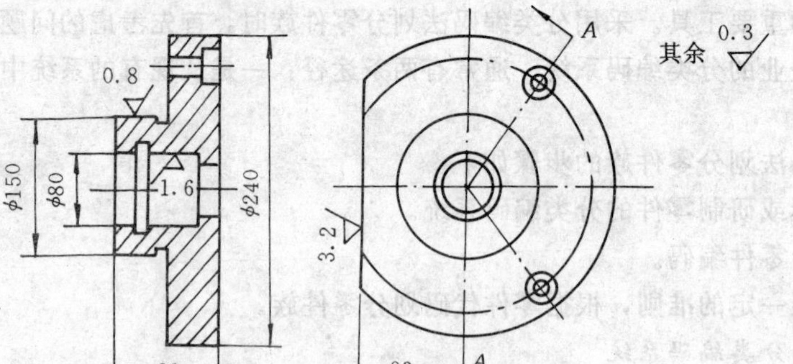

图 3－5　回转类零件

三、零件的分组

零件编码后，就可以利用零件代码，按照一定的准则，将零件分类成组。零件分组可以手工分组，也可计算机辅助分组。手工分组工作量大，效率低，易出错；计算机辅助分组能大大减轻人的劳动，提高分组效率和准确性。许多零件分类编码系统配有计算机辅助分组软件，用户只要输入待分组零件的代码及零件族的特征信息，就可得到零件分组结果。

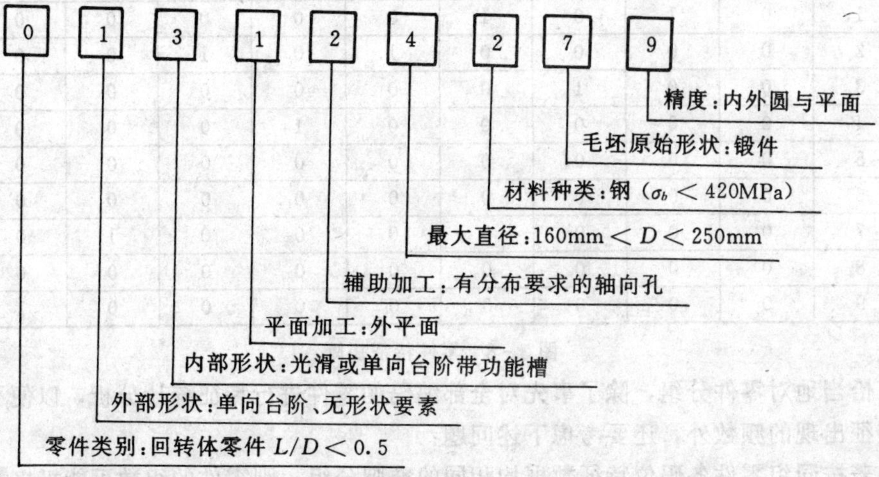

图 3-6　按 OPITZ 系统编码

图 3-7　按 JLBM—1 系统编码

在计算机辅助分类成组系统中，通常用零件特征矩阵表示零件代码，用零件族特征矩阵表示零件族。零件特征矩阵就是零件代码用矩阵形式表示，其建立方法是：矩阵的每一列表示一个码位，矩阵的每一行表示每个码位上的数据。在行和列的相交处，标注“1”表示在该码位上具有此数据；标注“0”表示在该码位上不具有此数据。例如，图 3-5 所示的零件，用 OPITZ 系统编码，零件的代码为“013124279”（见图 3-6），其零件特征矩阵见图 3-8。

零件族特征矩阵的建立方法，其基本原理与零件特征矩阵相同。在行和列的相交处，标以“1”表示零件族允许在该码位上具有此数据；标以“0”表示零件族不允许在该码位上具有此数据。

代码	码位								
	1	2	3	4	5	6	7	8	9
0	1	0	0	0	0	0	0	0	0
1	0	1	0	1	0	0	0	0	0
2	0	0	0	0	1	0	1	0	0
3	0	0	1	0	0	0	0	0	0
4	0	0	0	0	0	1	0	0	0
5	0	0	0	0	0	0	0	0	0
6	0	0	0	0	0	0	0	0	0
7	0	0	0	0	0	0	0	1	0
8	0	0	0	0	0	0	0	0	0
9	0	0	0	0	0	0	0	0	1

图 3-8　零件特征矩阵

为了恰当地对零件分组，除了事先对全部编码的零件进行特征统计分析，以便了解零件每一种特征出现的频数外，还要考虑下述问题：

(1) 若按同组零件各码位特征数据均相同的准则分组，则零件的组数可能极多，每组内的零件种数可能很小。在成组技术的实际应用中，这种分组方法并不合理，不能起到增大零件成组批量的作用，因而不能获得实施成组技术应有的效益。

(2) 分组时，若不要求代码完全相同的零件才归并成一组，而只规定系统中某几个码位特征数据相同的零件即可归并成同一组，则可减少零件组数，增多组内零件种数。规定的同组零件特征数据相同的码位数越少，分组后的零件组数也越少，每级内的零件种数则越多。

(3) 分组时，对于同组零件，既不要求代码完全相同，也不要求某几个码位特征数据相同，而是允许各码位的特征数据有一定的变化范围，这样也可减少零件组数，增加每组内的零件种数。这是因为用这种方法分组，可将原来可能分在若干个不同组中的零件归并在同一个零件组中。

零件分组的具体方法有特征位法、码域法和特征位码域法三种。

1. 特征位法

特征位法是在分类编码系统的各码位中，选取一些特征性较强、对划分零件族影响较大的码位作为零件分组的主要依据，而其余的码位则予以忽略。

例如，为了有利于实施成组工艺，零件分组时，要更多地考虑零件工艺特征的相似性。在大多数情况下，零件的形状、材料等特征，对制造工艺的影响大小按下列顺序排列：

(1) 零件类别：回转件和非回转件，加工工艺路线相差甚大。

(2) 材料：黑色金属零件和有色金属零件，不但加工条件不同，而且切屑也应分开。

(3) 尺寸：加工尺寸不同的零件所选用的机床规格也不同。

(4) 具体形状：零件具体形状的差别，不同程度地影响零件的加工工艺。

(5) 精度：零件主要形状要素的精度不同，对零件的加工工艺可能会有较大影响。

各种分类编码系统用来表示上述特征的码位是不同的。因此，要结合具体采用的分类编码系统，才能选定作为零件分组依据的码位。例如，采用 POITZ 分类编码系统，选定第 1，2，6，7 码位为分组依据的码位，则零件代码为 043063072，041003070，047023072 的三种零件将被分在一组，因为这三种零件的代码在第 1，2，6，7 码位上的符号分别都是 0，4，3，0。

用特征位法分组，简单易行。零件组数与所选取的特征码位数有很大关系。特征码位数选得少，则零件组数较少，但同组零件的相似性程度也较低。为了使同组零件满足一定的相似性程度要求，往往需要选取适当数量的特征码位作为分组的依据，但这样又可能出现零件组数过多的现象。对于零件种数较少、零件特征分布较广的情况，采用特征位法分组难以取得满意的结果。

2. 码域法

码域法是对分类编码系统中各码位的特征项规定一定的允许范围，作为零件分组的依据。仍以 OPITZ 分类编码系统为例，假设某零件族允许各码位的范围如下：

第 1 码位：1，2，(0.5$<l/d<$3 或 $l/d>=$3 的回转体零件)；

第 2 码位：0，1，2，3（外形光滑或单向台阶）；

第 3 码位：0（无内孔）；

第 4 码位：0，1，2，3（无平面加工或有外部的平面加工）；

第 5 码位：0（无辅助孔）；

第 6 码位：0，1，2，3（$d<=160$）；

第 7 码位：2，3，4，5，6（钢材料）；

第 8 码位：0，1（圆棒料）；

第 9 码位：0，1（没有精度要求或外形有精度要求）。

根据上述各码位允许的范围，可建立该零件族的特征矩阵，如图 3-9 所示。

代码	码	位							
	1	2	3	4	5	6	7	8	9
0	0	1	1	1	1	1	0	1	1
1	1	1	0	1	0	1	0	1	1
2	1	1	0	1	0	1	1	0	0
3	0	1	0	1	0	1	1	0	0
4	0	0	0	0	0	0	1	0	0
5	0	0	0	0	0	0	1	0	0
6	0	0	0	0	0	0	1	0	0
7	0	0	0	0	0	0	0	0	0
8	0	0	0	0	0	0	0	0	0
9	0	0	0	0	0	0	0	0	0

图 3-9　零件族特征矩阵

码域法分组，零件组数和同组零件的相似性程度与所规定的码域大小密切相关。码域规定很小，则同组零件相似性程度高，但零件组数也多。一种极端的情况是每码位允许一项特征数据，这等于要求同组的零件代码完全相同。码域法分组时，由于码域大小的变化范围较大，并且对于每一零件族可根据零件的具体情况和具体生产条件规定不同的码域，因此分组的适用性较广。

3. 特征位码域法

特征位码域法是由特征位数据法和码域法结合而成的一种分组方法。它既要选取某些特征性较强的特征码位，又对所选取的特征码位规定允许的特征数据的变化范围，以此作为零件分组的依据。

用特征位码域法分组，由于针对不同的具体情况，可以选取不同的特征码位和规定不同的码域，因此分组的灵活性大，适用性广。特别当所使用的分类编码系统的码位数较多时，用码域法分组必须对系统中所有码位规定码域。而用特征位码域法分组，由于可以忽略某些对分组影响不大的码位，从而使分组工作简化。

3.4 成组技术的应用

成组技术是提高多品种、中小批量机械制造业生产效率和水平，增加生产效益的一种基础技术。在多品种、中小批量生产企业中实施成组技术，能够带来以下各种技术经济效益：

(1) 减少产品设计工作量，缩短新产品设计周期。

(2) 减少新品设计的零件品种，扩大零件的批量。

(3) 促进零件、部件设计的标准化。

(4) 减少工艺过程设计所需的时间和费用。

(5) 减少工艺装备设计、制造所需时间和费用。

(6) 减少设备调整所需的时间和费用。

(7) 缩短工件在生产过程中的运输路线。

(8) 提高加工效率。

(9) 缩短生产周期。

(10) 提高设备利用率。

(11) 节省生产面积。

(12) 减少原材料和在制品。

(13) 降低废品率。

(14) 减少人员需要量。

(15) 简化生产管理工作。

(16) 提高按期交货率。

(17) 提高对产品改型的适应能力，等等。

近几年来，成组技术的概念不仅从开始的机械加工工艺扩充到产品设计与制造的全过程，而且与计算机技术、数控技术结合起来，在 CAD，CAPP，CAM 乃至 FMS，CIMS 等现代制造技术领域起到重要作用。

3.4.1 成组技术在产品设计中的应用

在产品设计实施成组技术，通过对企业中已设计、制造过的零件编码和分组，可建立起设计图纸和资料的检索系统。当设计一个新零件时，设计人员将设计零件的构思转化成相应的分类代码，然后按此代码对其所属零件族的零件设计图纸和资料进行检索，从中选择可直接采用或稍加修改便可采用的原有零件图。只有当原有零件图均不能利用时，才重新设计新零件。据统计，当设计一种新产品时，往往有 3/4 以上的零件可直接利用或经局部修改便可利用已有产品的零件图。这就大大减少了设计人员的重复劳动。例如，波音（Boeing）飞机公司建立设计检索系统后，电气电子设计组在新机种设计时，有 95%的零件可以由检索得到。美国的企业中，每设计一个新零件所需的设计费用，平均约为 2 000 美元。采用设计图纸和资料检索系统后，能使设计工作量减少15%左右。如果一个企业每年要设计2 500个新零件，则每年可节省75万美元的设计费用。

在我国随着CAD技术的发展和应用，特别是"九五"期间国家大力推进机械设计"甩掉图版"，建立产品设计图库和（GT-CAD）系统具有重要意义。GT-CAD系统，又叫检索式CAD系统，是指以成组技术为基础的计算机辅助设计系统。产品设计人员在应用GT-CAD系统设计新零件时，首先进行零件检索，以确定能采用原有的零件图或对原有零件图稍加修改。

新产品设计中尽量利用原有的设计，为制造工艺领域增强了相似性，使企业生产的零件品种大为减少，从而大大节省工艺过程设计、工装设计和制造的时间和费用。生产准备周期因之缩短，某些零件的生产批量也将得到扩大。此外，产品增加了对老产品的继承性，使老产品生产中所积累的许多经验，能在新产品生产中加以充分利用。

3.4.2 成组技术在制造工艺中的应用

企业生产的多种零件在按照一定的相似性准则分类成组的基础上，按零件进行工艺准备，可以在各项工作中，以多种形式实施成组成本。

一、成组工艺过程

成组工艺过程是指针对一组相似的所有零件而设计的工艺过程，其设计方法有复合零件法和复合路线法。

复合零件是一种假想的零件，它具有同组零件的全部形状特征。复合零件法是指按复合零件设计的成组工艺过程。

复合路线法是从分析零件组（族）各零件的工艺路线入手，选择一个最复杂和最长的工艺路线为基础，然后将其他零件所特有的而又未包含在该基础工艺路线中的工序合理地安排进去，最后形成满足全组零件要求的工艺过程。

二、成组夹具

在成组技术原理指导下，为完成成组工序而设计、制造的专用夹具称为成组夹具。成组夹具不同于一般的专用夹具，它不是针对某一种零件，而是针对一组零件的同一工序而设计的夹具。

三、成组技术在CAPP及数控编程中的应用

成组技术是修订式CAPP系统的基础，零件编码与分组在修订式CAPP系统中具有重要作用。此外，在数控编程中，可以应用成组技术原理实现零件组（族）数控编程。

3.4.3 成组技术在生产组织与管理中的应用

在生产组织中，采用成组单元或成组流水线，可以缩短零件的运输路线，提高生产单元或系统的柔性。在生产管理中，以零件族为基础编制生产计划和生产作业计划，以可提高生产管理的效率，提高劳动力和设备的利用率。

在产品设计和制造工艺方面实施成组技术的企业，其生产管理方法也必须相应改变。在生产管理工作中应用成组技术，将实行按零件族组织生产，打破产品界限，改变传统的按产品组织生产的方式；以零件管理取代原来的工序管理；质量管理也由检验人员控制为主改变为生产单元自控为主；工人则从按专业工种固定劳动分工向一专多能转变，从一人一机向多

机床管理发展。这一切不仅有利于编制生产计划、生产指令和调度计划工作的简化，而且能使整个生产管理工作向着科学化和现代化的方向发展。

3.4.4 成组技术与 FMS，CIMS 的关系

柔性制造系统 FMS 与传统自动线的最大区别在于它能够加工经常变化的加工对象，而无需进行设备的改装和较大的调整。然而，一个柔性制造系统适应加工对象的变化，总有一定范围。这个范围过小，FMS 所能加工的零件品种数太少，造成的设备的负荷不足，不能充分发挥 FMS 的效能；如果范围过大，则又会使系统过于复杂，大大增加设备的投资。因此，要建立 FMS，首先就要合理地确定系统加工对象的变化范围，从而决定系统应具有的柔性大小。这就是说，必须在对生产进行合理的组织与分工的基础上建立 FMS，才能使系统产生良好的技术经济效益。

成组技术正是以相似原理为基础，通过对加工对象恰当地分组，实现生产的合理组织与分工的一种技术。以零件族为加工对象建立 FMS，既使系统能加工足够多的零件品种，又可简化系统的结构。因此可以把成组技术作为建立 FMS 的基础。

在成组技术基础上建立的 FMS 相当于一个生产单元。这种 FMS 的生产单元实现了工艺过程的全部柔性自动化，从而把成组技术的实施提高到一个新的水平。

计算机集成制造系统 CIMS 是通过企业的信息集成以取得企业整体效益的计算机综合应用系统，信息集成是实施 CIMS 的基础。企业的信息包括从产品设计制造到生产经营与管理的所有信息。为了实现范围如此广泛的信息的集成，需要对信息进行分类编码，因此，可以应用成组技术的基本原理建立面向企业的信息分类编码系统，从而把系统中的有关环节连结到一起。在美国空军的 ICAM（Intergrated Computer Aided Manufacturing）计划中，产品设计、制造和管理正是通过成组技术连接起来的，而且称作“任务Ⅱ”（Task Ⅱ）工作的主要内容就是发展适合于 ICAM 需要的成组技术，并把分类编码系统在 ICAM 中的作用看作是连接系统中各有关环节的“粘接剂”。我国 CIMS 实验工程及各 CIMS 应用工程都在不同层次上应用了成组技术，并取得了一定的经济效益。

第4章 计算机辅助工艺过程设计（CAPP）

4.1 CAPP的基本概念

工艺过程设计确定产品制造过程及制造所需的制造资源、制造时间等，是完成产品设计信息向制造信息转换的关键性环节。工艺过程设计是一项技术性和经验性很强的工作，长期以来，都是依靠工艺设计人员个人积累的经验完成的，这种设计方法与现代制造技术的发展要求不相适应。主要表现在：

(1) 工艺设计要花费相当多的时间，但其中实质性的技术工作可能只占总时间的5%～10%，大部分时间用于重复性劳动和填写表格等事务性工作上。这不仅加大了工艺人员的劳动强度，容易出错，而且延长了产品的生产周期。

(2) 同一零件由不同工艺员编制工艺时，往往得到不同的工艺文件；即使同一工艺员，每次设计结果也可能不完全相同。这就是说，人工设计的工艺，一致性差，难以保证工艺文件的质量和实现规范化、标准化。

(3) 繁琐而重复的密集型劳动会束缚工艺人员的设计思想，妨碍他们从事创造性工作，并且工艺人员的知识积累过程太慢，而服务时间相对过短，因而不利于工艺水平的迅速提高。

(4) 从企业的信息管理来看，工艺设计是生产信息的汇集处，因此，工艺信息的完整性、一致性具有十分重要的意义。传统的手工设计与管理模式，不仅工作效率低，而且很难保证工艺信息的准确性、一致性。

20世纪60年代末，人们开始在工艺过程设计领域应用计算机技术，进行计算机辅助工艺过程设计CAPP (Computer Aided Process Planning) 的研究与开发工作，并逐渐引起越来越多的人们的重视，世界各国都在大力研究。在CAPP发展史上具有里程碑意义的是设在美国的国际性组织CAM—Ⅰ于1976年开发的CAPP (CAM—Ⅰ Automated Process Planning) 系统。国内最早开发的CAPP系统是同济大学的TOJICAP系统和西北工业大学的CAOS系统，其完成的时间都在20世纪80年代初。

应用CAPP技术，可以使工艺人员从繁琐重复的事务性工作中解脱出来，迅速编制出完整而详尽的工艺文件，缩短生产准备周期，提高产品制造质量，进而缩短整个产品开发周期。从发展看，CAPP可逐步实现工艺过程设计的自动化及工艺过程的规范化、标准化与优化，从根本上改变工艺过程设计依赖于个人经验的状况，提高工艺设计质量，并为制定先进合理的工时定额、改善企业管理提供科学依据。随着集成技术的发展，CAPP被公认为CAD/CAM真正集成的关键，是FMS及CIMS等先进制造系统的技术基础。因此，CAPP技术逐渐引起越来越多的人们的重视，世界各国都在大力研究。美国国家关键技术委员会在

1991年海湾战争后向总统提出的报告中，介绍了22项被认为是对美国长期安全和经济繁荣至关重要的技术，其中的第6项计算机集成制造CIM（Computer Integrated Manufacturing）中就介绍了CAPP技术的发展状况及重要性。美国总统办公厅科技政策办公室于1995年公布的第三个双年度美国国家关键技术报告中再次将CAPP技术列举为对美国经济繁荣和国家安全至关重要的290个专项技术之一。

4.1.1 CAPP系统的基本组成

尽管每个CAPP系统所针对的产品对象不同、所具备的功能不同，但都包括三个基本组成部分：产品设计信息输入、工艺决策、产品工艺信息输出。

一、产品设计信息输入

工艺过程设计所需要的最原始信息是产品设计信息。对于机械加工工艺过程设计而言，这些最原始信息是指产品零件的结构形状和技术要求。表示产品零件和技术要求的方法有多种，如常用的工程图纸和CAD系统中的零件模型。工艺人员在进行工艺过程设计时，首先通过阅读工程图纸获取有关工艺设计所需的产品设计信息。对于CAPP系统，必须将这些有关的产品设计信息转换成系统所能“读”懂的信息。目前，CAPP系统的信息输入方法主要有两种：一种是人机交互输入系统所需的产品设计信息；另一种是直接从CAD系统读取所需的产品设计信息。

二、工艺决策

所谓工艺决策，是指根据产品设计信息，利用工艺经验和具体的生产环境条件，确定产品的工艺过程。CAPP系统所采用的基本工艺决策方法有两种：

(1) 修订式方法（Variant Approach）　修订式方法也称派生式方法，其基本思路是将相似零件归并成零件族，设计时检索出相应零件族的标准工艺规程，并根据设计对象的具体特征加以修订。通常人们把采用修订式方法的CAPP系统称为修订式CAPP系统。CAM—Ⅰ开发的CAPP系统和同济大学开发的TOJICAP系统属于该类系统。

(2) 生成式方法（Generative Approach）　生成式方法也称创成式方法，其基本思路是将人们设计工艺过程时的推理和决策方法转换成计算机可以处理的决策逻辑、算法，在使用时由计算机程序根据内部的决策逻辑和算法，以及生产环境信息，自动生成零件的工艺规程。通常，人们把采用生成式方法的CAPP系统称为生成式CAPP系统。西北工业大学开发的CAOS系统是针对单轴自动机上的零件加工工序（通常称工序调整卡）并按生成式方法进行设计的。

一个实用的CAPP系统，往往综合使用修订式方法和生成式方法，所以也有人提出综合式或半创成式（Semi-Generative）方法的概念，并把这类系统称为半创成式CAPP系统。

三、产品工艺信息输出

通常人们要以工艺卡片形式表示产品工艺过程信息，如工艺过程卡、工艺路线卡、工序卡等，而且在一些卡片中，还包括工序简图。在CAD/CAPP/CAM集成系统中，CAPP需要提供CAM数控编程所需的工艺参数文件；在CIM环境下，CAPP需要通过数据库存储产品工艺过程信息，以实现信息共享。

4.1.2 CAPP系统的类型

传统上，人们将CAPP系统按照工艺决策方式，即修订式设计方法（Variant Approach）与创成式设计法（Generative Approach），将 CAPP 系统划分为修订式 CAPP 系统与创成式 CAPP 系统两大类。

近年来 CAPP 的研究与开发主要集中在采用专家系统及人工智能技术。虽然在 CAPP 中所采用的人工智能技术多种多样，但基本是针对工艺决策问题且系统结构基本是按专家系统构造的，因此，这样的系统常被称为工艺决策专家系统或 CAPP 专家系统。目前，国内外开发的许多 CAPP 专家系统，所采用的工艺决策方法基本上都是创成式方法，近年来也有在修订式 CAPP 系统中采用专家系统技术。

这些传统的 CAPP 系统的目标一直是开发代替工艺人员的自动化系统，而不是辅助系统，即过分强调了工艺决策的自动化。在此目标指导下开发出的“自动化”CAPP 系统，通常需要工艺人员首先按规定的零件描述方法交互输入零件信息（尽管有不少系统从技术上实现了 CAD/CAPP 集成，但远未达到实用化），然后由系统进行自动决策。这类系统一般只提供简单的人机界面，很少考虑人的智能的参与。因此，开发出的系统功能和应用范围有限（局限性大），缺乏适应生产环境变化的灵活性和适用性。

传统的以工艺决策自动化为目标的 CAPP 系统开发，存在着诸多问题：系统开发周期长，开发费用高；系统适用性差，难以推广应用；工艺人员难以掌握系统的使用；较少考虑技术与管理的集成，难以使企业全面实现工艺设计与管理的计算机化等。近年来，以自动化为主要目标的 CAPP 研究开发状况已经使人们对 CAPP 研究与开发现状产生怀疑。Dimitris Kiritsis 在回顾了 CAPP 专家系统的发展状况后，对一个有效益的 CAPP 系统必须高度自动化这一目标感到怀疑。A. M. Luscombe 和 D. J. Toncich 在针对 CNC 机床进行的 CAPP 研究中，强调“辅助（Aid）”而不是“自动化（Automatic）”。G. Van Zeir 提出了交互式工艺设计（Interactive Process Planning）的概念，并开发了基于交互式的 CAPP 原型系统。Ali K. Kamrani 等认为，CAPP 是将工艺设计人员从许多工艺设计工作中解脱出来的一种工具，一个能代替熟练工艺人员的 CAPP 系统仍未开发出来，现有的 CAPP 系统不能成为企业的解决方案。因此，采用以交互式设计为基础的检索、修订、创成等多种工艺决策混合技术，开发以交互式为基础的综合智能型 CAPP 系统，才能真正理顺先进性与实用性、普及与提高等各方面的关系，满足企业对 CAPP 广泛应用与集成的需求。

4.1.3 CAPP 的发展现状

经过 20 年来的发展，国内外对 CAPP 技术进行了大量的探讨与研究，无论在研究的深度和广度上都不断取得进展。

· 在设计对象上，传统的 CAPP 研究与开发主要针对机械加工工艺过程设计，所涉及的零件对象从回转体零件、箱体类零件、支架类零件到复杂的飞机结构件等；

· 在涉及的工艺范围上，从普通加工工艺到数控加工工艺；从机加工艺到装配工艺、钣金工艺、热处理工艺等；此外，在数控测量机检测过程设计等方面，CAPP 也得到了应用；

· 在系统功能上，从独立的计算机辅助技术“孤岛”，到满足集成系统/环境下的信息和功能需求；

· 在系统设计上，从单一的派生式或生成式系统模式，到应用专家系统（Expert System, ES）等人工智能技术，并具有检索、修订、创成等多种决策功能的综合/智能化系统模式；

· 在系统开发上，从单纯的学术性探索和技术驱动，逐步走向实用化并以应用和效益驱动。

然而，人们在大量的研究和应用实践中认识到工艺过程设计是典型的复杂问题，所涉及的范围十分广泛，用到的信息量相当庞大；另一方面，CAPP 的应用背景复杂多变，这主要体现在以下四方面：

（1）不同企业、不同制造环境、不同产品类型、不同生产管理模式，产品工艺信息模型及其外部表现形式（工艺卡片格式）、工艺设计知识不尽相同。

（2）同一企业，同一制造环境，随着工艺水平的提高和生产管理模式的改变，产品工艺信息模型及其外部表现形式、工艺设计知识可能发生变化。

（3）随着 CAPP 集成化的要求及应用水平的提高，对 CAPP 的功能会提出更高的要求。

（4）随着 CAPP 工作平台的改变，CAPP 的应用需求也会发生变化。

因此，不可能存在一个到处都能通用的 CAPP 系统，所以其研究开发难度很大，在计算机辅助设计与制造技术中仍然是一个瓶颈环节。尽管现在国内外开发了不少 CAPP 系统，但由于受限于以自动化为目标和以零件为主体对象，工厂实际使用情况却不能令人满意，仅有很少的系统在工厂中实际应用，且应用范围有限。以交互式为基础的综合智能型 CAPP 系统的开发，是改变 CAPP 应用开发现状的有效途径，并在实践中取得了很好的效果。

4.2 CAPP 中零件信息描述

目前，CAPP 系统中所采用的零件信息描述方法有三类：零件分类编码法、表面元素法、面向集成的特征描述法。

一、零件分类编码法

零件分类编码系统是进行零件分类编码的重要工具。零件分类编码可以在宏观上描述零件而不涉及这个零件的细节，是修订式 CAPP 系统主要采用的方法。

采用分类编码法描述零件，即使采用较长码位的分类编码系统，也只能达到“分类”的目的。对于一个零件究竟由多少形状要素组成，各个形状要素的本身尺寸及相互间位置尺寸是多大，它们的精度要求又如何，分类编码法都无法解决。因此，如果需要对零件进行详细描述，必须采用其他描述方法。

二、零件表面元素描述法

零件表面元素描述法是可以对零件进行详细描述的一种方法，早期的生成式 CAPP 系统都采用这种方法。在这种方法中，任何一个零件都被看成是由一个或若干个表面元素所组成，这些表面元素可以是圆柱面、圆锥面、螺纹面等。例如，光滑钻套由一个外圆表面、一个内圆柱表面和两个端面组成。单台阶钻套由两个外圆表面一个内圆表面和三个端面组成。

在运用表面元素法时，首先要确定适用的范围，然后着手统计分析该范围内的零件由哪些表面元素组成，即抽取零件表面元素。对于回转体零件，一般把外圆柱表面、内圆柱表面、外锥面、内锥面等称为基本表面元素，把位于基本表面元素上的沟槽、倒角、辅助孔等表面元素称为附加表面元素。

在对具体零件进行描述时，不仅要描述各表面元素本身的尺寸及其公差、形状公差、粗糙度等信息，而且需要描述各表面元素之间位置关系、尺寸关系、位置公差要求等信息，以满足 CAPP 系统对零件信息的需要。

随着特征技术及CAD/CAPP/CAM集成技术的发展，在CAPP系统中更多采用特征描述法。

三、零件特征描述法

1. 零件特征

特征技术起源于CAD，CAPP，CAM等各种应用对产品信息的需求，是CAD/CAPP/CAM集成系统的核心技术。尽管对于特征这一术语的定义由于应用和着眼点的不同而有差异，但都与某个应用的局部信息相关联。

在CAPP应用中，常常把单个特征表示为以形状特征为核心，由尺寸、公差和其他非几何属性共同构成的信息实体。针对机械加工工艺过程设计，我们可以把零件特征定义为：机械零件上具有特定结构形状和特定工艺属性的几何外形域，它与特定的加工过程集合相对应。从目前来看，回转体零件的形状特征类型比较定型。图4-1是一些基本的回转体零件特征。

2. 回转体零件的描述

回转体零件一般包含沿轴线分布的构成零件主体的若干主要特征，我们可以称其为基本特征，如图4-2所示中的外螺纹、外圆面、内圆面都可以归入基本特征，而其他依附于基本特征的那些形状特征，称其为附加特征，如倒角、环槽、键槽、径向辅助孔、轴向辅助孔、滚花等。

在对零件的描述中，不仅要描述单一特征，而且要描述各特征间的相互关系，如尺寸关系等。

对于图4-2的回转体零件，其描述如下：

part（“MJ—5081—3”，“轴颈”，50钢，局部高频淬火，HRC53—58）

feature（f1，外螺纹，18，节点1，节点2）

feature（f2，外圆，20，0，—0.016，1.6，节点2，节点3）

feature（f3，外圆，25，0，—0.016，1.6，节点3，节点4）

feature（f4，端面，0.8，节点1）

feature（f5，端面，0.8，节点4）

feature（f6，外倒角，1，45，节点1）

feature（f7，外退刀槽，2，1，节点2）

feature（f8，外倒角，1，45，节点4）

dimension（1，节点1，节点2，19，0.1，0）

dimension（2，节点1，节点3，25，0.1，0）

dimension（3，节点1，节点4，50，0.2，0）

3. 箱体件等非回转体零件的描述

非回体零件描述中，通常将加工方位作为描述特征的一个重要参数，对于较为规则的箱体类零件，可划分为6个加工方位，即Z轴正向、Z轴负向、X轴正向、X轴负向、Y轴正向、Y轴负向。对于复杂的非回转体零件，可根据需要，附加定义其他的加工方位。

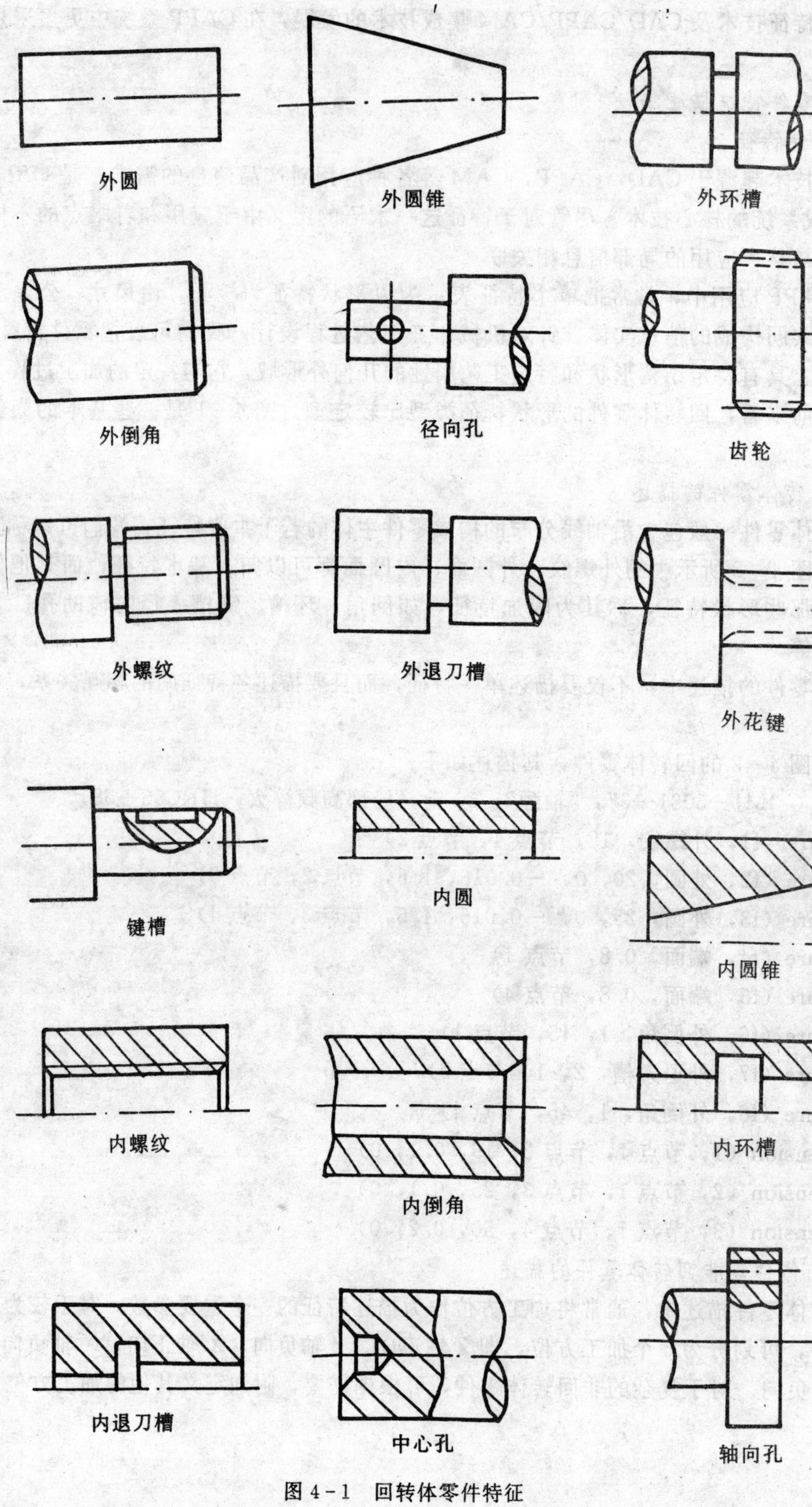
外圆
外圆锥
外环槽
外倒角
径向孔
齿轮
外螺纹
外退刀槽
外花键
键槽
内圆
内圆锥
内螺纹
内倒角
内环槽
内退刀槽
中心孔
轴向孔

图 4-1　回转体零件特征

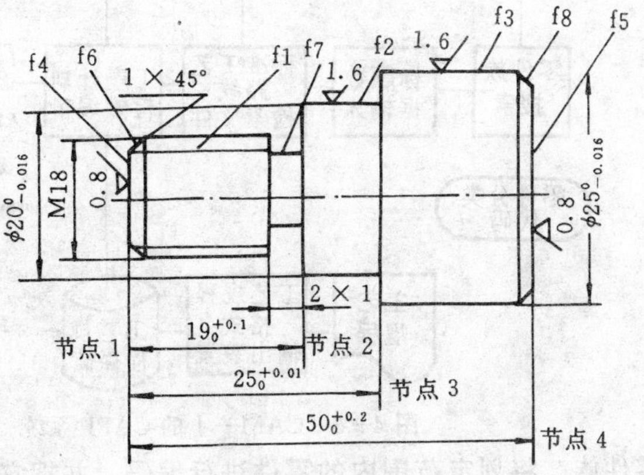

图 4-2　简单的回转体零件示例

4.3　CAPP 系统原理与开发应用

4.3.1　修订式 CAPP 系统

一、修订式工艺决策的原理

修订式工艺决策的基本原理是利用零件的相似性：相似的零件有相似的工艺过程；一个新零件的工艺规程，是通过检索相似零件的工艺规程并加以筛选或编辑而成。

相似零件的集合称为零件族。能被一个零件族使用的工艺规程称为标准工艺规程或综合工艺规程。标准工艺规程可看作为一个包含该族内零件的所有形状特征和工艺属性的假想复合零件而编制的。根据实际生产的需要，标准工艺规程的复杂程度、完整程度各不相同，但至少应包括零件加工的工艺路线（加工工序的有序序列），并以族号作为关键字存储在数据文件或数据库中。

在标准工艺规程的基础上，当对某个待编制工艺规程的零件进行编码、划归到特定的零件族后，就可根据零件族号检索出该族的标准工艺规程，然后加以修订（包括筛选、编辑或修改）。修订过程可由程序以自动或交互方式进行。

二、修订式 CAPP 系统的结构

修订式 CAPP 系统的结构可以用 CAM—Ⅰ的 CAPP 系统示意，如图 4-3 所示。图中实线框给出系统的程序模块和数据库，虚线框给出设计或修改标准工艺规程所使用的应用程序及有关加工要素（工步、工序、加工设备等）的处理程序。

三、修订式 CAPP 系统的开发

修订式 CAPP 系统的开发可大致划分为下述的五个阶段。

(1) 选择分类编码系统。分类编码系统的选择，应以对本企业所生产的各种产品零件进行全面的种类“频谱”分析以及几何形状、工艺属性分析为基础，最好选用现有的比较成熟的系统。但如果现有系统不能完全适合本企业产品零件的要求，则可以对该系统进行修改或补充。

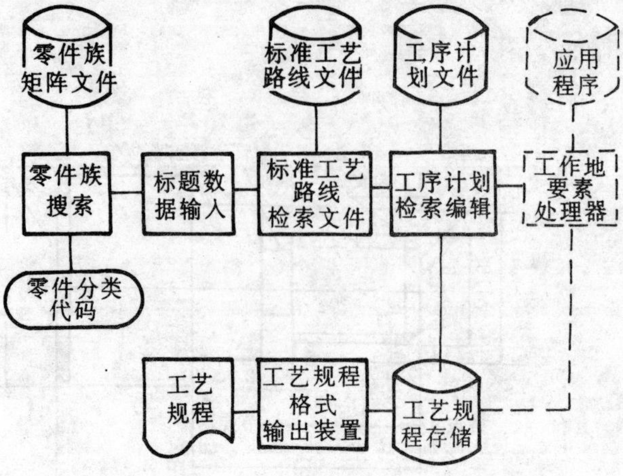

图 4-3　CAM—Ⅰ的 CAPP 系统

(2) 划分零件族。将划定范围内的零件进行编码，并把它们划分为各个零件族。所划定的零件范围可以是整个企业的全部零件，也可以是部分零件，或者是某些车间生产的零件，但一般来说，先从部分零件或容易做的零件开始。划分零件族的原则是：以制造过程相似性为主，兼顾零件几何形状的相似性。划分的过程可以由计算机辅助进行。

(3) 编制标准工艺规程。标准工艺规程一般需要在总结现有工艺规程的基础上进行编制，所编制的工艺规程代表全零件族的加工工艺，因此应满足族内所有零件的要求。标准工艺规程的编制对 CAPP 系统的性能有着决定性的影响，因此和分类编码工作一样，都有较大的工作量。

(4) 标准工艺规程数据库结构设计。数据库结构的设计应充分考虑检索的方便，其存储方式可以采用数据库系统，也可以存储在数据文件中，这主要取决于信息量的大小。

(5) 系统程序设计、编码、调试与试运行。可以采用数据库管理系统进行程序设计，也可以采用通用性语言。但无论采用什么方法和语言，数据库的基本结构可以保持相同的形式。

上述 (1) ～ (4) 阶段通常被称作准备工作阶段。对于从修订式 CAPP 出发，准备工作阶段的工作量很大，有资料统计，这一阶段的工作量约需 18～24 个人一年完成。对于某些类型零件，可以不需要采用专门的分类编码系统及划分零件族的方法，这能够大大减少系统开发的工作量。如轴承件，由于其系列化程度高，在一系列的一定范围内，同类零件的形状不仅基本相同，且工艺过程也很相似，自然形成了一个个典型的零件族。此外，轴承代号中含有多项技术信息，可以作为检索和决策的依据，因而也就没有必要采用另外的分类编码系统对零件进行编码分类。

四、修订式 CAPP 系统的应用

修订式 CAPP 系统开发完成后，工艺人员就可以使用该系统为实际零件编制工艺规程。具体步骤如下：

(1) 按照采用的分类编码系统，对实际零件进行编码。

(2) 检索该零件所在的零件族。

(3) 调出该零件族的标准工艺规程。

(4) 利用系统的交互式修订界面，对标准工艺规程进行筛选、编辑或修订。有些系统则提供自动修订的功能，但这需要补充输入零件的一些具体信息。

(5) 将修订好的工艺规程存储起来，并按给定的格式打印输出。

修订式 CAPP 系统的应用，不仅可以减少工艺人员编制工艺规程的工作，而且相似零件的工艺过程可达到一定程度上的一致性。此外，从技术上讲，修订式 CAPP 系统容易实现，因此，目前国内外实际应用的 CAPP 系统大都属于修订式 CAPP 系统。

但修订式 CAPP 系统的使用者仍需具有经验的工艺人员，且标准工艺规程未考虑生产批量、生产技术、生产手段等因素，当生产批量改变、生产技术和生产手段发展后，系统不易修改。因此，修订式 CAPP 主要适用于零件族数较少、每族内零件项数较多、生产零件种类和批量相对稳定的制造企业。

4.3.2 生成式 CAPP 系统

一、生成式方法的原理

生成式方法也称创成式方法，其基本思路是，将人们设计工艺过程时用的推理和决策方法转换成计算机可以处理的决策模型、算法及程序代码，从而依靠系统决策，自动生成零件的工艺规程。生成式 CAPP 系统实际上是一种智能化程序，可以克服修订式系统的固有缺点。但由于工艺过程设计问题的复杂性，目前尚没有系统能做到所有的工艺决策都完全自动化，一些自动化程度较高的系统的某些工艺决策仍需有一定程度的人工干预。从技术发展看，短期内也不一定能开发出功能完全、自动化程度很高的生成式系统。因此，人们把许多包含重要的决策逻辑，或者只有一部分工艺决策逻辑的 CAPP 系统也归入生成式 CAPP 系统。为此，有人提出所谓半创成式系统或综合式系统等。

二、生成式 CAPP 系统的开发

生成式 CAPP 系统的开发尚无固定的模式，但人们在实践中也总结出了一些基本的工作内容和方法。

(1) 明确所开发的系统的设计对象及应用环境，即本系统将适用于哪一类型的零件，适用于什么样生产环境，应包括哪些功能。

(2) 零件结构与工艺分析：确认该类零件由哪些表面元素或特征构成，每种表面元素或特征的加工方法有哪些，零件有哪些加工工序等。

(3) 建立各种加工方法的加工能力、经济加工精度以及各种标准数据等工程数据文件或数据库等。

(4) 工艺决策模型及功能实现模型的建立。

(5) 系统程序设计、编码、调试与试运行。

三、工艺决策模型化

各种工艺决策逻辑的模型化和算法化是生成式 CAPP 系统开发的核心工作。工艺过程设计各阶段的决策是多种多样的，既包括加工方法选择、加工设备选择等各类选择性问题，又包含工序安排、工序排序、工步安排等规划性决策，同时也包括工序尺寸计算、工时定额计算等计算问题。在上述决策中，除以数值计算为主的问题可以依靠数学模型外，大多数决策过程属于逻辑决策，需要依靠工艺专家丰富的生产实践经验和技巧。在生成式 CAPP 系统开发中，由于不同的生产对象、不同的生产环境、不同的功能需求，可能会总结归纳出不同的工艺决策模型，因此，这方面的研究还很不充分，尚需做大量工作。目前，在国内外的研究中，加工方法选择等选择性问题的解决相对成熟，下面扼要介绍加工方法选择的决策。

如前所述，零件是由若干个形状特征构成的。对于每个特征 f，一般要经过多次加工，从而形成特征的加工工序序列，可表示为

$$s=\{p1,\ f1;\ p2,\ f2;\ \cdots;\ pn,\ f\} \tag{4-1}$$

即从毛坯开始，首先采用加工工序 $p1$ 加工出中间形状特征 $f1$；然后再用加工工序 $p2$ 加工出中间形状特征 $f2$；直到采用加工工序 pn 加工出合格的形状特征 f 为止。

在确定特征加工工序序列时，大多数 CAPP 系统采用反向设计法，即从成品零件回溯到毛坯（与此对应，从毛坯到产品零件的设计称为正向设计）。在具体实现上，有两种方法：一是从后往前逐个选择加工工序的方法，国外的许多 CAPP 系统都采用这种方法；一种是直接选择出特征的加工工序序列——常称为加工链（在许多工艺手册中都有各种类型形状特征（表面）的加工链选择表），国内的 CAPP 系统大都采用这种方法。

对于工序安排与排序等规划性决策问题，目前尚无成熟的解决方法，许多 CAPP 系统都是在限定的条件下给出决策模型。因此，对工艺设计问题本身进行深入分析，建立工艺决策模型仍是生成式 CAPP 系统开发的关键问题之一。

四、工艺决策逻辑的判定树与判定表表示

尽管各种工艺决策问题的性质很不相同，但决策逻辑与知识的表示却可以采用通用的技术和方法。判定表和判定树是传统 CAPP 系统最常用的决策逻辑表示方法。

1. 判定树（Decision Tree）

在数据结构中，树属于连通而无回路的图。判定树也称决策树，它由结点和分支（边）构成。在判定树中，常用结点表示一次测试或一个动作，得出的结论或拟采取的动作一般放在终端结点（叶子结点）上。分支（边）连接两次测试。测试的条件得到满足时，则沿分支向前传递，以实现逻辑与（AND）的关系；若测试条件不满足时则转向出发结点的另一分支，以实现逻辑或（OR）的关系。所以，由树的根结点到终端结点的一条路径可以表示一条决策规则。孔加工方法选择所用的判定树可以用图 4-4 示意。

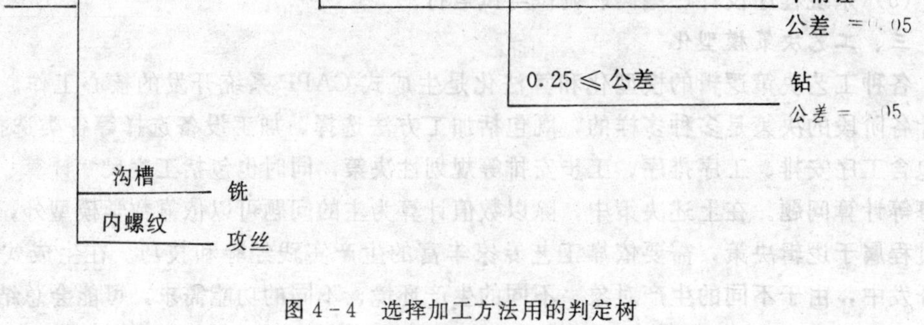

图 4-4　选择加工方法用的判定树

判定树表示简单、直观，很容易将它直接转换成逻辑流程图，并用程序设计语言中的

"IF（逻辑表达式）…THEN…ELSE…"的结构实现。

2. 判定表（Decision Table）

判定表也称决策表，是表达各种事件（或属性）间复杂逻辑关系的形式化方法。简单的判定表如图 4－5 所示。

直径≤12	T	T	T	T	F	F	F	F	F	F	F	F
12<直径≤25	F	F	F	F	T	T	T	T	T	F	F	F
25<直径≤50	F	F	F	F	F	F	F	F	F			
直径>50	F	F	F	F	F	F	F	F	F			
位置度≤0.05	F	F			F	F	F	F	T	F	F	
0.05<位置度≤0.25	F	F			F	F	T	T	F	F		
位置度>0.25	T	T	F	F	T	T	F	F	F	T		
公差≤0.05	F		F	T	F		F	T	T	F	F	T
0.05<公差≤0.25	F			F	F		T	F	F	F	T	F
公差>0.25	T	F		F	T	F	F	F	F	T	F	F
钻孔	1	1	1	1	1	1	1	1	1	1	1	1
铰孔		2										
半精镗				2				2	2			2
精镗			2	3		2	2	3	3		2	3
快速返回			3						4		3	4

图 4－5　孔加工方法选择判定表

从图 4－5 可以看出，判定表由四部分构成。横双线的上半部代表条件，下半部代表动作（或结论）。竖双线的左半部为文字说明（存根），右半部为项目集，每一列代表一条决策规则。

判定表不仅可以清晰、紧凑地表达复杂的逻辑关系及方便地检查有无遗漏及逻辑上的不一致，且易读、易懂、修改方便，因而不仅被广泛用作软件设计、系统分析或数据处理的辅助工具，而且许多 CAPP 系统都采用它表示工艺决策逻辑。

4.3.3　CAPP 工艺决策专家系统

一、专家系统 ES（Expert System）

专家系统是近 20 年来迅速发展起来的人工智能分支。所谓专家系统就是一种在特定领域内具有专家水平的计算机程序系统，它将人类专家的知识和经验以知识库的形式存入计算机，并模拟人类专家解决问题的推理方式和思维过程，运用这些知识和经验对现实中的问题作出判断和决策。从本质上看，专家系统提供了一种新型的程序设计，可以解决传统的程序设计方法所难以解决的问题。专家系统的特点大致有以下三点：

(1) 专家系统所要解决的是复杂而专门的问题。对这些问题，人们还没有精确的描述和严格的分析，因而还没有确定的算法来解决。解决这些问题需要专家的知识，包括理论知识和实际经验，如工艺过程设计中的逻辑决策问题。

(2) 专家系统突出了知识的价值。通常推广和应用专家的知识，要通过培训的方法，这需要若干年时间。专家系统则可减少知识传授和应用的代价，使专家知识迅速转变成社会的财富。

(3) 专家系统采用的是人工智能的原理与技术，如符号表示、符号推理、启发式搜索等，这是与一般的数据处理系统的不同之处。

总之，专家系统注重于知识的本身而不是确定的算法，专家系统的优劣很大程度上取决于它所具有的专门知识，因而也被称为知识基系统（Knowledge Based System）。

知识库和推理机是专家系统的两大主要组成部分。知识库存储从领域专家那里得到的关于某个领域的专门知识，它是专家系统的核心。推理机控制并执行对问题的求解，它根据已知事实，利用知识库中的知识，按一定的推理方法和搜索策略进行推理，得到问题的答案或证实某一结论。同传统程序设计方法相比，知识库与推理机构相分离是专家系统的显著特征。

除了知识库和推理机外，还需要一个用于存放推理的初始事实或数据、中间结果以及最终结果的工作存储器，称其为综合数据库或黑板。此外，对于一个完整或理想的专家系统还包括人机接口、知识获取机构和解释机构等部分。专家系统的构成可用图 4-6 表示。

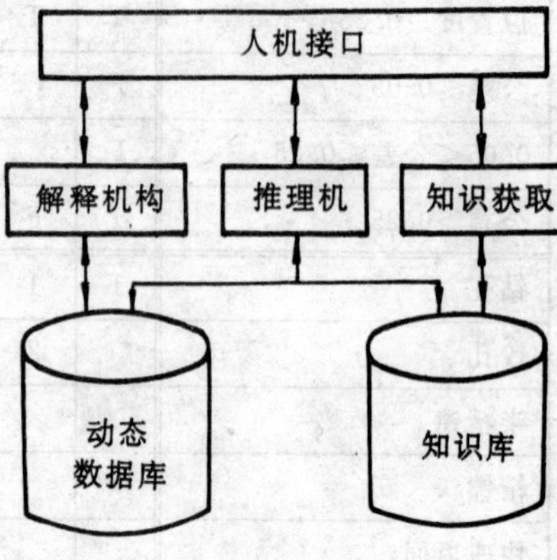

图 4-6　专家系统结构

自 1965 年 Feigenbaum 研制了第一个专家系统 DENDRAL 起，专家系统的应用领域已扩展到数学、物理、化学、医学、地质、气象、农业、法律、教育、交通运输、机械、艺术以及计算机科学本身，甚至渗透到政治、经济、军事等重大决策部门。80 年代后，专家系统在 CAPP 领域获得了广泛应用，国内外开发了许多工艺决策专家系统。

二、工艺决策知识获取

知识获取就是抽取领域知识并将其形式化的过程。它是开发专家系统最为困难的阶段，被公认为是专家系统建造中的“瓶颈”问题。工艺决策知识是人们在工艺设计实践中所积累的认识和经验的总和。工艺设计经验性强、技巧性高，工艺设计理论和工艺决策模型化工作仍不成熟，使工艺决策知识获取更为困难。目前，除了一些工艺决策知识可以从书本或有关资料中直接获取外，大多数工艺决策知识还必须从具有丰富实践经验的工艺人员那里获取。

在工艺决策知识获取中，可以针对不同的工艺决策子问题（如加工方法选择、刀具选择、工序安排等），采用对现有工艺资料分析、集体讨论、提问等方式进行工艺决策知识的收集、总结与归纳。在此基础上，进行整理与概括、形成可信度高、覆盖面宽的知识条款，并组织具有丰富工艺设计经验的工艺师，逐条进行讨论、确认，最后进行形式化。

三、工艺知识表示

所谓知识表示（Knowledge Representation），就是以一定的形式对所获取的领域知识进行规范化表示，即知识的符号化过程。目前经常使用的知识表示方法有规则、框架、谓词逻辑、语义网络等。但针对某一具体问题应采用哪种知识表示方法，则与问题的性质和求解的方法有密切的关系。

1. 基于规则的知识表示

规则表示的一般形式是

IF＜前提或条件＞THEN＜结论或动作＞

规则的表示具有固有的模块特征，且直观自然，又便于推理，因此获得了广泛应用。许多工艺决策专家系统都采用规则表示工艺知识。例如，一条加工链选择知识可表示为

IF　特征是孔　AND
　　孔径＞20　AND
　　精度等级＞＝7　AND
　　精度等级＜＝9　AND
　　表面粗糙度 R_a＞＝0.8　AND
　　表面粗糙度 R_a＜＝3.2

THEN
　　选择加工链　钻—扩—铰

2. 基于框架的知识表示

框架是一种描述事物形态或概念的数据结构。框架表示是将关于对象、事件、状况等在语义上有联系的知识显式地抽象出来，并将其结构化的表示方法。

框架由框架名和槽组成，具有如下的基本数据结构：

（＜框架名＞）（＜槽 1＞）
　　　　　　　（＜槽 2＞）
　　　　　　　…
　　　　　　　（＜槽 n＞）

其中框架名标识该框架，槽是指框架上可摆放信息的一个位置，并由槽名和值组成。例如一把铣刀可用框架表示为

1 号铣刀
　直径：20
　刃长：40
　底齿转角半径：1
　刀具材料：高速钢

3. 语义网络

所谓语义网络实际上是一种基于网络结构来表示知识的方法，也就是说它是知识的图解表示。它是由节点和连接节点间的弧线和链（带箭头的线）所组成。节点可用来表示各种事物、概念、属性及实体等，而弧表示所连节点间的关系。图 4-7 为描述机床的一个语义网络。

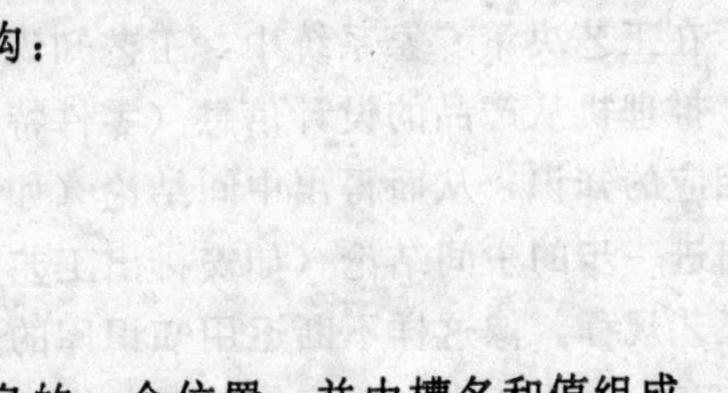

图 4-7　车床语义网络

图中 is _a 链表示车床是机床的一个子类型；part _of 链分别表示最大回转直径是车床的属性，200 mm 是 C620 的一个属性；instance _of 分别表示 C620 是车床的一个实例，200

mm 是最大回转直径的一个实例。

四、工艺决策知识的组织与管理

知识的组织直接影响到系统运行的效率及求解问题的能力。工艺决策涉及大量的知识，因此必须合理地安排这些知识，并建立起逻辑上的联系，即知识的组织问题。此外，应能方便地进行知识的增加、删除与修改等，即知识的管理问题。

知识库的具体实现有两种形式：一种是包含在系统程序中的知识模块，可称其为“逻辑知识库”；一种是将知识经过专门处理后得到的知识库文件，并用文件系统或数据库系统来存储知识库文件，这更接近于真正意义上的知识库。

知识的组织方式依赖于知识的表示模式。一般说来，在确定知识的组织方式时，应考虑一些基本原则，例如保证知识库与推理机构相分离，便于知识的搜索、知识的管理、内、外存交换、减少存储空间等。

目前，许多 CAPP 工艺决策专家系统只有逻辑知识库，缺乏好的知识组织形式和知识库管理功能，不能满足工艺知识库不断扩充完善的需要，从而限制了系统的实际应用。

五、推理

推理是按某种策略由已知事实推出另一事实的思维过程。在专家系统中，推理以知识库中已有知识为基础，是一种基于知识的推理，由计算机程序实现构成推理机。

在工艺决策专家系统中，工艺知识存于知识库中。当用它为产品（零件）设计工艺过程时，推理机从产品的设计信息（零件特征信息）等原始事实出发，按某种策略在知识库中搜寻相应的知识，从而得出中间结论（如选择出特征的加工方法），然后再以这些结论为事实推出进一步的中间结论（如安排出工艺路线）。如此反复进行，直到推出最终结论，即产品的工艺规程。像这样不断运用知识库的知识，逐步推出结论的过程就是推理。

在专家系统中，普遍使用三种推理方法：正向演绎推理、逆向（反向）演绎推理、正反向混合演绎推理。正向推理是从已知事实出发推出结论的过程，其优点是比较直观，但由于推理时无明确的目标，可能导致推理的效率较低；反向推理是先提出一个目标作为假设，然后通过推理去证明该假设的过程，其优点是不必使用与目标无关的规则，但当目标较多时，可能更多次提出假设，也会影响问题求解的效率；正反向混合推理是联合使用正向推理和反向推理的方法，一般说来，先用正向推理帮助提出假设，然后用反向推理来证实这些假设。对于工艺过程设计等工程问题，一般多采用正向推理或正反向混合推理方法。

六、工艺决策专家系统的应用

采用专家系统技术，可以实现工艺知识库和推理机的分离。在一定范围内或理想情况下，当 CAPP 系统应用条件发生变化时，可以修改或扩充知识库中的知识，而无需从头进行系统的开发。20 世纪 80 年代以来，国内外已开发了许多工艺决策专家系统，但多是原型系统，知识数量少、功能有限，难以满足实用化要求，因此仅有很少的几个系统获得了实际应用。

4.4　CAPP 技术的发展

经过 30 多年的努力，国内外已开发出数百个 CAPP 系统，但真正得到工厂实际应用的系统还很少，同 CAD，CAM 等计算机辅助技术相比，CAPP 仍是薄弱环节，许多技术问题还有待解决。目前，集成化、智能化、实用化、工具化仍是 CAPP 发展的主要趋势。

4.4.1 CAPP集成化层次结构

20世纪80年代以来，随着CAD/CAM，PDM，MIS，CIMS，CE等技术的发展和广泛应用，人们从集成的角度来认识CAPP的地位和作用，集成化成为CAPP应用的方向。CAPP集成化的基础是CAPP的信息集成，即广泛实现工艺信息的共享。工艺设计的数据化是CAPP信息集成的前提，开放式、分布式网络和数据库系统是CAPP信息集成的支撑环境。企业在CAPP应用的规划与建设中，必须考虑CAPP系统的开放性、适用性及先进性，以适应企业信息集成的需求。

从狭义上讲，CAPP的集成化是指CAD/CAPP/CAM集成。因此，目前CAPP集成系统的研究与开发，基本是以零组件为主体对象且大都集中在机械加工工艺设计领域，并将零件的CAD/CAPP/CAM集成看作CAPP集成化的全部，缺乏从整个产品角度研究CAPP的集成和应用问题。目前，随着PDM，MIS，CIMS等技术的发展，企业对CAPP提出了更为广泛意义上的集成需求。

根据CAPP及集成技术的发展和企业对CAPP应用需求，CAPP的集成与应用应从以零组件为主体对象的局部集成和应用走向以整个产品为对象的全面集成与应用，CAPP的集成化应是一个多层次、分阶段的渐进发展过程。其目标是：全面实现企业产品工艺设计和管理的计算机化和信息化，并逐步实现与产品数据管理PDM（Product Data Management），管理信息系统MIS（Management Information System）等系统对产品工艺信息的全面集成和产品设计、工艺设计、生产计划调度的全过程集成。基于此认识，将CAPP的集成应用划分为面向数控编程自动化的特征基CAD/CAPP/CAM集成应用、面向产品数据共享的CAD/CAPP/PDM/MRPⅡ集成应用、面向CE和AM等的产品设计/工艺设计/生产计划调度全过程集成应用等三个方面的内容，如图4-8所示。

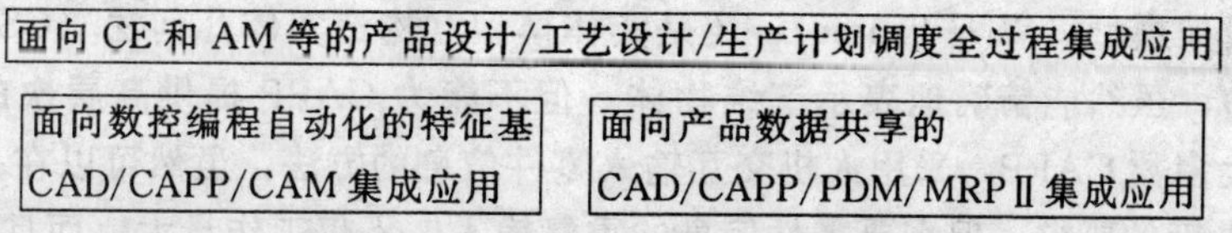

图4-8 CAPP集成应用

1. 面向数控编程自动化的特征基CAD/CAPP/CAM集成应用

特征基CAD/CAPP/CAM集成不仅是解决CAPP信息输入问题的根本途径，而且可以实现数控编程的真正自动化。特征基CAD/CAPP/CAM集成一直是CAPP发展的重要方向，国内外开发了许多特征基CAD/CAPP/CAM集成系统。从应用效益看，CAD/CAPP/CAM集成应用主要适用于复杂的数控加工类零件。因此，CAD/CAPP/CAM集成系统的研究与开发目标应定位于实现数控编程自动化，而不仅仅是工艺决策的自动化。

2. 面向产品数据共享的CAD/CAPP/PDM/MRPⅡ（ERP）集成应用

CAPP是产品设计制造和生产经营管理实现信息集成的关键性环节。然而人们一直将CAD/CAPP/CAM的集成作为研究与开发的重点，而未真正重视CAPP与MRPⅡ等环节的信息集成，随着MRPⅡ等的深入实施与PDM的发展，实现面向产品数据共享的CAD/CAPP/PDM/MRPⅡ（ERP）集成应用是CAPP应用与发展的重要基础。图4-9是CAD/CAPP/PDM/MRPⅡ集成信息流程图。

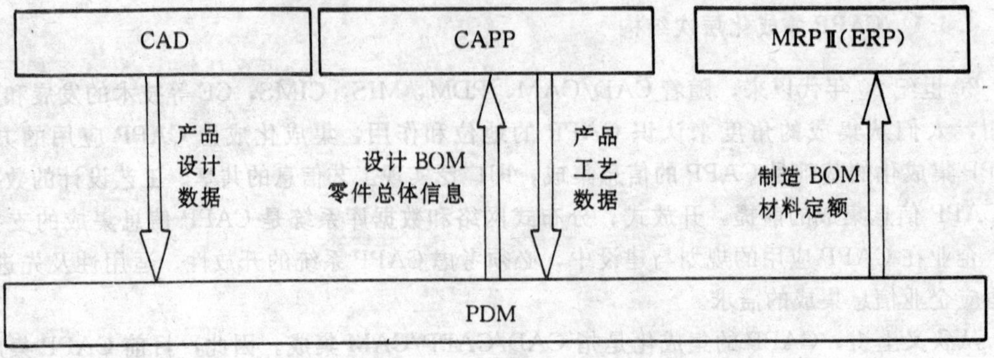

图 4-9 CAD/CAPP/PDM/MRPⅡ集成信息流程图

3. 面向 CE 和 AM 等的产品设计/工艺设计/生产计划调度全过程集成应用

实现产品设计/工艺设计/生产计划调度全过程集成，是并行工程与敏捷制造对 CAPP 集成化提出的要求。一个产品的设计过程包括概念设计、结构设计和详细设计三个阶段。目前，产品设计/工艺设计/生产计划调度全过程集成的研究主要集中在详细设计阶段的机械加工零件的 CAD，CAPP 及生产计划调度的研究，而未涉及产品级。

4.4.2 特征基 CAD/CAPP/CAM 集成技术

CAD/CAPP/CAM 集成一直是 CAPP 发展的重要方向，国内外也开发了一些集成化的 CAD/CAPP/CAM 系统。从技术发展看，CAD/CAPP/CAM 集成应用主要适用于数控加工类零件。在 CAD/CAPP/CAM 集成研究中，特征基工艺决策模型是重要关键技术之一。

CAD/CAPP/CAM 的集成是指 CAD，CAPP，CAM 之间的信息共享。目前的 CAD 系统，无论是用线架模型（Wire Frame)，还是实体模型（构造实体几何法（CSG）或边界表示法（B—rep)），虽然能精确地表示三维物体，但不能为 CAPP 提供高层次的零件特征信息，而目前的大多数 CAPP，采用人机交互输入零件信息的方法，虽然可以在一定程度上满足 CAPP 工艺决策的要求，但需要零件信息的重复输入，不仅工作量大，而且增加了 CAD，CAPP 系统对零件描述不一致的可能性。从数控编程角度看，经历了手工编程、APT 半自动编程、CAD/CAM 图像编程等发展阶段，但所需的加工顺序、刀具、加工参数等工艺信息仍需交互输入。因此，CAD/CAPP/CAM 集成不仅是解决 CAPP 信息获取问题的根本途径，而且可以实现数控编程的真正自动化。

从集成角度，一个完整的零件特征信息模型可分为三层：零件层、特征层、几何层。零件层主要反映零件的总体信息，它包括零件图号、零件名称、产品型号、生产批量等管理信息和一些总体技术要求；特征层主要反映零件的特征信息，它包括对构成零件的每个特征及其相互关系（位置关系、尺寸关系等)、工艺属性进行描述的信息，是零件信息模型的核心；几何层主要反映零件的点、线、面等几何/拓扑信息，它可利用现有 CAD 几何模型作为基础。

CAD/CAPP/CAM 集成的关键是建立完整的零件特征信息模型。目前，建立一个零件的特征信息模型有三种方法：

(1) 自动特征识别　自动特征识别就是从 CAD 系统给出的零件几何模型中自动抽取特征数据。但目前的 CAD 模型中不包含公差、粗糙度等对 CAPP 至关重要的信息，且已有的自动特征识别算法相当复杂、通用性差，因此，这种方法目前还达不到实用水平。

（2）特征设计　特征设计就是基于特征的零件设计，即零件设计过程中采用的基元是特征，而不是简单的几何信息。这样设计数据库中既有低层的几何信息，又有高层的特征信息，以满足 CAPP，CAM 等后续环节的需求。目前，特征设计有待解决的技术问题还很多，尚在进一步发展之中。

（3）交互式特征定义　在这种方法中，首先利用现有的 CAD 系统生成零件的几何模型，然后通过交互式特征定义系统，由用户定义特征，最后将完整的零件信息模型存储在设计数据库中。显然，这种方法仍需大量的人机交互，且通常是针对特定的 CAD 系统，通用性差，但目前不失为一条现实可行的方法。

4.4.3　基于交互式的综合智能型 CAPP 系统

一、CAPP 智能化的基础是建立丰富的工艺知识库

在实际的工艺设计中，所用到的知识是多方面的：

- 制造资源知识：有关机床设备、工艺装备、材料等方面的知识；
- 制造对象知识：有关产品、零件、毛坯等方面的知识；
- 制造工艺知识：有关工艺方法、典型工艺、加工参数及各类相关的工程/工艺标准规范等方面的知识；
- 工艺决策知识：有关工艺决策方法与过程等方面的知识。

这些知识的来源也是多方面的：书本手册、生产现场、工艺实例、工艺专家等。

在传统的 CAPP 专家系统中，知识库通常是狭义的知识库，即知识库中主要存储推理规则等规则性知识。这些知识库主要是面向系统自动决策，因此，知识的数量同实际需要相比，只是很少的一部分，且缺少足够的事实性知识，局限性很大。

在基于交互式的综合智能型 CAPP 系统中，知识库的作用首先是为工艺人员的决策提供详尽的帮助。这可分为两个层次：

- 代替手工查阅工艺手册及相关资料；
- 代替手工查阅已设计好的工艺实例。

进一步提供相关自动工艺决策功能，辅助工艺人员提高工作效率，帮助具有较少经验的工艺人员能够设计出具有专家或准专家水平的产品工艺。

在此意义上的知识库是广义的知识库，它包含了工艺数据库、典型工艺库、工艺规则库等。因此，建立丰富的工艺知识库是实现 CAPP 智能化的重要基础。

二、智能化交互式 CAPP 关键技术

1. 基于交互式的人机混合工艺决策技术

人工智能技术在模拟人的逻辑思维方面取得了很大的成功，而且在 CAPP 等领域得到了较为广泛的应用。但在目前条件下，让计算机具有和人一样的思维和智能是不现实的。因此，出现了人机一体化的思想。当前，人在制造中的作用被重新定义和加以重视，人不再被看作是干预因素，而是被当作构成整个制造环境的一个组成部分，人的个人技能可以得到充分发挥。工艺设计经验性强，技巧性高，在 CAPP 中发挥工艺人员的个人技能更有重要的实际意义。建立一种“人机一体化”的智能系统，充分发挥人的智能优势，以合理的代价实现较高的智能，这在很长一段时间内将是开发 CAPP 系统的一个指导原则。

基于交互式的人机混合工艺决策技术是指工艺设计人员（用户）在 CAPP 系统中的地位，不像在传统的 CAPP 智能系统中，仅仅是信息输入人员的角色。传统的方式是用户输入、系统决策、系统输出，系统处理过程对用户是不可变动的。而在基于交互式的人机混合工艺决策系统中，用户是工艺决策的主体，系统决策的目的不再是代替工艺人员，而是有效地辅助工艺人员。对于工艺路线安排等经验性强的规划性决策可充分发挥人的智能优势，而刀具选择等选择性决策及计算性决策，可充分发挥计算机的优势。

2. 交互式动态知识获取

在传统 CAPP 专家系统开发中，知识获取需要耗费大量人力、物力和财力，成为系统开发和应用的“瓶颈”环节。采用交互式动态知识获取技术，工艺人员（需要具有工艺知识库管理权限）可在工艺设计过程中，随时将产品工艺中所定义的工序、工步、设备、工装等事实性知识不经任何修改或经过一定的编辑修改直接放入知识库，从而实现知识库的动态扩充。

3. 基于实例的相似工艺自动检索

采用相似工艺检索技术，不仅可大大减少工艺人员的工作强度和对有经验工艺人员的依赖，而且会提高产品工艺的继承性和重用性，从而能够在不同条件下解决工艺过程和工装的统一化，促进工艺的标准化。

在传统的修订式 CAPP 系统开发中，需要事先花费大量的人力、物力和财力进行零件的编码与标准工艺规程的编制等准备工作。而在交互式 CAPP 系统中，相似工艺的自动检索是基于实例的相似工艺自动检索。成组技术（GT）、基于实例（Case-based）的技术、模糊逻辑等是实现基于实例的相似工艺自动检索的基础。

4. 工艺知识自动获取

学习是智能的重要特征。机器学习是 CAPP 智能化的重要方面，国内外在应用 ANN 等人工智能技术进行工艺知识自动获取方面作了许多研究工作，但受训练样本等的限制，有其局限性。

数据挖掘与知识发现（Knowledge Discovery）技术源于人工智能和机器学习，它是从数据仓库的大量数据中筛选抽取信息，从而发现新的知识。随着 CAPP 的广泛应用，企业将积累形成大量的产品工艺数据库，数据挖掘与知识发现技术将为充分利用这些企业的宝贵财富和提高 CAPP 系统的智能化提供新的方法。

三、基于知识库的综合智能型 CAPP 系统结构

实践表明，CAPP 的智能化应是以交互式为基础，以知识库为核心，并采用检索、修订、创成等多工艺决策混合技术和多种人工智能技术的综合智能化，从而形成基于知识库的综合智能化型 CAPP 系统框架，才能真正理顺先进性与实用性、普及与提高等各方面的关系，满足企业对 CAPP 广泛应用与集成的需求。其结构如图 4－10 所示。

4.5 实用 CAPP 系统分析

4.5.1 FA－CAPP 系统

一、运行环境

·硬件环境

SGI 工作站（Indigo，4D30，SX 等系列）、CDC（C910 系列）工作站

· 软件环境

操作系统：IRIX4.0.5F

图形软件：GL（Graphic Library）

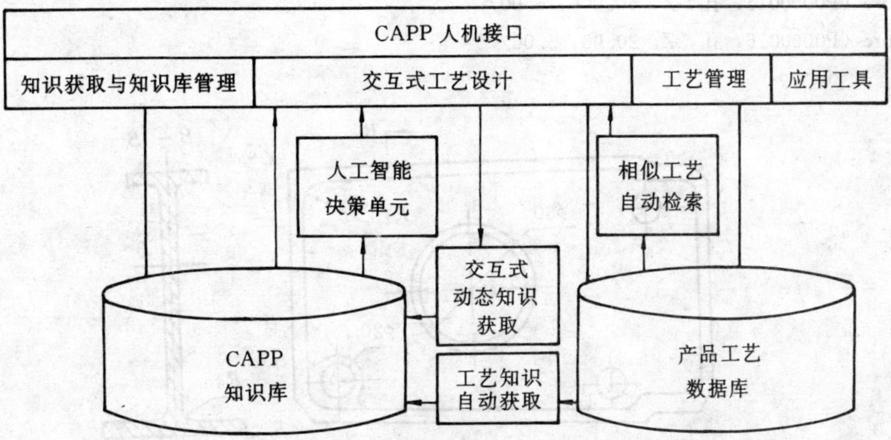

图 4-10　基于知识库的智能化 CAPP 系统结构

二、系统组成与功能

FA-CAPP 系统是面向飞机机加结构件数控加工的计算机辅助工艺过程设计系统，运行于某飞机公司 CIMS 环境。系统的工艺决策采用生成式方法，并建立工艺决策专家系统进行工艺决策。该系统是一个以工艺知识库为核心，集零件特征信息获取、工艺决策专家系统、工艺规程交互编辑、工序图生成与编辑、工艺规程文件生成与输出、工艺知识库管理等功能为一体，并实现同 CAD，CAM 集成及实现同其他 CIMS 子系统信息共享的综合集成化系统。

FA-CAPP 系统主要由下述五个功能模块组成：

（1）零件信息获取：提取零件 RAM 模型中零件特征信息，编辑、存储，并提供给工艺过程决策使用。

（2）工艺决策：根据零件特征信息，由工艺决策专家系统自动进行工艺过程决策，并进行工艺过程决策结果的编辑出输出。

（3）工序图生成：提取零件 RMI 模型中零件几何信息，根据工艺过程决策结果，自动生成机加工序的工序图，并可进行工序图编辑、工序尺寸及图符的标注。

（4）工艺规程管理：根据工艺过程决策结果，自动生成工艺文档，提供表格编辑环境，供用户进行工艺文件编辑，还可自动生成 CAM 系统所需的 CAM 文件，并可送工艺规程进入ORACLE工艺规程数据库。

（5）知识库管理：工艺知识库是工艺过程决策专家系统的核心，此子系统可进行工艺知识的获取、检索及更新等。

三、系统使用

1. 零件特征信息获取

进行工艺过程决策以前，需获取零件特征信息。在 FA-CAD/CAPP/CAM 集成系统中，一个零件的特征信息模型是在该零件的几何模型基础上，通过交互式特征定义的方法而建立的，零件的完整信息模型存储在 RMI 几何数据库中。CAPP 系统通过专用程序接口从

RMI 数据库中提取零件特征信息，供工艺过程决策使用。对于图 4－11 所示零件，其部分特征信息可表示如下：

feature（P0011006，内槽，Z+，48.00，1.50，10.00，4.00）

feature（P0000508，内槽，Z－，48.00，3.50，10.00，4.00）

feature（P0000015，孔，Z，60.006，6.00）

feature（P0000016，孔，Z，20.00，5.00）

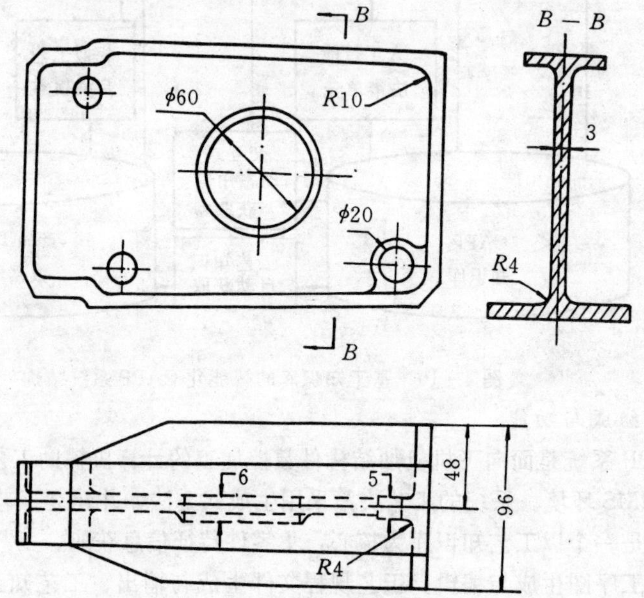

图 4－11　飞机结构零件示例

2. 工艺决策

根据零件特征信息，由工艺决策专家系统自动进行工艺过程决策。其决策过程大致为：加工方法选择、加工余量选择、机床类型选择、刀具类型选择及刀具主参数确定、工步生成、工序生成、工序排序、热处理工序安排、辅助工序插入、机床选择、工序内各工步排序、辅助工步插入、刀具检索、加工参数选择、工步内各特征加工（加工元）排序等。

专家系统生成的工艺规程，工艺人员可进行交互编辑。系统提供的编辑功能有：加入新的工序、更新工序、删除工序、加入新的工步、更新工步、删除工步、加入新的加工元、更新加工元、删除加工元、转动工步、合并工步等。

决策完成后，将完整的工艺规程信息存放到工艺规程文件中。对于图 4－11 所示零件，生成的工艺路线可表示为：

OPERT/5，下料，XK－715F

OPERT/10，铣毛坯底面，XK－715F

OPERT/15，粗铣平面，XK－715F

OPERT/20，粗铣平面，XK－715F

OPERT/25，粗铣，XK－715F

OPERT/30，粗铣，XK－715F

OPERT/35，精铣外形，NIV1250

OPERT/40，精铣外形，NIV1250

OPERT/45，精铣，NIV1250

OPERT/50，精铣，NIV1250

OPERT/55，钳工

OPERT/60，半成品检验

OPERT/65，荧光检验

OPERT/70，称重

OPERT/75，表面处理

OPERT/80，成品检验

其中，工序 50 的一个工步可表示为：

STEP/1，精铣槽

TOOL/15102070，立铣刀，2510012/2076R4，20.00，4.0，2，76.0

PARAM/1200.000，600.000

CUT/P0021006，1.000000

CUT/P0011006，1.000000

ENDSTEP

3. 工序图生成

根据工艺决策结果，提取零件模型中的零件几何信息，自动生成机加工序的工序底图（其中白色表示非加工特征，绿色表示加工特征），并在底图基础上进行图形编辑、工序尺寸及图符文本的标注。

4. 工艺规程管理

根据工艺过程决策结果，可完成下述三项输出：

·自动生成工艺文档，并提供表格编辑环境，供用户进行工艺文件编辑；由工作站从网络传送工艺表格位图打印文件（*.bmp）到微机，打印出工艺卡；

·自动生成 CAM 进行 NC 自动编程所需的 CAM 文件；

·送工艺规程进入 ORACLE 工艺规程数据库进行管理。

5. 知识库管理

在 FA-CAPP 工艺知识库中，采用规则（Rule）表示全部的工艺知识，并把在一定前提下，完成相同决策功能的若干个规则集合以规则组（Rule Group）形式分块存放。例如，工艺知识库有加工方法选择规则组、孔加工方法选择规则组、刀具类型选择及刀具主参数确定规则组等。其中一条刀具类型选择及刀具主参数确定规则实例为：

IF　特征 is“内槽”AND

加工方法==“精铣”

THEN　刀具=“立铣刀”　AND

刀具直径={2×槽最小转角半径}　AND

刀具底齿半径=槽底角半径　AND

刀具刃长={槽上表面高度-槽下表面高度）-15}

对于图 4-11 中的特征 P0011006，槽最小转角半径、槽底角半径、槽上表面高度、槽下表面高度分别为 10，4，48，1.5。

系统提供的主要知识库管理功能有：创立规则组、删除规则组、输入规则、更新规则、删除规则等。

4.5.2 CAPPFramework 系统

由于工艺过程设计与具体的生产环境、生产对象及生产技术水平密切相关，因此，难以开发通用的 CAPP 系统。目前，各部门大都各自开发特定条件下专用的 CAPP 系统，因而造成大量的低水平重复，浪费了不少的人力、财力且应用效益差。因此，如何把工艺过程设计中一般性的方法内容和特殊性的要求相结合，建立易于扩充的系统结构，发展符合各类制造企业实际需求并可大力推广的商品化 CAPP 应用支撑软件（平台/工具型 CAPP 系统），成为 CAPP 研究与开发的重要方向。

基于 CAPP 工具类/平台软件，用户可以根据具体的功能需求、生产环境、生产对象特点，方便地开发出实用化的专用 CAPP 系统，而无须各自从头开发。目前，国内外已有相应的商品化软件推出。从总体来看，以交互式设计和数据化、模型化、集成化为基础，并集成数据库技术、网络技术等是这些商品化 CAPP 软件的共同特点。

针对国内 CAPP 的应用现状、CAPP 工具类/平台软件至少应具有三大功能模块：工艺卡片格式定义、工艺知识库的建立与维护、工艺设计与管理功能。下面简要介绍 863/CIMS 目标产品-集成化 CAPP 应用框架与开发平台（CAPPFramework）的组成、基本功能与实施过程。

一、CAPPFramework 的基本目标

CAPPFramework 是一个“以工艺知识库/产品工艺数据库为核心，以交互式设计为基础，集成工艺知识库管理工具等应用支持工具，能广泛应用于各种不同层次和类型的企业、企业的不同工艺部门（机加、装配、钣金冲压、焊接等），并将不断集成各类二次开发工具和在不同应用层次上实现集成化”的 CAPP 应用支撑软件，它确立了 CAPP 应用系统的基本框架、基本工作流程和基本功能，并提供应用开发工具。其基本目标是：

（1）向用户提供通用的 CAPP 应用系统基本结构和标准的用户界面。在这一框架下，通过实施可满足各种不同产品类型和生产规模的企业、企业的不同部门（如机加、装配、钣金冲压、焊接等所有工艺部门）对计算机辅助工艺设计的需要，支持企业多层次（如管理层、车间层、单元层）、分阶段（如试制阶段、批生产阶段）的 CAPP 应用及实现全部产品零部件的 CAPP，其中包括可以使用户对工艺数据模型、各类工艺卡片、各类（工装设备、工时、材料定额）统计汇总功能进行自定义，从而彻底摆脱原有的针对特定生产环境、特定工艺类型、特定产品对象的专用 CAPP 应用开发模式，建立可快速形成 CAPP 应用系统并可在广泛应用基础上不断进行扩充完善的快速、渐进应用开发模型，以满足企业对 CAPP 的广泛应用和对产品工艺信息共享的需求。

（2）开发功能丰富的应用支持工具和二次开发工具，以满足用户对 CAPP 的多方面、深层次应用和发展需求，使其成为开放的 CAPP 应用开发平台。

（3）建立开放的 CAPP 系统结构，制定相应的 CAPP 技术规范，建立 CAPP 技术服务体系，做好 CAPP 的推广应用和售后服务工作，全面支持企业多层次、分阶段的 CAPP 应用，并推进 CAPP 的工程化、产业化。

二、CAPPFramework 组成

CAPPFamework 由基本应用框架（工艺设计集成环境）、基本应用工具、智能应用工具、二次开发工具、CAPP 基础知识库等组成。

（1）工艺设计集成环境　工艺设计集成环境是以产品工艺数据为中心的集工艺设计与管理为一体、集成检索、修订、创成等多工艺决策混合技术及多人工智能技术的智能 CAPP 基本应用框架。在实际应用中，工艺设计集成环境通过与 CAPP 知识库中定义的面向对象 CAPP 信息模型的动态集成，支持工艺人员进行工艺设计与管理。

（2）基本应用支持工具　工艺知识库管理工具与工艺卡片格式编辑器是 CAPPFramework 的基本应用支持工具。面向对象工艺知识库管理工具是 CAPPFramework 的关键应用支持工具；工艺卡片格式编辑器为用户提供以图形方式交互式定义工艺卡片格式的应用支持工具。

（3）智能应用工具　基于面向对象工艺知识库系统，CAPPFramework 实现应用专家系统等人工智能技术的智能决策支持，使用户能够从不同层次实现工艺设计的智能化。

（4）二次开发工具　二次开发工具是一个软件支撑系统的重要组成部分，支持用户化专用功能模块的开发。

（5）CAPP 基础知识库　基于 CAPP 基本体系结构，应用工艺知识库管理工具，建立了内容丰富的 CAPP 基础知识库。在此基础上，用户可以使用面向对象 CAPP 知识库管理系统，建立企业专用的 CAPP 工艺知识库。从逻辑上看，CAPP 工艺知识包括了机床设备库、刀具库、夹具库、量具库、切削参数库、材料库、典型工艺（工序、工步、工艺术语等）库、规则库等，为工艺设计提供强大的支持。

三、CAPPFramework 的主要功能

（1）综合智能化工艺设计：采用以工艺知识库为核心，以交互式为基础、检索编辑与自动决策相结合的综合智能化技术进行工艺设计。

（2）知识库动态关联：在工艺人员进行工艺设计中，动态关联相应的知识库模块，并根据用户选择，自动填充相关内容。

（3）基于知识的智能决策：在交互式设计基础上，将基于知识的智能决策技术集成于产品中，例如：可实现选择机床、夹具及安排辅助工序等功能。决策方法及决策规则可通过类自然语言方式方便灵活地定义。

（4）完整的产品工艺管理：可对产品工艺数据和工艺文件进行层次化查询和模糊查询，且可完成各类用户自定义的统计汇总功能，并自动生成汇总统计报表（明细表）。

（5）面向制造的产品结构管理：针对产品工艺设计的需求，系统可对产品结构数据进行管理并可实现与 CAD，PDM 的集成，实现产品信息的高度共享。

（6）可视化的典型工艺管理：支持典型工艺的构建与维护，通过典型工艺的类及相应的典型零件图表示，使用户直观方便地使用典型工艺，为企业制造工艺的标准化与规范化奠定了基础。

（7）工艺卡片自动生成与编辑：根据工艺数据，自动生成各类工艺卡片，并引入 OLE（对象连接与嵌入）技术进行工艺卡片编辑。

（8）基于 O－O 的知识库管理：通过共享数据对象，可方便建立企业专用的机床设备库、切削参数库、典型工艺（工序、工步、工艺术语等）库以及工艺决策规则库等各种基础信息库。

（9）交互式动态知识获取：在工艺设计过程中，可随时将产品工艺中所定义的数据对象直接存入知识库，从而实现知识库的动态扩充。

（10）支持决策方法及决策规则的管理：通过知识库管理中类的方法定义，用户可方便

定义所需的各种工艺决策方法及相应的决策规则，从而实现基于知识的智能决策。

(11) 工艺卡片格式编辑：可方便地以图形方式对企业工艺文件中的各类工艺表格进行定义、修改与编辑。

(12) 基于工作组和角色的用户管理：将用户按照不同工作组、不同角色、不同管理权限进行组织管理。

四、CAPPFramework 实施主要内容与步骤

CAPPFramework 确立了 CAPP 应用系统的基本框架、基本工作流程和基本功能，并提供相应应用开发工具，并已实现了商品化。CAPPFramework 实施可分为企业需求分析与签定合同、CAPPFramework 用户化与 CAPPFramework 二次开发三大阶段。

1. 企业需求分析

对企业的工艺设计现状及 CAPP 的应用需求进行分析，确定 CAPP 实施目标，收集相关工艺资料。

2. CAPPFramework 用户化

CAPPFramework 用户化就是针对企业实际情况，进行基本的客户化定制，建立最基本的企业专用交互式 CAPP 系统。CAPPFramework 用户化的内容与步骤如下：

(1) 企业工艺分析与信息建模　CAPP 用户化首先要对企业的产品工艺进行较为全面的分析，在此基础上，建立面向产品的 CAPP 对象信息模型。

(2) CAPPFramework 原型应用系统初步建立　CAPPFramework 原型应用系统建立的主要内容包括 CAPP 知识库的创建、CAPP 对象信息模型的入库、CAPP 数据库的创建、工艺卡片格式的定制、系统初步调试等。

(3) CAPPFramework 原型应用系统试运行　CAPPFramework 原型应用系统试运行的主要内容包括系统安装、应用培训、初步应用、完善等。

通过 CAPPFramework 的用户化，企业可以初步实现 CAPP 计算机化和信息化。在此基础上，可以进行二次开发，深化 CAPP 的应用。

3. CAPPFramework 二次开发

CAPPFramework 二次开发的主要内容包括：

(1) 企业专用知识库的建立　针对特定企业的生产环境、生产对象和工艺设计经验和习惯，建立企业专用知识库，从而提高工艺人员的工作效率，提高工艺设计的一致性和质量。

(2) 专用功能模块的开发　针对用户应用中提出的需求，开发专用的功能模块，进一步提高 CAPP 系统的应用效率。

(3) 集成接口程序的开发　开发与 CAD，MRPⅡ，PDM 等系统的集成接口程序，实现 CIMS 及产品设计、工艺设计、生产计划调度的全过程集成。形成企业计算机应用的整体效益。

五、CAPPFramework 的推广应用情况

CAPPFramework 已形成较为完整的方法体系与系列软件产品，并在航空、汽车、电子机械、水利机械及通用机械等行业的百余家企业得到广泛应用，为 CAPP 技术的进一步发展奠定了实践基础，取得了显著的经济效益和社会效益。

第 5 章　管理信息系统（MIS）

5.1　概　　述

当今世界先进工业国家正处于由“工业经济”模式向“信息经济”模式转变的时期，信息技术已成为各种技术的基础，在人类的各种活动领域得到广泛应用。依靠信息技术，世界形成了统一的世界市场，随着世界市场的发展，市场竞争变得越来越激烈。

管理信息系统（Management Information System，MIS）是一门综合性学科，它是管理科学、信息科学与计算机科学相结合的综合性学科，它应用了经济学、管理学、控制论、系统工程学、运筹学和计算机科学中的许多概念、原理和方法，随着新技术的出现和发展而发展起来。管理信息系统是一种集成化的人-机系统，它能为一个组织机构的作业管理和决策职能提供信息支持，是企事业的一种现代化工具，它对国民经济的发展、企事业有效的运行起着重要的作用。利用 MIS，企业可以：

- 合理安排生产，提高产品生产效率；
- 降低产品的生产成本；
- 提高以客户的服务质量；
- 提高企业的管理水平和管理素质；
- 增加企业的应变能力和竞争能力。

《中国企业管理百科全书》中定义：MIS 是一个由人、计算机等组成的能进行管理信息的收集、传递、储存、加工、维护和使用的系统。它不仅包括计算机系统也包括人在内。管理信息系统是从企业的全局出发，统一数据、综合基本数据的处理系统、信息分析系统和决策支持系统，以满足企事业要求。MIS 覆盖整个企事业经营、管理和生产活动，即覆盖车间、物料、作业计划、质量过程计划和设备计划的制造规划和管理，并包括市场战略规划、生产管理和人力资源与财务的相应部分，它与工程设计（CAD/CAPP/CAM）、车间生产制造和质量系统是紧密相关的。

MIS 是对企业的物流、信息流乃至决策流进行加工处理的系统，目的是输出有价值的信息，辅助企业管理人员的生产经营，MIS 的一般逻辑结构如图 5-1 所示。

MIS 中各部分简述如下：

- 经营管理子系统

该子系统根据外部市场数据、生产销售历史数据、同行业及相关行业的现状及发展数据以及企业内的资源、生产技术数据等确定企业的经营方针、目标、经营计划、制定生产计划大纲，进行产品报价等。

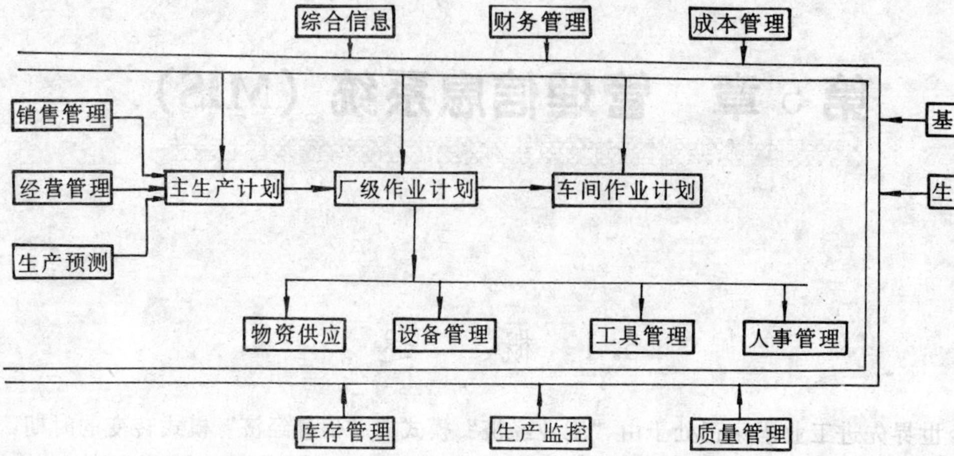

图 5-1　MIS 的一般逻辑结构

·生产预测子系统

该子系统通过企业内部、外部市场和社会等各种有关资料，选择适当的预测方法，进行数据处理和分析，对产品需求、生产能力、工厂消耗品需要量进行预测。

·销售管理子系统

该子系统对销售计划及销售合同及售后服务进行全过程管理。包括编制销售计划、销售分析、销售合同的统计、销售合同的查询、分类及监督执行等。

·主生产计划子系统

该子系统根据企业的经营计划或生产计划大纲，销售计划以及生产预测编制主生产计划。主要功能有：编制主生产计划、生产资源计划及企业主要经济指标核算。

·厂级作业计划子系统

该子系统根据主生产计划、库存信息、生产技术数据编制厂及作业计划，缩短生产周期，减少在制品库存和外购件的库存。在需要的时间，按需要的数据供给需要的部门。

·车间作业计划子系统

根据主生产计划和生产技术数据，编制车间作业计划，并按作业优先级，合理地分配给每个工作中心或设备。

·生产监控子系统

主要作用是监督车间在制品任务的执行，实现均衡生产，避免停工待料和任务拖期，实时采集车间数据，进行生产统计。

·库存管理子系统

对各种物料库存进行管理，进行库存资金占用分析，超储积压分析，有效地控制库存资金，保证物料供应，为各级计划提供反馈信息。

·物资供应子系统

根据生产需求，按时、按质、按量组织物资供应，以最小的物资储备满足最佳的供货状态，避免物资积压和短缺，保证生产活动正常进行。

·设备管理子系统

对企业内部设备档案、运行状态、能力数据、维修计划进行维护，生成各种设备统计分析报告，为各级生产计划提供依据。

·工具管理子系统

对生产中的交通工具、刀具、专用工装进行管理，包括计划、采购、管理与维修。

·人事管理子系统

对企业内部的全体职工进行管理，包括职工基本信息、人事档案管理、培训计划、生产劳动统计等。

·质量管理子系统

对生产过程中各阶段产品的质量进行统计与分析。包括原材料、外协作、在制品及产成品。建立质量统计台账，产生各种质量分析统计报表。

·财务管理子系统

以价值的形式，对企业的生产经营活动进行连续、全面、系统的核算，并根据核算资料进行分析，快速、准确的反映企业的经营情况。

·成本管理子系统

及时、准确地计算产品成本与实际成本，进行成本分析，为制定销售价格提供可靠依据，找出降低成本途径，提高企业的经济效益。

·基础数据子系统

对企业生产经营活动中的基础数据进行维护和集中管理，减少数据多余，建立集中、统一、准确的企业技术与生产数据，支持各子系统的运行。

·综合信息子系统

以一定的模型和算法，将各子系统的基础数据进行分析和处理，生成综合信息，以数字、文字、图表的方式提供给各级管理人员，以便及时、准确地进行决策。

·生产准确子系统

在新产品试制计划、主生产计划制定后，为保证这些计划实现，需要对产品设计、工艺、工时、定额、工装等生产准备工作进行安排，并进行平衡核算，监督计划的执行。

5.2 物料需求计划（MRP）

提高劳动生产率是改造传统生产方式的目的。早在公元18世纪后半期开始的第一次产业革命，将家庭手工业转变为工厂集约型工业，使生产率大为提高。1903年美国的泰勒发表了科学管理法原理，在计件工资制度中制定了标准作业和标准时间，开创了科学的生产管理新纪元。1927年出现了批量生产技术，把复杂的过程管理固定化，大大提高了生产效率。然而，在生产管理中由于科学技术的高度发展，已远远超过人工系统的承受能力。如企业不断遇到原材料短缺，供应商迟迟不交货，产品设计与生产计划因市场需求经常变更，这些使有效管理变得相当困难，导致劳动生产率下降。

在过去的30年中，发达国家寻找各种途径来解决问题，例如，20世纪60年代出现的成组技术（GT）、物料需求计划（MRP），70年代出现的资源需求计划（MRPⅡ）和80年代出现的及时生产制（JIT）等。这些新的生产管理技术对企业生产率的提高起了明显的作用。

MRP的生产管理思想早在20世纪40年代就被提出。到60年代，由于计算机的发展与普及，才真正在制造业中得到应用。70 年代，MRP 的功能又进一步发展，增添了生产能力计划与生产活动控制等功能，并集成了企业的供、产、销等生产活动信息，逐步形成 MRPⅡ。IBM 公司首先推出了 IPICS，后又相继推出 MAPICS 和 COPICS。至今美国已有 162 家供应商，200 多种 MRPⅡ软件。

我国自 20 世纪 70 年代末开始对 MRPⅡ的介绍以来，已有众多企业试点应用 MRPⅡ的生产管理方法。企业家也愈来愈认识到现代生产管理技术应该作为科技进步的重要内容之一，以增强企业的应变能力。

5.2.1 传统的库存管理方法

制造业中应用的传统库存管理方法很多，其中订货点方法是最基本的。

订货点方法是采用统计方法控制库存，确定订货点的库存管理方法。其目的是在需求不确定的情况下，为了保证供应而将所有的库存项目都留有一定的库存储备，一旦库存储备低于预先规定的数量，订货点就立即发出订货要求来补充库存。

对每项库存来说，这种订货点都要分别加以确定。确定的依据是库存补充周期内的预测需求量和实际需求量超过预测量的概率。为了补偿预测上的误差，在订货点方法中均设有安全库存，安全库存的大小由以往的需求情况和所希望达到的供应率决定。图 5-2 表示了订货点方法的库存控制过程。

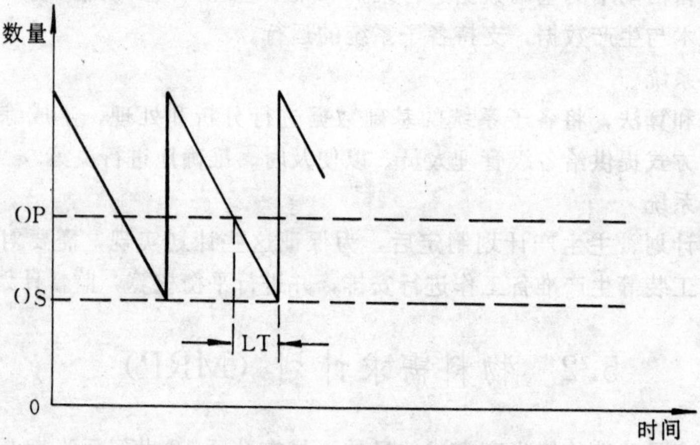

图 5-2　订货点方法

图中纵坐标表示其库存项目的数量，横坐标表示时间，OP 为订货点，OS 为安全库存，LT 为提前期。订货点方法的计算公式如下：

$$OP = D^{*} LT + OS$$

其中 D 为需求率。由图可见，当库存消耗达 OP 点时，库存计划员就应发出订单。同时消耗继续发生。当库存消耗到安全库存点，恰好是计划到货入库时刻，使库存量又得到补充。从发出订单到计划到货进入库存的一段时间即为提前期 LT。

由引可见，订货点方法是在下列假设条件下对库存进行计划与控制的。

(1) 订货点方法假定库存项目的需求率是常数，即库存消耗是连续稳定的。

(2) 订货点方法对每项库存设立一个固定的安全库存，而不考虑需求的变化与库存项目之间的联系。

(3) 订货点方法假定订货提前期是常数，而不计需求期的变化。

特点：

·订货点方法面向的是相互独立的需求项目。即认为库存项目是独立的，这对某些项目是适宜的。如最终产品和备品、备件等。然而，对生产库存，如原材料、坯料、零件、组件和部件等，它们的需求量和需求期是相互牵制的。因此认为库存项目全部是独立的订货点方法会导致库存计划与控制上的不合理。

·订货点方法是通过对库存项目的历史资料预测而得到的，必然会引起较大的误差。

·订货点方法假定需求是连续的，并按以往的平均消耗间接地提出需求时间。而在生产中，对库存项目的需求经常是间断的。平均消耗率的概念在实际中就没有意义。如何确定确定时刻在订货点方法中是无能为力的。

MRP 的库存计划与控制方法是建立在完全不同的概念上，它完善地协调了生产库存与需求，解决了库存与资金占有的矛盾。计算机为 MRP 完成大量计算创造了条件，也开辟了企业管理信息处理的新纪元。

5.2.2 物料需求计划（MRP）中的概念、结构及工作原理

物料是一个广义的概念，它不仅仅指原材料而言，而是包含原材料、自制品（零部件）、成品、外购件和服务件（备品备件）这个更大范围的物料。在物料管理中，一方面要满足生产过程中的物料的充分供应，保证生产过程的连续进行而不发生中断；另一方面是控制物料储备量的限度，减少占用的流动资金，加速资金周转，降低产品成本。理想情况应是：对于原材料、零部件与产成品，在需要的时候，以需要的数量供给使用者而没有多余的库存。这正是 MRP 的基本目标与精神实质。

物料需求计划 MRP（Material Requirement Planning）早在 20 世纪 40 年代初就已形成了雏型。MRP 是根据何时主生产计划表上需要物料来决定订货和生产的，计划工作量大，直到 60 年代出现计算机后，这种管理方法才得以实现并进入应用领域。

MRP 的基本原理是：根据需求和预测来测定未来物料供应和生产计划与控制的方法。它提供了物料需求的准确时间和数量。MRP 系统是一种能提供物料计划及控制库存，决定订货优先度，根据产品的需求自动地推导出构成这些产品的零件与材料的需求量，由产品的交货期展开成零部件的生产进度日程和原材料与外购件的需求日期，即将主生产计划转换为物料需求表，并能为能力需求计划提供信息的系统。

MRP 系统框图如图 5-3 所示。

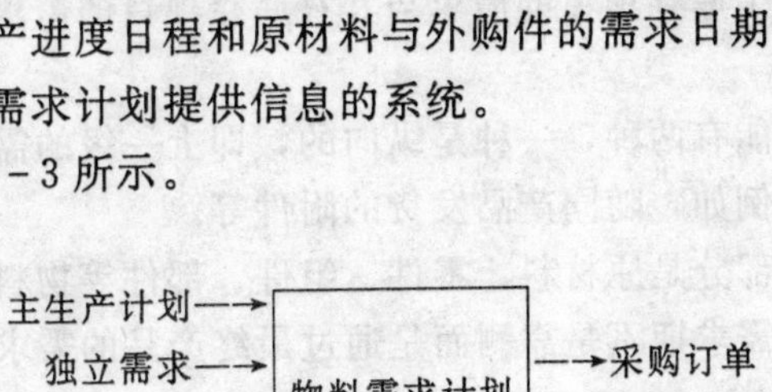

图 5-3　MRP 系统框图

MRP 利用输入的主生产计划、独立需求、物料清单、库存清单信息、产生分时间的采购计划（即采购定单）制造计划（即生产定单）。

一、MRP的基本概念及总体结构

1. 主生产计划

主生产计划说明一个企业在一个时期内计划生产的产品名称、数量和日期，例如某企业的主生产计划如表5-1所示。

表5-1 主生产计划

周次/产品	1	2	3	4	5
A	10	15	30	20	15
B	20	10	10	15	15
每周计划	30	25	40	35	30

主生产计划为MRP提供基本的数据，开始编制物料需求计划时，必须首先得到一个有效的主生产计划。

2. 库存项目

在制造过程中，一个惟一可识别的零件或部件称为库存项目。每个项目必须有一个惟一的编号并对应于一个惟一的库存记录。该库存记录记载该项目在每个期间的需要量和可供给量等。

3. 独立需求和相对需求

(1) 独立需求　当一个库存项目的需求与其它库存项目的需求无关时，称为独立需求，即需求项目之间没有任何的联系，不会发生一个项目的需求对另一个项目的需求产生影响的需求形式。如对产品、备品和备件的需求就属于这种类型。

独立需求的概念是相对的。例如若厂家生产圆珠笔，则笔的需求是独立需求，其需求数量由预测得到的，而对构成笔的笔芯和弹簧之类的项目而言，便是相关需求，其需求量是通过计划得到的。

(2) 相关需求　当一个库存项目的需求与其它库存项目的需求直接相关时，称之为非独立需求或相关需求。

这种需求的相关性可能有两种，一种是纵向的，即上一级的需求项目源出了下一级需求项目。另一种是横向的。例如，随同产品发货的附件等。

生产中的库存项目大部分是原材料、零件、组件、部件等物料，它们都属于相关需求项目。这些项目的需求量与需求期不是靠测而是通过最终产品的需求推算出来的。

4. 物料清单（Bill of Material）

物料清单是为装配或生产一种产品所需要的零部件、配料或原材料的清单。物料清单说明产品是由什么组成，各需要多少，简称BOM。

物料清单提供了产品的全部构成项目以及这些项目的相互依赖的隶属关系。如图5-4所示为产品结构与物料清单。

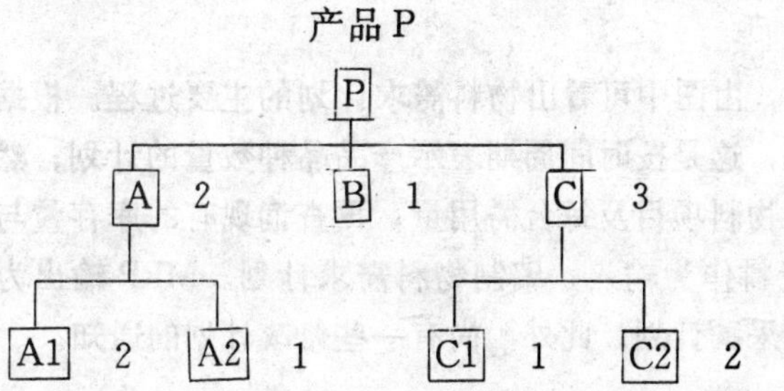

产品P

零件号	数量	单位
A	2	个
B	1	2上
C	3	个
A1	4	2上
A2	2	个
C1	3	个
C2	6	个

图5-4　产品结构与物料清单

5. 时间分段与提前期

(1) 时间分段　时间分段就是将连续的时间流划分成一些适当的时间单元。即生产计划系统使用的时间单位，通常为周或天、或月，其按产品的生产周期和计划的控制精度要求而确定。

(2) 提高期　提前期是执行某种活动需要的时间量，等于从开始到完成某项活动所消耗的时间。不同类型和类别的库存项目，其提前期的含义是不相同的。

对于采购件而言，提前期是指从项目订货到该项目到货并验收入库后之间的时间。

对于零件制造而言，提前期定义为坯料领出到零件加工结束入零件库这段时间，装配提前期定义为零件到位到产品总成转入经销库这段时间。

表5-2举例说明MRP按时间分段记录库存状态数据的优点。

表5-2　物料需求展开表

（订货批量=40，订货提前期=2周）

时间分段（周）／记录项目		1	2	3	4	5	6	7
需求量		50	0	0	70	0	0	35
库存量	80							
计划入库		0	0		40	0	0	40
可供货量		30	30	30	0	0	0	5
计划订单下达						40		

表中，已知订货批量为40，订货提前期为2周，库存量为80，需求量在第1，4，7周各为50，70，35，第4周计划入库量为40，根据需求量、库存量及计划入库量可知，到第4周出现可供货量为0，为保证第7周需求，只要在第5周下达订货定单即可。

如果采用传统的订货点方法，必定会在第2周或更早的时间发出订单，使第4周不出现零库存。所以，采用地间分段记录库存状态，不但清楚地指明了需求时间，也可大大降低库存。

6. MRP 的的总体结构

MRP 系统的总体结构如图 5 - 4 所示，由图中可看出物料需求计划的主要过程。根据产品的定单及销售预测的资料编制主生产计划，这是按时间周期表示产品品种数量的计划；然后利用物料清单查明为生产这些产品所需要的物料项目及每台需用量，再查询现有的库存量与已订购或已投产的订货量，利用这三方面的资料作为输入，编制物料需求计划。MRP 输出为计划下达量，即自制件的生产计划，外购件的采购计划。此外，尚有一些修改计划的通知。

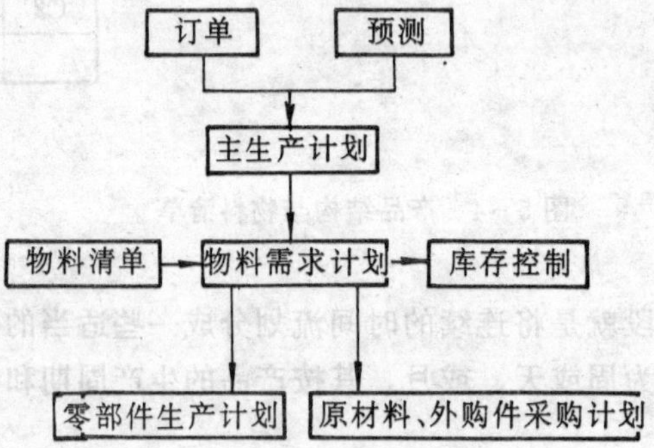

图 5 - 5　MRP 系统总体结构

二、MRP 的工作原理

MRP 的实质上是一个物料计划与库存控制系统。MRP 根据最终产品的需求量自动推算构成这些产品的部件、组件、零件、坯件和原材料的需求量。其总目标是：以正确的时间、正确的数量为生产制造系统提供正确的物料，并做到压缩库存。

MRP 处理过程如图 5 - 6 所示。

1. 毛需求

毛需求指在任意给定的时间段内，项目的总需求量。

项目毛需求＝项目独立需求＋父项的相关需求。

父项的相关需求＝父项的计划订单数量×项目用量因子

2. 净需求

净需求是指在任意给定的计划周期内，某项目必须订货的数量。

在各个时间段上：

预计库存量＝前期库存＋计划接收量－毛需求－已分配量

当预计库存量小于零时，则产生净需求。

净需求＝预计库存量的相反数＋安全库存。

安全库存是库存中保存的多余项目数量，设置安全库存的目的在于预防需求或供应方面不可预料的波动，避免造成生产或供应中断，减缓用户需求与工厂之间、供应商或工厂之间、制造和装配之间的矛盾。当没有预测错误，也没有出现供应不足的现象时，就没有必要设置安全库存。

例 5 - 1　图 5 - 7 为产品 A 的产品结构即 BOM，其输入信息如表 5 - 3，表 5 - 4，表 5 - 5，表 5 - 6，表 5 - 7 所示，试编制产品 A 的物料需求计划。

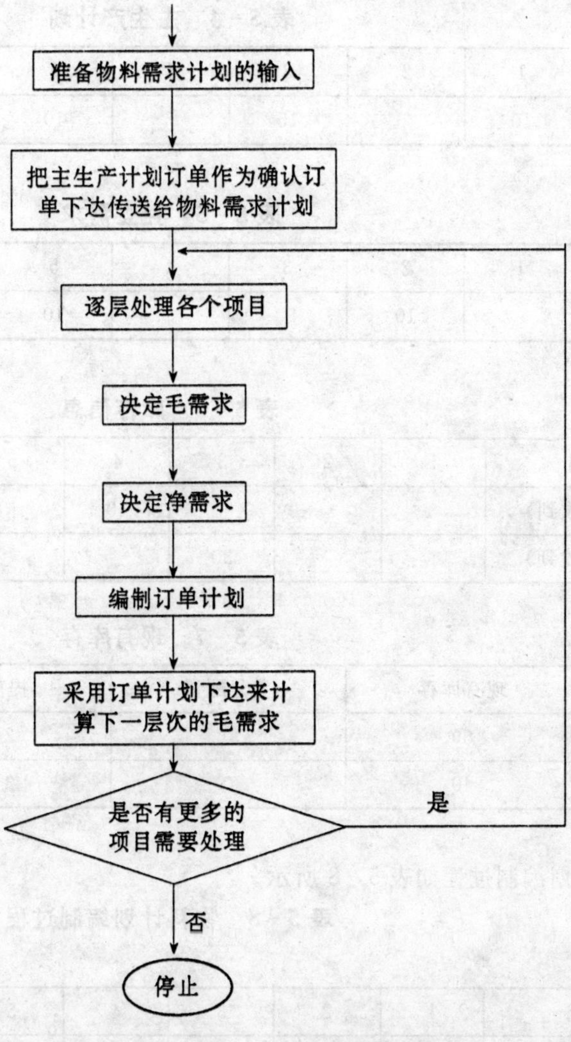

图 5-6　物料需求计划（MRP）的处理过程

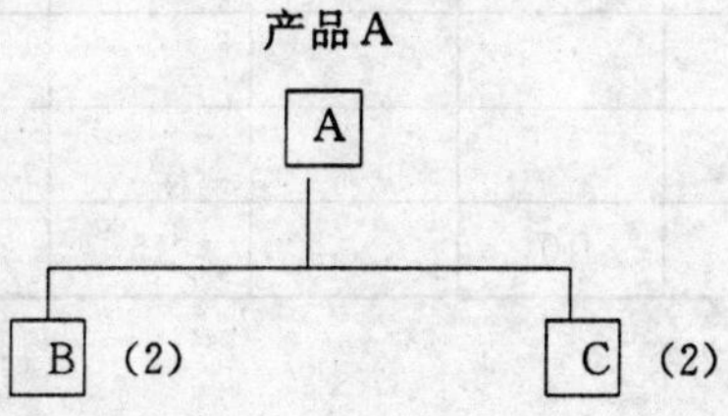

图 5- 7　产品结构

表 5-3　物料清单

	层	用量
A	0	
B	1	2
C	1	2

表 5－4　主生产计划

周期	1	2	3	4	5	6	7	8
项目 A	10		15		10		15	10

表 5－5　独立需求

周期	1	2	3	4	5	6	7	8
项目 C		10			10		10	

表 5－6　库存信息

周期	1	2	3	4	5	6	7	8
B(计划收到)				40				
C(计划收到)			30					

表 5－7　现有库存

项　目	现有库存	主分配量	提前期	订货批量
B	60	0	2 周	固定批量：40
C	40	0	3 周	固定批量：30

物料计划编制过程如表 5－8 所示。

表 5－8　物料计划编制过程

项目 A

周期	1	2	3	4	5	6	7	8
毛需求								
计划入库								
预计库存								
净需求								
计划订单入库								
计划订单下达	10		15		10		15	10

项目 B（每 1 个 A 需 2 个 B）

周期	1	2	3	4	5	6	7	8
毛需求	20		30		20		30	20
计划入库				40				

续表 5-8

周期	1	2	3	4	5	6	7	8
预计库存 60	40	40	10	50	30	30	0	−20
净需求	0	0	0	0	0	0	0	20
计划订单入库								40
计划订单下达						40		

项目 C（每 1 个 A 需 2 个 C 并包含独立需求）

周期	1	2	3	4	5	6	7	8
毛需求	20	10	30		30		40	20
计划入库			30					
预计库存 40	20	10	10	10	−20	10	−30	−20
净需求	0	0	0	0	20	0	30	20
计划订单入库					30		30	30
计划订单下达		30		30	30			

MRP 的运行方式有三种：

·重新生成方式

·净改变方式

·重新生成和净改变相结合的方式

重新生成方式是系统按一定的时间间隔（每周或每月）完全重新编制整个计划。其特点是：

(1) 所有物料项目重新计划。

(2) 采用批处理作业方式来生成新的物料需求计划。

特点为：

(1) 更新量少，更新间隔期短。净改变方式采用局部更新，因此缩小了编制需求计划的运算范围。

(2) 更新计划与文件维护融为一体。净改变方式在更新一次物料数据的同时，随即将受此变化影响的子项物料都一起修正。

三、MRP 的缺陷

MRP 系统是一种物料计划和库存控制系统，它能有效地压缩库存，减少占有流动资金，保证生产过程的连续进行，但是 MRP 也存在一些缺陷：

(1) MRP 的前提条件是资源是无限的。在实际上，企业的生产资源是有限的，因此，MRP 作出的物料需求计划不一定与企业生产能力相匹配。

(2) MRP 的另一个前提条件是提前期已定，而实际上，提前期是很难准确确定的。因此，物料需求计划的准确性很大程度上也依赖于提前性的准确性。

(3) MRP 系统仅管理了企业的部分信息，没有覆盖企业的全部生产经营活动，具有一定局限性。

(4) MRP 系统只是一个开环系统，它只有单向的前馈信息的流动，缺乏实际状态的反馈信息。

因此，将物料需求计划与生产、销售、财务、采购、工程紧密结合在一起，形成一个全面生产管理的集成化管理软件是相当必要的。

5.3 MRPⅡ

5.3.1 概述

MRPⅡ称为制造资源计划，它是在 MRP 系统基础上发展起来的一种更为完善和先进的管理思想和方法。MRPⅡ系统克服了 MRP 系统的不足，在系统中增加了生产能力计划、生产活动控制、采购和物料管理计划三方面的功能。

生产能力计划功能是以物料需求计划的输出为其输入，根据计划的零部件需求量和生产基本信息中的工序、工作中心等信息计算出设备与人力的需求量，各种设备的负荷量，如发现能力不足，进行设备负荷调节和人力补充；如果能力实在无法平衡，则可调整产品的生产计划。生产活动控制功能是以调整好的物料需求计划的输出为输入，按照作业优先原则，自动编制出设备或工作中心的作业和完成日期。采购和物料管理计划功能则根据物料需求计划和库存管理策略编制物料请购计划，建立采购与进货管理、库存会计财务管理、供应商档案和供应商账务管理、成本、应收帐、总付账、总账管理。

MRPⅡ主要模块如图 5-8 所示。

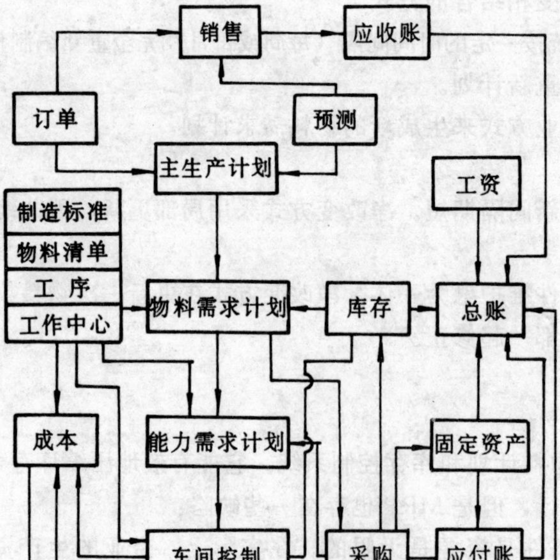

图 5-8 MRPⅡ主要模块

在上述模块中，主要介绍构成 MRPⅡ的主要部分：物料需求计划 MRP、主生产计划、物料清单、库存管理、能力需求计划及车间作业计划等内容。

MRP、物料清单在 5.2 节中已介绍，不再重复。

5.3.2 主生产计划

计划是用来规定完成的目标及进度而建立的，如图 5-9 所示，计划有许多种类，如经营计划、生产规划、主生产计划、物料需求计划、作业计划与车间控制等。

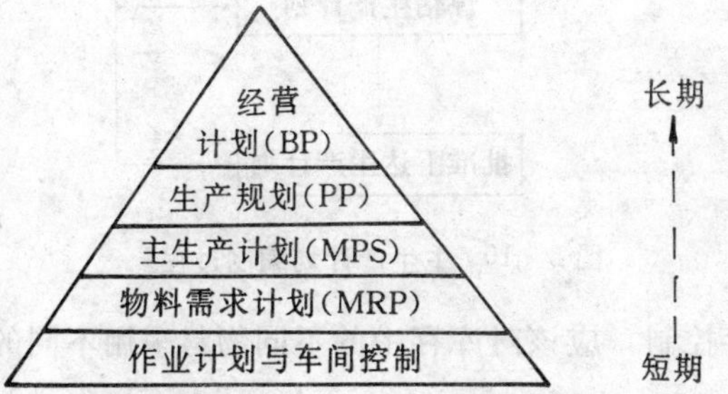

图 5-9 计划系统

经营计划（Business Plannng，BP）是企业的战略性计划，主要说明企业销售目标和利润目标。如图 5-9 所示。

表 5-9 经营计划

年份	1995	1996	1997	1998
销售目标（万元）	200	230	270	300

生产规划或生产计划（Production Planning PP）是对经营计划的细化，用以说明企业在可用资源下生产什么产品及产品的数量等。如表 5-10 所示。

表 5-10 生产计划

产品类	1	2	3	4	5	6	7	8	9	10	11	12	合计
A_1	20	10	30	50	25	30	40	30	40	20	10	15	320
A_2	15	20	15	10	20	15	25	20	20	30	40	20	250
汇总（月）	35	30	45	60	45	45	65	50	60	50	50	35	570

主生产计划（Master Production Schedule，MPS）是对企业生产计划的细化，说明在可用资源的条件下，企业生产什么，生产多少，什么时间生产，即详细描述何时要生产出多少产品的计划。主生产计划如表 5-1 所示，主生产计划的编制过程如图 5-10 所示。

5.3.3 库存管理（IM）

库存管理（Inventory Management，IM）是企业管理的重要组成部分。库存信息的准确性将影响着企业的整个生产计划与控制。库存是供需之间的缓冲区，库存资产一般占用企业总资产的15%～40%，适量的库存可保证生产的连续性，可防止由于不稳定的物流引起人员与设备的停工，但过多的库存将会占用大量的资本。

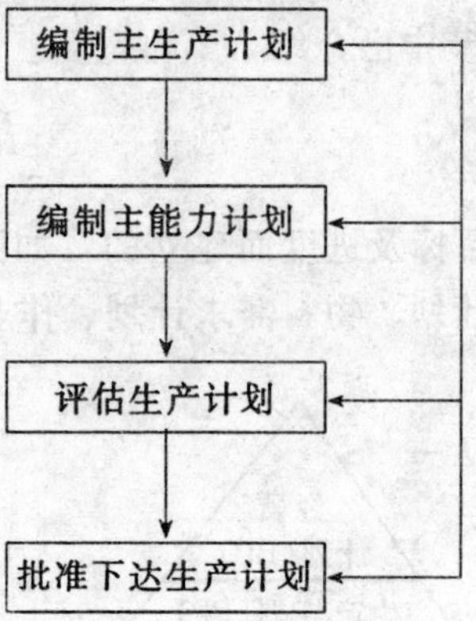

图 5-10 主生产计划编制过程

为了有效地进行库存控制，应该对库存中的不同物料采用不同的控制方法，这种方法称为ABC分类法。

如图5-11所示，A类库存项目一般占有75%～80%的库存资金，而其品种和数量占库存项目的15%～20%。对于A类库存项目，其订货点订货量库存信息应准确控制和记录，因为A类库存项目库存的下降将会显著降低库存资金。

B类库存项目占有10%～15%的库存资金，其品种占库存项目的20%～25%。对于B类库存项目，应进行正常控制，库存记录后准确正常成批更新。

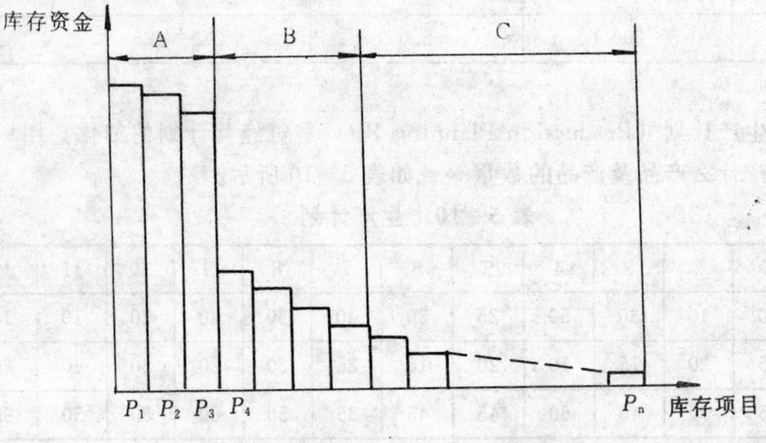

图 5-11 ABC分类法

C类库存项目占有5%～10%的库存资金，品种占库存项目的60%～65%，对于C类库存项目，可简单进行控制。

在库存管理过程中，订货的方法有很多，常见的订货方式有：

· 固定批量：

固定批量指每次订货时间间隔不同，但订货量固定不变。

· 直接批量：

直接批量指按物料的净需求决定订货量。适用于较贵重的物料。

· 经济批量：

经济批量指物料的存货总成本最少的订货量。

设 U 为物料的年用量，S 为订货成本，C 为物料的单位成本，I 为年度库存保管费（每元平均库存的百分数），则经济订货量 EOQ 为：

$$EOQ=\sqrt{2US/IC}$$

例　若 $U=10\ 000$（件），$S=18$（元），$C=0.16$（元），$I=25\%$，则

$$EOQ=\sqrt{2\times10\ 000\times18/0.25\times0.16}=3\ 000\text{（件）}$$

经济批量适用于需求相对平稳且订货成本比较低的物料。

· 固定周期批量：

固定周期批量指以固定的时间间隔，以物料的净需求为依据的订货量。这种批量的大小随物料净需求的变化而变化。

· 周期批量：

周期批量的订货间隔是计算出来的，订货量也随净需求变化而变化。订货间隔的计算方法是：用年用量除以 EOQ，得到每年的订单数。用年周期数除以年订单数得到周期批量的订货间隔。

5.3.4　能力需求计划（CRP）

能力需求计划 CRP（Capacity Requirements Planning）是对物料需求计划所需能力进行核算的一种计划管理方法。

能力需求计划将生产计划和各种生产资源连续起来管理和计划，一方面能对设备和人力进行充分利用，另一方面能减少加工等待时间，缩短周期，为生产管理人员提供能力与负荷的信息。

在能力需求计划中主要进行生产能力与负荷的平衡工作，包括生产能力计算，生产负荷计算，生产能力与生产负荷平衡及作出能力平衡计划。

1. 生产能力计算

生产能力是指在一定时期内直接参与生产过程中的固定资产在一定的组织技术条件下，可能生产一定种类和一定质量产品的最高数量或者可能加工处理一定原材料的最大数量的能力。

生产能力计算主要对生产设备和人员的能力进行计算。

设备能力＝设备数量×设备有效工作时间×设备利用率

人员能力＝人员数量×有效工作时间×工时利用率

2. 生产负荷计算

设备或人员所承担的生产任务，即完成生产计划所需要的实际能力就是生产负荷。

生产负荷计算方法如下：

计划负荷需设备能力＝计划产量×单位产品台时定额

计划负荷需人员能力＝计划产量×单位产品标准工时定额

3. 生产能力与生产负荷平衡

计算了生产能力与生产负荷之后，可进行综合平衡：

生产能力－生产负荷＝正数（能力多余）

生产能力－生产负荷＝负数（能力不足）

当通过计算知道生产能力不足生产负荷时，这时超负荷。对超过的部分进行负荷调整，如延长工作时间，进行外协加工，转移设备或选择替代工作，添加设备，这样使得负荷与能力之间反复进行平衡最后得到满意的计划方案。

5.3.5 车间作业管理 (PAC)

企业的整个生产管理可分为长期计划、中期计划和短期计划。车间作业管理（Production Activity Control，简称 PAC）是短期计划管理的核心部分。其根据零部件的生产计划、车间的生产资源情况及零部件的工艺路线及工艺信息制订车间的作业计划，组织日常的生产。车间的作业计划是一个随时间变化的动态过程，目的是为了提高准时完工的百分比，提高工人和设备的利用率，降低在制品库存，减少加班时间。

车间作业计划的编制有以下几个步骤。

1. 作业分配

将作业分配到工作中心或设备上称为车间负荷分配。当某些作业不需要选择工作中心时，负荷分配是比较简单。当同一作业有两个或多个工作中心可以选择，并且这些工作中心都有能力可用于完成作业时，负荷分配就比较复杂。这时选择工作中心的依据是：机器准备与运行的成本；操作人员的技术要求以及其它必须在该工作中心加工的作业情况。车间负荷分配的基本方法包括图表法、加权法等。

（1）图表法　图表法是将作业分配到加工中心的情况用图形或列表的方式表示出来，通过图表可将各作业在加工中心的占用时间及加工中心剩余的可用能力很方便的表现出来。图表法使用广泛，易于理解。在监控设备负荷方面，图表法是一种极好的方法，但在多个工作中心都能完成同一作业而要决定将作业安排到哪个工作中心时，图表法作用不大。

（2）加权法　当工作中心的功能相似时，必须决定如何安排作业，使得生产成本较低，理想情况是将作业分到处理时间最短或成本最低的工作中心，如果不能分到此工作中心，则分配到处理时间次快或成本次低的工作中心，加权法就是这样一种作业分配处理方法。

加权法的方法是，将作业在各个工作中心的处理时间分别除以这些处理时间的最小值，所得的结果作为作业对工作中心的加权值。最低的加权值为 1，它表示最好将作业分到此工作中心，大于 1 的加权值则表示了一种未将作业分到最理想的工作中心而造成的欠缺。如加权值为 1.2，则意味着作业在该工作中心进行要比最快的工作中心多 20%的处理时间。

加权法的处理方法是：先把作业分到加权值为 1 的工作中心，若工作中心超负荷了，则选择加权值次小的工作中心，以加权值从小到大的次序反复做这样的处理，直到所有的作业在负荷能力限制的范围内得到了安排。

加权负荷分配法流程图如图 5－12 所示。

2. 作业排序

当作业被分配到工作中心后，就要对这些作业安排加工次序，这就是作业排序。在负荷分配时考虑的是工作中心的能力控制，而作业排序则考虑工作中心的作业优先权控制。作业排序的常用方法有图表法、优先权规则等。

（1）图表法　与负荷分配法类似，利用图表法可对作业进行排序，并可控制工作进度。

如甘特图就可表示同一时段上计划完成的生产任务与实际完成的生产任务，这样通过对照比较从而监控生产进度。

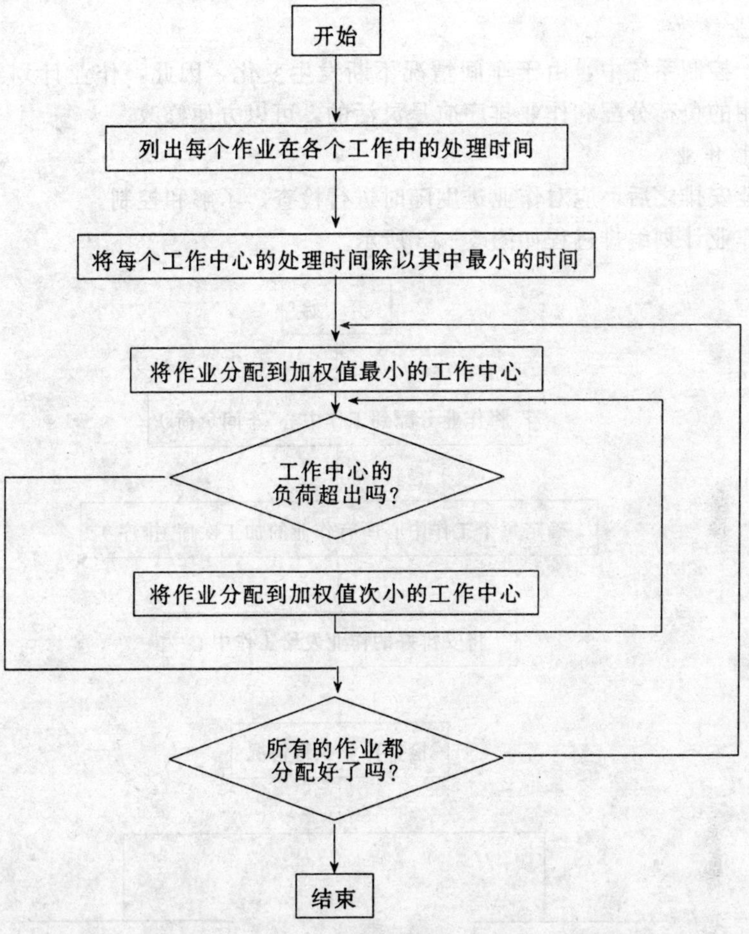

图 5- 12 加权负荷分配法流程图

(2) 优先权法则　优先权法则是以某种方式评定等待加工的作业，以便当加工中心有空时，能决定下一个要执行的作业，优先权法则是一种启发式方法。

表 5 - 11 列出几种优先权法则。

表 5 - 11　优先权法则选择

准则	符号	符号说明
先到先服务	FCFS	最先到达的作业最先安排
作业交货期	DD	最早交货的作业最先安排
最短处理时间	SPT	处理时间最短的作业最先安排
最长处理时间	CPT	处理时间最长的作业最先安排
随机选择	RS	按随机选择的次序安排

当大量作业安排在一个工作中心时，采用最短处理时间准则较好。采用这种方法，作业

平均流动时间、平均完成时间和平均等待时间都最小，工作中心的平均空闲时间也常常达到最小，但是利用这种方法，少量作业可能要延误完工时间。在利用优先权法则时，每个企业应根据自己的实际情况选择适合的优先权法则。

3. 作业修改

在生产控制系统中，由于车间情况不断发生变化，因此，作业计划经常重新安排和制定，所采用的负荷分配和作业排序应是灵活的，可以方便修改。

4. 监控作业

当作业安排之后，应对作业进度随时进行检查、了解和控制。

车间作业计划编排过程如图 5 - 13 所示。

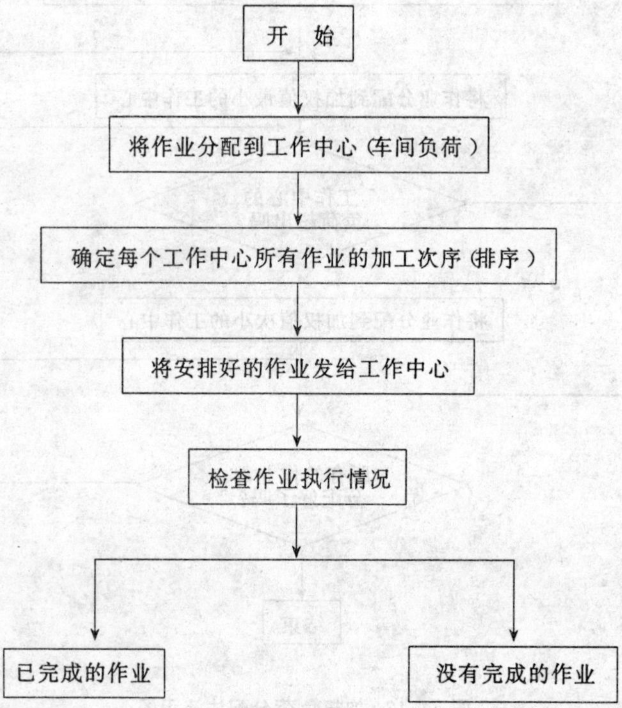

图 5 - 13 车间作业计划编排过程

5.3.6 MRPⅡ系统的典型软件

MRPⅡ产品很多，在此我们只介绍一下 MRPⅡ典型软件的主要功能。

1. R/2 和 R/3 的系统

R/2 和 R/3 系统是德国 SAP 公司提供的 MRPⅡ产品。R/2 是用于集中或大型机环境的系统，R/3 则是用于分布式的客户机/服务器环境的系统。

R/2 和 R/3 系统的共同点是：

(1) 综合完善功能　系统提供的应用功能是：物料管理、生产计划、控制、会计、后勤、人力资源管理、办公室和通讯等。它涉及各种管理业务，覆盖了管理信息系统中的各种功能。

(2) 高度集成模块　系统具有高度集成化的结构，各种管理业务功能之间相互关联，数据高度共享。

(3) 适用于多种行业。

(4) 开放应用环境　系统是一个开放式软件系统，可以运行在所有的主要硬件平台和操作系统上及不同的数据库。

2. COPICS 系统

COPICS 系统是 IBM 公司开发的 MRPⅡ产品。COPICS 的全名是面向通讯的生产信息与控制系统（Communication Oriented Production Information and Control System）。它有 12 个系统，包括用户订货管理、生产计划、采购供应、车间生产控制、成本控制和工程数据维护等企业中与产品生产有关的主要职能。

3. MFG/PRO 系统

MFG/PRO 系统是美国 QAD 公司提供的 MRPⅡ产品。此产品包括基本模块、分销、制造和财务四大部分。其中制造模块由产品结构、工艺流程/工作中心、配方/过程处理、加工单、车间管理、重复生产、质量管理、产品类计划、资源计划、预测、主生产计划、物料需求计划、能力需求计划和配销需求计划所组成。

4. BPCS 系统

BPCS 系统是美国 SSA 公司所提供的 MRPⅡ产品。BPCS 是企业计划与控制系统的缩写（Business Planning and Control System）。其主要特点有：

(1) 完整的企业管理方案。

(2) 使用弹性极大，其各模块的设计均包含许多由使用者设定的参数，可将系统加以裁减，以符合用户特殊需求。

(3) 集成的功能模块。BPCS 系统由财务、分销、制造三大部分组成，其三大部分之间的信息密切联系，而且互相之间传递数据。

(4) BPCS 是以小型机 AS/400 平台为主，发展其他平台。

另外，MRPⅡ产品还有 JDE 系统、MANMAN/X 系统、ORACLE 系统、TCM－EMS 系统、CIIM 系统、MSS 系统等。

5.3.7　MRPⅡ的优缺点

MRPⅡ具有比以往管理信息系统更为优越的特点：

(1) MRPⅡ是综合计划管理系统。它把企业中所有的职能——生产、销售财务和技术等各个子系统有机地结合起来，在一个系统内进行统一的协调计划和监控，从而能实现企业的整体优化。

(2) MRPⅡ的所有数据都由中央数据库集中管理和维护，各个子系统在统一的数据环境下工作，从而最大限度地达到了信息集成，减少了不必要的重复和冲突，提高了信息处理的效率和可靠性。

(3) 借助于各职能领域信息集成所提供的基础，MRPⅡ进一步充实了模拟的功能。它能根据不同的经营策略模拟出各种未来会发生的结果，为企业高层管理人员进行决策提供有效手段。

MRPⅡ系统也存在着以下不足之处。

(1) 系统的柔性较差。MRPⅡ系统是一个集中计划控制系统，各级计划都由它自动生成，甚至每次物料任务的生产指令单都由它产生，而计划中所依据的都是事先预定的期量标准。因此，当厂内外情况变化频繁时，显示出系统的反应能力差，计划跟不上实际的变化，缺乏灵活处置的适应性。

(2) MRPⅡ系统是按订货生产的模式建立的，它强调的是各级物料适量适时的交货，而缺乏考虑如何有效地利用各种生产要素，达到最合理地组织生产过程的要求。

5.4 企业资源计划（ERP）

随着全球市场竞争的白热化，20 世纪 80 年代企业将 MRPⅡ的实用性进一步加以扩展，扩展的领域有：质量信息管理、实验室信息管理、规章报告管理、流程工业的应用、控制系统及 CAD 一体化以及电子数据交换 EDI 集成。这就是下一代的 MRPⅡ，即企业资源计划 ERP（Enterprise Resources Planning）。

企业资源计划 ERP 的内容是多方面的。

1. 质量信息管理

质量是产品、过程或服务满足要求的特征的总和。质量可分为产品质量、工序质量和工作质量。质量管理是指用最经济最有效的手段进行设计、生产和服务，以生产用户满意的产品。质量管理的发展经历了从质量检验到统计质量控制，以及全面质量管理三个阶段。全面质量管理则包括：设计试制过程的质量管理、制造过程的质量管理，辅助生产过程的质量管理，使用过程的质量管理。

在 ERP 中，质量管理模块可以定义标准测试过程，按 ISO9000 标准条款设计输入、输出，建立一套质量管理程序物产生纪录测试结果的报告，应用图像技术进行标准条款文件的批准和更改，进行库存物料的抽样，打印所有的检测结果，对物料进行采购、验收和制造过程的质量跟踪，提供必要的质量保证手段，确立支持 ISO9000 的质量保证信息体系。

2. 实验室信息管理

在 ERP 中，实验室管理是质量管理的一个重要方面，实验室管理模块具有实验室资源计划功能，可以根据用户自行定义的方法对试验结果进行自动计算，并给出分析证书，还可以直接由实验仪器采集数据。

3. 规章报告管理

20 世纪 90 年代，各国政府对制造业强制执行的环境控制将变得更加严格，这就引起了遵循规章报告的不断增长，人工纪录也相应地增长。因此，需要处理的信息增多，要求信息输入、输出速度加快，需要有应用更多的接口技术与影响像处理技术。

4. 流程工业的应用

MRPⅡ起先主要应用于离散式企业的，随着制造业的发展，流程式与离散式混合型生产越来越多。在流程工业中，配方管理、计量单位转换、批次跟踪、副产品和过程作业等这些面向过程的功能都是必需的。

5. 与控制系统及 CAD 一体化

传统 MRPⅡ未同控制系统一体化，随着竞争压力的增大，促使柔性设计的要求增多，控制系统的数据必须与 MRPⅡ的数据共享和一致。CAD 与 MRPⅡ数据的集成的需求也增多，产品描述的惟一性将贯穿制造、设计、控制与 MRPⅡ的全过程，使 CAD、CAM、

CAPP与MRPⅡ统一起来。ERP将会把业务上、控制上与工程上的实用性结合在一起。

6. 与电子数据交换EDI集成

电子数据交换EDI（Electronic Data Interchange）是一种商业信息以标准格式在不同商务组织的计算机系统之间所进行的自动化数据传递系统。由于EDI的快捷、准确、安全、高效、低成本的特点，它将贸易从订货、生产、运输、销售和结算各个环节有机地联系起来，完成包括海关、运输、银行、保险、税务等部门在内的全部业务过程，使贸易实现自动化。

EDI系统结构如图5-14所示，它是通过EDI通信网将客户、供应商、银行等EDI系统联接在一起的。各EDI系统是由报文处理、格式转换、通信模块、应用程度接口和数据库所组成的。

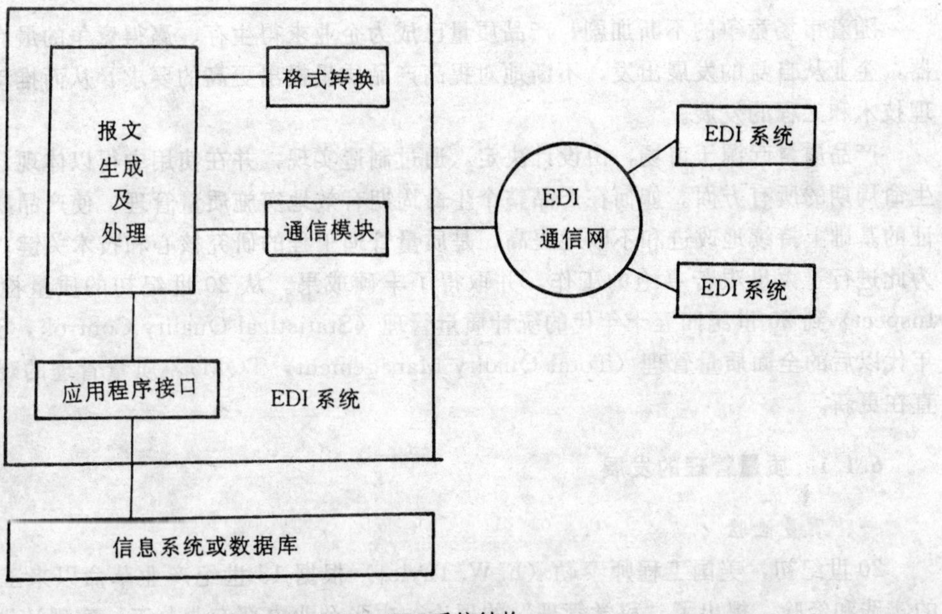

图5—14　EDI系统结构

在ERP中，EDI应用主要是EDI接口建立，如图5-14所示。它接受从客户EDI系统传送来的合同、订单等信息，从银行EDI系统传送来的信用证信息，向海关EDI系统送报关单信息，向供应商EDI系统发送采购订单信息等，进行贸易伙伴之间的信息传输。

从MRPⅡ飞跃到ERP是一场革命，而不是一种简单的升级。ERP既要具备现行MRPⅡ系统实用性，又要考虑混合型生产的需要，还要有不同的计算机平台的环境、图形化窗界面、仿真和多媒体技术，以及通过EDI与外部环境的连接。ERP模式将通过降低硬件成本，减少操作复杂性，采用开放系统，面向用户，削减费用，缩短开发周期，采用压缩软件包装，使其逐步进入全球越来越多的公司。

第6章 质量工程（QE）

6.1 概　　述

随着市场竞争的不断加剧，产品质量已成为企业求得生存、赢得竞争的最有力的战略武器，企业从自身的发展出发，不断地对提高产品质量提出更高的要求，从而推动产品质量管理技术和工程的发展。

产品质量起源于市场，由设计决定，通过制造实现，并在使用中得以体现，它涉及产品生命周期的所有方面。如何在产品整个生命周期有效地实施质量管理，使产品质量在得以保证的基础上持续地改进和不断地提高，是质量管理工程的研究核心和技术关键。企业和学者为此进行了大量艰苦卓绝的工作，并取得了丰硕成果。从20世纪初的质量检验（Quality Inspect）到20世纪四五十年代的统计质量管理（Statistical Quality Control ，SQC），到50年代以后的全面质量管理（Total Quality Management，TQM），质量管理的观念和方法一直在更新。

6.1.1　质量管理的发展

一、质量检验

20世纪初，美国工程师泰勒（F. W. Taylor）根据18世纪产业革命以来工业生产管理的实践和经验，提出了“科学管理”的理论，主张企业内部专业分工，实现计划职能和执行职能相分开，一部分人专门负责设计、计划，另一部分人执行。为协调计划职能和执行职能的工作及检查计划的执行情况，在执行职能中增加检查环节，并设置专职检验人员，使产品的检验从制造过程中分离出来，成为一个独立的工序。质量检验人员根据产品的技术标准，利用各种测试手段，对已经生产出来的产品和半成品进行筛选，以防不合格品流入下一工序或出厂。这种事后检验的方法，对于避免因不合格品出厂而给用户造成损失起到了很好的质量把关作用，但它对于预防不合格品的产生，缺乏有效的控制。

二、统计质量控制

随着生产效率的不断提高，变消极把关为积极预防的要求越来越迫切。1924年，美国贝尔试验室的休哈特（W. A. Shewhart）根据数理统计的原理，发明了控制图，提出用控制图进行生产过程控制，以预防不合格品的产生。1929年，同属贝尔试验室的道奇（H. F. Dodge）和罗米格（H. G. Romig）又共同提出在破坏性检验场合的“抽样检查表”，建立了相应的抽样检验方案，解决了对不能采用全数检查（例如破坏性检查）和不宜采用全数检查的产品进行统计抽样的问题。与此同时，瓦尔德（A. Wald）提出逐次抽检（序贯抽检）的统计学检验方法。1931 年，休哈特又将英国统计学家费舍提出的小样本统计学应用于改善制造工序的工序质量。控制图、抽样检查和小样本统计这三种方法，作为将数理统计原理用于对产品质量进行控制的主要方法，奠定了统计质量管理（控制）的基础。

第二次世界大战期间，由于战时对大量生产的需要，促进了统计质量管理技术的应用和进一步发展。统计质量管理幅地着重应用统计学的方法进行质量控制和质量检验，强调对生产制造过程的预防性控制，使质量管理由单纯依靠质量检验和质量检验，强调对生产制造过程的预防性控制，使质量管理由单纯依靠质量检验事后把关，发展到突出质量的预防性控制与事后检验相结合的工序管理，成为进行生产过程控制强有力的工具。这种方法的应用使制造企业减少了不合格品的产生，降低了生产费用，与单纯的事后检查的消极方式相比，向前迈进了一步。但统计质量管理由于过分强调统计方法的应用，忽视了组织管理和生产者的主观能动性，加之数理统计方法本身深奥难懂，致使人们误认为“质量管理好像就是数理统计方法”、“质量管理是少数数学家和学者的事情”，反而使它不能很多普及推广，限制了它的发展。

三、全面质量管理

进入 20 世纪 50 年代之后，随着社会生产力的迅速发展，科学技术日新月异，工业生产技术手段越来越现代化，工业产品更新换代也越来越频繁。新的历史条件和经济形势对质量管理提出了新的要求，使质量管理从 SQC 向更高级的全面质量管理发展。促使全面质量管理出现的直接原因主要有以下三个方面：

（1）随着产品性能的高级化、结构的复杂化和品种规格的多样化，对产品质量，尤其是可靠性和安全性提出了越来越高的要求。而要提高产品的可靠性与安全性，单纯依靠统计方法对生产制造过程进行控制难以解决。

（2）自泰勒创立科学管理理论以来，管理科学出现了各种学派。其中梅约的“行为科学”和西蒙的“决策理论”，对现代企业管理影响较大。它们都强调企业管理中人的主观能动作用，主张实现“工业民主”。受这种影响，质量管理出现了“依靠工人”、自主控制”的“无缺陷运动（ZD 运动）”和“质量管理小组活动（QC 小组活动）”等，这些活动促使质量管理逐渐成为一项大家共同参与的管理活动。

（3）50 年代末开始，由于“保护消费者利益”运动的发生和发展，迫使政府制定法律，制止企业生产和销售质量低劣、影响安全、危害健康的劣质品。制造企业不但要提供性能符合质量标准规定的产品，而且要保证售后正常使用过程中的安全性和可靠性等。质量保证成了质量管理中的一个十分突出的问题。这样就要求企业必须建立贯穿于产品质量形成全过程的质量保证体系，把质量管理的工作转到质量保证的目标上来。

基于上述理由，美国通用电器公司的费根堡姆（A. V. Feigenbaum）和质量管理专家朱兰（J. M. Juran）博士等先后提出了全面质量管理的思想。费根堡姆于 1961 年出版了《全面质量管理》，主张应改变单纯强调数理统计方法的偏向，把统计方法的应用与改善组织管理密切结合起来，建立一套完整的质量管理体系，以保证经济地生产出满足用户要求的产品。这一思想经过进一步的完善和发展，形成了一门完整的学科，即全面质量管理。

从统计质量管理发展到全面质量管理，是质量管理工作的一个质的飞跃。与以往的质量管理不同，全面质量管理强调不仅在制造过程中实施质量管理，而且要对产品质量产生和形成的全过程进行管理。中国质量管理协会在《质量管理名词术语》（1982 年）中对全面质量管理内涵的表述为：全面质量管理是企业全体职工及有关部门同心协力，综合运用管理技术、专业技术和科学方法，经济地开发、研制、生产和销售用户满意产品的管理活动。全面质量管理的思想主要体现在以下几方面：

(1) 以用户为中心，坚持“用户至上、一切为用户服务”的指导思想，使产品质量和服务质量全方位地满足用户需求。

(2) 以预防为主，强调事先控制，将质量隐患消除在产品形成过程的早期阶段。

(3) 采用科学系统的方法，建立一套严密、有效的质量保证体系，实施产品质量产生和形成全过程质量管理。

(4) 突出人的作用，强调调动人的积极因素的重要性，充分发挥人的主观能动性。

全面质量管理的基本特点是“三全”和“一多样”，即：

(1) 全面质量的管理：

质量管理的对象不限于狭义的产品质量，而且扩大到过程质量、服务质量和工作质量。产品是由人设计、制造出来的，如果产品设计和制造过程的质量和企业职工的工作质量不提高，很难保证生产出优质的产品来。因此，全面质量管理强调以过程质量和工作质量来保证产品质量，强调提高过程质量和工作质量的重要性。此外，在保证产品质量的同时，还要保证低消耗、低成本和按期交货，提高企业经营管理的服务质量。

(2) 全过程的管理：

所谓“全过程”是指产品质量的产生、形成和实现的整个过程，包括市场调研、产品开发和设计、生产制造、检验、包装、储运、销售和售后服务等过程。要保证产品质量，不仅要搞好生产制造过程的质量管理，还要搞好设计过程和使用过程的质量管理，对产品质量形成全过程各个环节加以管理，形成一个综合性的质量管理工作体系。做到以防为主，防检结合，重在提高。

(3) 全员参加的管理：

产品质量是企业全体职工工作质量及产品设计制造过程各环节和各项管理工作的综合反映，与企业职工素质、技术素质、管理素质和领导素质密切相关。要提高产品质量，需要企业各个岗位上的全体职工共同努力，使企业的每一个职工都参加到质量管理中来，做到质量管理，人人有责。

(4) 质量管理方法多样化：

全面、综合地运用多种方法进行质量管理，是科学质量管理的客观要求。随着现代化大生产、科学技术的发展、生产规模的扩大以及生产效率的提高，对产品质量提出了越来越高的要求。影响产品质量的因素也越来越复杂，既有物质因素，又有人的因素；既有生产技术因素，又有管理因素；既有企业内部的因素，又有企业外部的因素。要把如此众多的影响因素系统地控制起来，统筹管理，单靠数理统计一两种方法是不可能实现的，必须根据不同情况，区别不同的影响，灵活运用各种现代化管理方法和措施加以综合治理。

6.1.2 质量及质量管理基本概念

一、质量

质量是质量管理的对象。正确、全面地理解质量的概念，对开展质量管理工作十分重要。在质量管理发展的不同历史时期，人们对质量这一概念的理解在不断变化，一直向着更深化、更透彻和更全面的方向发展。在相当长的一段时间里，人们普遍把质量理解为“符合性”，即产品符合规定要求，或者说符合设计要求的程度。直到20世纪60年代，朱兰对质量给出了一个基本的定义，即“质量就是适用性”。目前，朱兰的这个定义在世界上仍然被普遍接受。日本质量管理专家认为质量是“产品出厂后，用户在使用过程中所造成的损失”。也有人把质量定义为“用户满意”。尽管这些定义从不同的方面描述了质量的本质，但都带有一定的局限性。1983年以来，ISO/TC176综合了上述观点在国际标准ISO8402中对质量作了比较全面和准确的定义，并先后多次作了进一步的充实、完善和修正。1986年版的ISO8402对质量的定义如下：

质量（Quality）是反映实体满足明确或隐含需要能力的特性的总和。

对上述定义说明如下：

（1）所谓“实体”是指可以单独进行描述和考虑的对象，如产品、活动或过程、组织、体系、人员或者它们的组合。可见，这种对象既所以是有形的，也可以是无形的，不仅指产品和服务，还可以是活动或过程的结果，也可以是活动或过程、组织、体系、人员或它们的组合，覆盖了质量管理和质量保证活动中可能涉及的所有对象。

（2）质量定义中的“需要”有两种情况，即“明确需要”和“隐含需要”。明确需要，是指在标准、规范、图样、技术要求和其他文件中已经作出明确规定的需要. 隐含需要，一是指用户和社会对实体的期望，二是指那些人们公认的、不言而喻不再需要进行明确说明的需要。在合同情况下或在法规规定的情况下，“需要”是明确规定的，直接规定在合同中或法规中；在非合同情况下，“需要”是隐含的，应该对隐含需要加以分析、研究并予以识别和确定。

（3）任何“实体”如产品，都是为了满足用户一定的“需要”而生产制造的。要满足用户的使用需要，就要使产品具有一定的特性。故“需要”一般应根据特定的准则转化为有规定指标的质量“特性”。对产品质量而言，“需要”一般包括6个方面的特性，即性能、可信性（包括可用性、可靠性和维修性等）、安全性、适应性、经济性（设计成本、制造成本和使用成本）和时间性（产品寿命和及时交货）。

二、质量管理

质量管理（Quality Management）的定义是：确定质量方针、目标和职责，并在质量体系中通过诸如质量计划、质量控制、质量保证和质量改进等手段来实施的全部管理职能的所有活动。

质量管理是企业围绕使产品质量满足不断更新的质量要求而开展的策划、组织、计划、实施、检查和监督审核等所有管理活动的总和，是企业管理的一个中心环节。它的职能是负责确定并实施质量方针、目标和职能。一个企业要以质量求生存，以品种求发展，积极参与到国际竞争中去，就必须制订正确的质量方针和适宜的质量目标。而要保证方针、目标的实现，就必须建立健全质量体系，并使之有效运行。建立质量体系工作的重点是质量职能的展开和落实。

总体上，质量管理工作应包括质量方针和目标的确定、质量计划的制订以及为满足用户对质量提出的越来越严格的要求所必须开展的一系列质量控制、质量保证和质量改进活动。

质量管理必须由企业的最高管理者领导，这是实施质量管理的一个基本条件。质量目标和职责逐级分解，各级管理者都对目标的实现负责。质量管理的实施涉及企业的所有成员，每个成员都要参与到质量管理活动之中，这是现代质量管理的一个重要特征。

质量方针是由组织（企业）的最高管理正式颁布的该组织在一定的时期内在质量方面的

总的宗旨和所要达到的目标。质量方针是企业的质量政策，是企业全体职工必须遵守的准则和行动纲领，是企业长期或较长时期内质量活动的指导原则，它反映了企业领导的质量意识和决策。质量计划、质量控制、质量保证和质量改进是质量管理的四大支柱。

三、质量保证

ISO8402 将质量保证（Quality Assuarance）定义为：为了提供足够的信任度表明实体能够满足质量要求，而在质量体系中实施并根据需要进行证实的全部有计划、有系统的活动。

由质量保证的定义可知，“质量保证”已不是一般意义上的“保证质量”，它已成为一个专用名词，具有特殊的涵义。质量保证的思路是：为了使用户（第三方）能够确信，即建立信心，相信实体的质量能够满足规定的质量要求，就必须提供充分的证据，表明组织（供方）有足够能力满足用户要求。为此，企业应首先加强质量管理，建立健全质量体系，针对具体的合同产品制订出相应的完整、系统的质量控制方案的方法，并在实施过程中认真履行。在此基础上，企业要有计划、有步骤地开展或采取各种活动，使用户能够真正了解到企业的实力、业绩、管理水平、技术水平及对合同产品在设计、生产各阶段主要质量控制活动和内部质量保证活动的有效性，使对方建立信心，相信提供的产品能够达到所规定的要求。因此，质量保证的主要工作应是通过进一步完善企业质量管理，加强产品质量控制，以便准备客观证据表明企业具有满足用户质量要求的实力，并根据用户要求有计划、有步骤地开展提供证据的活动。

质量保证分为内部质量保证和外部质量保证。内部质量保证是为了使组织（企业）领导确信本组织提供的产品或服务等能够满足质量要求所进行的活动。外部质量保证使为了使用户确信本组织提供的产品或服务等能够满足质量要求所进行的活动。

四、质量控制

质量控制（Quality Control）是为达到质量要求所采取的作业技术和活动。

质量控制的目标是确保产品质量能满足用户的要求。为实现这一目标，需要对产品质量产生、形成全过程中所有环节实施监控，及时发现并排除这些环节有关技术活动偏离规定要求的现象，使其恢复正常，从而达到控制的目的，使影响产品质量的技术、管理及人的因素始终处于受控的状态下。

对质量控制的定义作如下解释：

（1）所谓质量要求（Requirements for Quality）是指“对需要的表述或将需要转化为一组针对实体特性的定量或定性的规定要求，以便使其得以实现和对其检查”。质量要求通常反映的是用户明确和隐含的需要。

（2）质量控制贯穿于产品形成的全过程，对产品形成全过程的所有环节和阶段中有关质量的作业技术和活动都进行控制。

（3）质量控制包括作业技术和活动，其目的在于监视产品形成全过程并排除在产品质量产生、形成过程中所有阶段出现的导致不满意的原因或问题，使之达到质量要求，以取得经济效益。

（4）定义中的“作业技术”实际上是控制手段和方法的总称，而“活动”则是指人们运用这些作业技术所开展的有计划、有组织的系统活动。产品质量产生、形成各过程的作业技术和活动，构成了这些过程的质量职能活动。

6.1.3　产品质量的形成及全过程质量管理

一、质量螺旋

产品的质量有个产生、形成和实现的过程。美国质量管理学家朱兰率先用一条螺旋式上升的曲线来表示该过程，来对产品质量的形成规律进行描述，故通常将该曲线称之为“朱兰螺旋曲线”，如图 6－1 所示。

在朱兰螺旋曲线所描述的产品质量产生、形成和实现的螺旋式上升过程中，包括了一系列循序进行的工作或活动，即市场研究、开发研制、制定工艺、采购、生产、检验、销售、以及售后服务等环节。这些环节一环扣一环，相互制约、相互依存、相互促进、不断循环、周而复始。每经过一次循环，就意味着产品质量的一次提高。不断循环，产品质量也就不断提高。

螺旋式上升过程中各项工作或活动的总和被称之为质量职能，它们对于保证和提高产品质量是必不可少的，必须落实到具体的部门和相关的人。

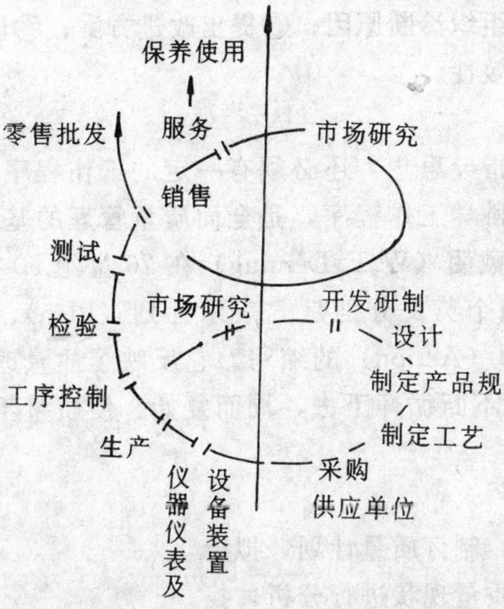

图 6－1　朱兰螺旋曲线图

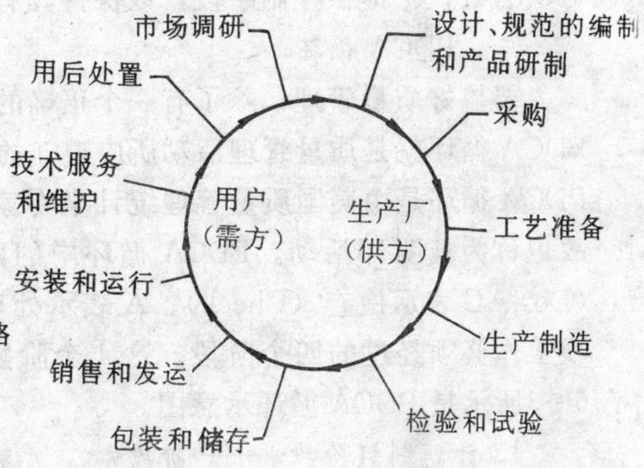

图 6－2　质量环

与朱兰的质量螺旋相类似的另一种提法是质量环。它是由瑞典的质量管理专家桑德霍姆(L. Sandholm) 首先提出，如图 6－2。目前，质量环的概念已被引用到 ISO9004《质量管理和质量体系要素指南》中，并予以规范表述。

质量环是从认识市场需要直到评定这些需要是否能得到满足的各个阶段中影响质量的相互作用的活动的政府模式。也就是说，它是指从了解和掌握用户对产品质量要求和期望开始，到质量实现的产品全生命周期，将影响质量的各项活动划分为若干环节的一种理论模式。它可以作为指导企业建立质量体系的理论基础和基本依据。从图 6－2 不难看出，它实际上是质量螺旋的俯视投影，其特点与质量螺旋基本上一致。

二、朱兰三步曲

从产品质量形成过程看，质量管理要贯穿于设计、制造、销售、服务等产品全生命周期。从管理的角度看，要搞好质量管理，必须抓住计划、控制和改进这三个主要环节，即质量计划、质量控制和质量改进。这一管理模式是由朱兰于 1987 年首先提出，故称朱兰三步曲。在该朱兰三步曲中，每一步都要按照固定的执行程序来实现。

1. 质量计划过程

这是一个为实现质量目标作准备的过程，其最终结果是按照质量计划开展质量活动。主要内容包括：①从外部和内部认识用户；②确定用户要求；③开发出能满足用户要求的产品；④制订能满足用户要求的质量目标，并以最低综合成本来实现；⑤制定出能生产所需产品的生产程序；⑥验证这个程序的能力，证明它在实施中能达到的质量目标。

2. 质量控制管理

这是在经营中达到质量目标的过程，其最终结果是按照质量计划开展经营活动。其主要内容有：①选择控制对象；②选择测量单位；③规定测量方法；④确定质量目标；⑤测定实际质量特性；⑥通过实践与标准的比较划出差异；⑦根据差异采取措施。

3. 质量改进过程

这是一个突破计划并达到前所未有的质量水平的过程，其最终结果是以明显优于计划性能的质量水平进行经营活动。其主要内容包括：①证明改进的需要；②确定改进对象；③实施改进，并对这些改进项目加以指导；④组织诊断原因；⑤提出改进方案；⑥证明这些改进方法有效；⑦提供控制手段，以保持其有效性。

三、PDCA 循环

要搞好质量管理，除了有一个正确的指导思想，还必须有一定的工作程序和管理方法，PDCA 循环就是质量管理活动所应遵守的科学工作程序，是全面质量管理的基本工作方法。PDCA 循环是由美国质量管理统计学专家戴明（W. E. Deming）在 20 世纪 60 年代初创立，故也称为戴明环活动。PDCA 循环中的四个英文分别是 P 表示计划（Plan）、D 表示执行（Do）、C 表示检查（Check）、A 表示处理（Action）的缩写。它反映了质量改进和完成各项工作必须经过的四个阶段。这 4 个阶段不断循环下去，周而复始，使质量不断改进。图 6－3所示是 PDCA 循环示意图。

1. 计划制订阶段——P 阶段

这一阶段的总体任务是确定质量目标，制订质量计划，拟定实施措施。具体分为四个步骤，第一，对质量现状进行分析，找出存在的质量问题；第二，分析造成产品质量问题的各种原因和影响因素；第三，从各种原因中找出影响质量的主要原因；最后，针对影响质量问题的主要原因制订对策，拟定相应的管理和技术组织措施，提出执行计划。

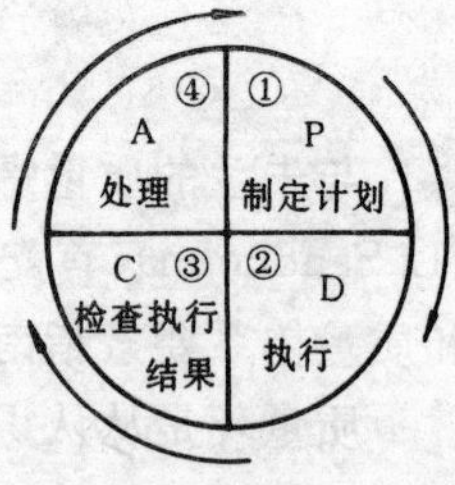

图 6－3 PDCA 循环

2. 计划执行阶段——D 阶段

按照预定的质量计划、目标和措施及其分工去实际执行。

3. 执行结果检查阶段——C 阶段

对实际执行情况进行检查，寻找和发现计划执行过程中的问题。

4. 处理阶段——A 阶段

对存在的问题进行深入的剖析，确定其原因，并采取措施。此外，在该阶段还要不断总结经验教训，以巩固取得的成绩，防止发生的问题再次发生。

PDCA 循环的特点一是大环套小环，互相衔接，互相促进；二是如同爬楼梯，螺旋式上升，如图 6－4 所示。通过 PDCA 循环，使企业各环节、各方面的工作相互结合、相互促进，形成一个有机的整体。通过企业的质量管理体系构成一个大的PDCA循环，各部门、各环节又都有小的PDCA循环，依次又有更小的PDCA循环，从而形成一个大环套小环的综合质量管理体系。经过一个PDCA循环，使一些质量问题得到解决，质量水平因此得到提高，从而跨上更高一级台阶，而下一次循环将是在该次质量已经提高的基础上进行，如此循环，使产品质量持续改进、不断提高。

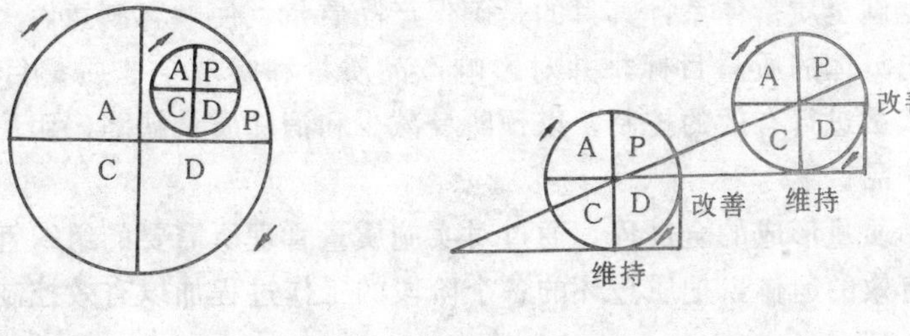

(a)　　(b)

(a) 大环套小环　　(b) 不断上升的循环

图6-4　PDCA循环特点示意图

6.2　质量体系

6.2.1　质量体系概述

一、质量体系的定义

企业的质量管理是通过制定质量方针和目标，建立健全质量体系并使之有效运行来付诸实施的。质量体系作为质量管理的核心，贯穿于实体质量形成的全过程。ISO8402对质量体系的定义为：

为实施质量管理所需要的组织结构、程序、过程的资源。

其中组织是指为行使其职能按某种方式建立的职责、权限及其相互关系。程序是为某项活动所规定的途径。过程是将输入转化为输出的一组彼此相关的资源和活动。

由上述质量体系的定义可见，质量体系是组织机构、职责、程序之间的管理能力和资源的能力的综合体，其内涵包括以下几个方面：

(1) 作为一个有机的整体（系统），质量体系应分解为若干具体的要素，即应由若干具体的要素组成，并配备必要的体系文件进行描述。

(2) 质量体系是为了实施质量目标的要求而建立和运行的，并不包括质量方针的制定。因此，一个组织的质量体系是包含在该组织的质量管理范畴之内的。

(3) 质量体系不仅包括组织机构、职责、程序等软件，还包括资源，即人、财、物。

(4) 原则上，一个组织的质量体系只有一个。一个企业往往要生产多个品种和规格的产品，这些产品的生产过程大致是相同的。质量体系的几个基本组织部分：组织机构、职责、资源以及通用性管理程序和技术程序，对各种产品也基本上是一致的，所不同的只是专用技术、管理文件和相应的作业活动。质量体系作为企业为实施质量管理而建立的有机整体，应覆盖企业所生产的各种产品，不应按产品逐个建立质量体系。否则，在描述质量体系时必然会有大量的重复，出现许多不必要的体系文件，从而造成浪费。企业的质量体系就像是一个大型的乐队，在乐队指挥的统一领导下，各方面协调配合，演奏出各种美妙动听的乐曲。改变乐曲时变动的只是乐谱和相应人员的演奏动作。

(5) 质量体系有两种形式：一种是用于内部管理的质量管理体系，一种是用于外部证明的质量保证体系（模式）。两者不是相互独立或平行、并列，而是后者从前派生而来。

二、质量体系的目标和任务

企业建立健全质量体系，其目的是确保产品质量，使顾客满意。为此，企业必须确立质量方针，提出具体的质量目标，并对影响产品质量和实现企业质量目标的主导因素——技术、管理和人员进行有效的控制，以预防、减少和消除质量缺陷，用最为经济的手段为用户提供满意的产品。

围绕产品质量形成的全过程，通过对实施质量管理所需要的组织管理、程序、过程和资源的积极而有效的运作，把质量环的各个阶段的工作过程加以有效控制，这是质量体系的是最主要任务。

通过质量体系的建立和运行，包括开展企业内部质量管理活动和外部质量保证活动，确保产品质量，使顾客满意，并向顾客和社会提供企业具有的保证产品质量的能力的确凿证明。

6.2.2 质量体系的结构

一个客观存在的质量体系，首先要具备一定的客观条件（人员素质、加工、检测设备的能力等资源）；然后通过设置组织机构，规定各职能部门及岗位的职责、权限和相互关系，明确科学合理的工作方法（程序），使各项质量活动能经济、有效、协调地进行。这样组成的有机整体就是企业的质量体系。质量体系的结构包括四个部分：组织结构（组织机构和职责）、程序、过程和资源。一个组织的组织结构、工作程序、过程和资源进行全面的控制，达到组织质量控制和质量管理的目的。图 6-5 是质量体系的组成和结构示意图。

一、组织机构

在企业的全部管理工作中建立与质量体系相适应的组织机构，规定各机构的隶属关系和联系方法。企业应根据产品特点、生产规模、工艺性质等因素设置相应的组织机构。机构的设置应考虑质量职能的实施和监督两个方面。建立强有力的质量管理和质量检验部门，负责质量活动的计划、组织、协调、指导、监督和检查，是质量体系组织机构中的重要方面，应予以足够的重视，并使其能独立、客观地行使职权。

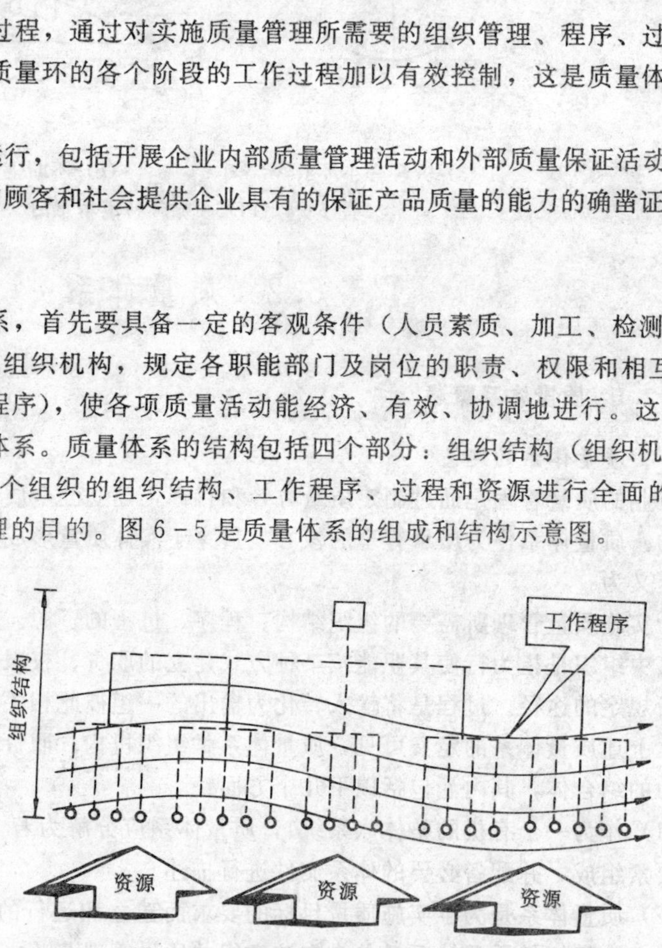

图 6-5　质量体系的组成和结构示意图

二、质量职能和职权

质量责任制是质量体系中的重要组成部分，它是落实质量职能的重要手段。厂长对产品质量全面负责，他的这个质量责任应当明确。同时还必须使各职能部门和各类人员的质量责任得到落实，以发挥全厂与质量有关各类人员的积极性，这样才能搞好质量。

在落实质量责任时，首先应确定企业与质量有关的各项活动，包括涉及生产全过程的各项质量职能活动以及促使体系有效运行的各项间接活动，如质量成本的统计分析、质量信息的反馈处理、人员的培训、质量的审核等。通过协调，把各项质量活动的责任落实到各职能部门，建立责任制，明确规定企业领导和各职能部门的质量责任。

各职能部门通过制订岗位责任制和各项质量活动的控制程序（标准、制度、规程），明确规定从事各项质量活动人员的责任和权限，以及各项活动之间接口和协调措施。

在考虑各项质量活动时，应着重考虑有效的控制、验证和监督环节。质量体系的工作重点应以生产全过程控制为主，实行预防与有关相结合，以便及时查明实际的或潜在的质量问题，采取有效的补救或预防措施。对进行内部质量保证和外部质量保证的人员，应保证其独立性（与被审核的活动无直接质量责任）并赋予其必要的权力和责任，使他们能客观而有效地进行审核、评价活动。

三、资源和人员

资源和人员是质量体系的基本组成部分，也是企业能生产出合格产品的必要条件。企业的质量保证能力主要反映在是否具有满足产品质量要求的各种生产、检验设备和一支经验丰富、训练有素的技术、管理和操作人员的队伍。质量体系是在固有技术和管理技术相结合的基础上建立起来的，它的有效运行也需要两种技术的不断改进和提高。

为了实施质量方针并达到质量目标，企业领导应保证必需的各类资源，包括：

（1）人才资源和专业技能。

（2）设计和研制设备。

（3）制造设备。

（4）检验、计量和试验设备。

（5）仪器、仪表和计算机软件。

为确保各类人员的工作能力，管理部门应就人员的资格、经验和必须的培训要求做出规定。特别是对从事特殊工种的人员应进行专业培训和资格认可。

管理部门应根据产品销售情况，制订新产品、新技术和新工艺的开发目标，研究所需的新设备，及时组织技术力量进行研制或添置，列入企业的有关计划，以确保新产品的研制，使质量水平不断提高。

四、工作程序

质量体系应能对所有影响质量的活动（直接和间接的）进行恰当而持续的控制。因此，企业应对各项质量活动制订相应的工作程序，使其能按正确的方法实施，并能加以适当的控制和验证。这些程序应相互协调并对那些影响产品质量的开发设计、采购、制造和销售等活动的目标和工作质量作出规定。

工作程序是质量体系文件的主要组成部分，质量手册、各种工作标准和管理标准、质量计划、各种工艺、试验、检验规程等都是工作程序。这些程序包括设计开发程序、设计评审制度等生产过程中各质量职能的活动程序，以及质量成本、质量信息、人员培训、质量审核等间接活动程序。工作程序是企业管理经验的科学总结，它使质量管理由“人治”变为“法治”，能在人员变动情况下，仍保持工作的连续性和一致性。一旦发现工作程序有不完善的地方，应及时加以修改。

五、过程

质量体系中的各项过程，贯穿于产品质量形成的全过程，也就是存在于质量环的各个阶段。从市场调研开始直到售后技术服务，完成质量的一个循环。要对这些直接影响产品质量的职能活动（过程）全面进行控制，企业还应做不少工作，这就产生了间接影响产品质量的一些质量职能活动（过程）。对每个质量职能活动（过程）的规划和控制，就是质量体系要素。质量体系要素的总和构成了质量体系的全部质量活动。这些质量职能活动（过程）可用图 6-6 示意。

它的中心主要由下述间接要素组成，如：

(1) 组织机构和职责。

(2) 人员培训和调动积极性。

(3) 质量文件和记录。

(4) 不合格控制和纠正措施。

(5) 质量成本或其他财务统计方法。

(6) 质量审核和管理评审。

(7) 质量改进。

(8) 统计技术。

图 6-6 质量体系要素的构成

这些间接要素渗透进质量环的每一个阶段。也就是每一个直接质量职能活动（过程）都应考虑这些要素。中心部位的这些要素加上质量环中各职能活动所构成的体系要素，就构成了体系的全部质量活动。

6.2.3 质量体系文件

质量体系文件是组织进行质量管理，衡量和考察组织质量保证能力的重要依据之一，是描述组织质量体系的文件。它使组织的各项质量活动有法可依，有章可循。

质量体系应具备足够的文件，它满足产品质量目标及质量体系有效运行的需要，其中也包括必要的分承包方（分供方）文件。质量体系文件是质量体系的软件部分，是质量体系的文字描述。质量体系的各个方面，诸如组织机构、质量责任、体系要素的控制程序、技术规程、工艺规程和检验规程等，都要形成文件，作为人们活动的依据。因此，制订质量体系文件就是质量立法。健全质量体系文件，可使组织各项质量活动有法可依、有章可循，把行之有效的质量管理手段和方法给予制度化、法规化。

企业的质量体系文件要能够覆盖一个企业生产各种产品所进行的大量质量活动，因此，质量体系文件上在数量和内容上十分庞杂的。要对这些质量体系的文件进行科学、合理的组织和规划，使其能成为有机的整体。并尽可能做到把文件压缩到最低限度，避免一切不必要的重复。为了能够做到这一点，质量体系应对所有的质量体系文件的标识、分发、收集和保存做出适当的规定，并按其内容进行层次划分，以便于对其进行管理。图 6-7 是 ISO10013《质量手册编制指南》标准的附录中所提供的典型质量体系文件的层次划分。其中层次 A，B 是通用文件，层次 C 是专用文件。

要将一个企业生产各种产品所进行的大量质量活动，进行科学、合理的组织，使其能成为有机的整体，就必须对质量体系文件作一个科学而合理的规划。要把文件压缩到最低限度，避免一切不必要的重复。

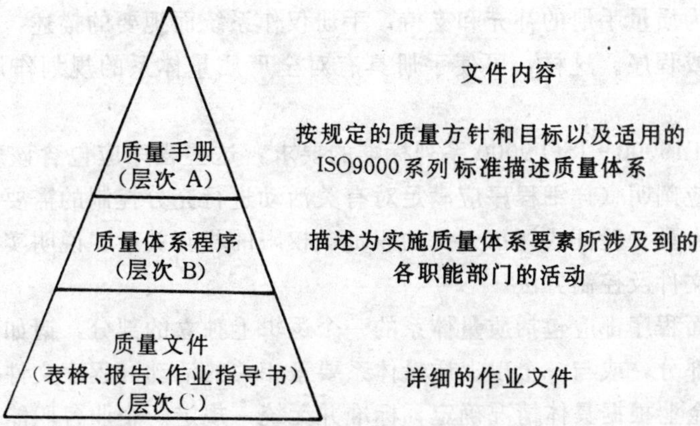

图 6-7　典型的质量体系文件层次

一、质量手册

质量手册是阐明企业的质量方针，系统描述质量体系的文件。它对质量体系作系统、具体而又纲领性的阐述，能反映出企业质量体系的总貌。质量手册的主要目的是规定质量体系的基本结构，因而是实施和保持该质量时应长期遵循的文件。

企业应参照标准体系要素的要求，从所产生的各种产品中，选择生产过程较典型的产品(或从主要产品出发)，作为选出体系要素的依据，对标准中的要求结合企业实际情况加以展开，明确应进行的主要质量活动。从分配、优化和落实质量职能入手，通过对现有管理制度(或管理标准) 作相应的修改、补充和完善，来编制质量手册，协调各职能部门的工作，总结有效的控制方法，以进一步提高企业的管理水平。

质量手册是企业各项质量活动必须遵循的法规，是体系运行时需长期遵循的文件。质量手册一般可规定以下基本内容:

(1) 企业的质量方针。

(2) 企业的组织机构及其质量职责。

(3) 各质量体系要素的基本控制程序。

(4) 质量手册的管理办法。

一般说来，一个企业只编一本质量手册。也可根据需要编制两本：对外提供证明用的质量保证手册和内部管理用的质量管理手册。对由很多独立工厂组成的大型联合企业（如企业集团)，因各个工厂独立经济核算，有一套完整的组织体制，这时除了编制总的质量手册以协调各厂之间的关系外，各独立厂也可编制各自的质量手册来描述相应的质量体系。此外，还可根据需要编制专业性的质量手册、项目的质量手册。

顾客或第三方对企业的质量保证能力进行评价时，质量手册可作为企业保证能力的一个证据，供对方审阅。

二、质量体系程序

书面的质量体系程序是对那些影响质量的活动进行全面策划和管理所用的基本文件。它包括企业中与质量管理有关的各种管理标准、工作标准和规章制度，是各职能部门为落实质量手册的要求而规定的实施细则。适用于某职能部门内部使用，或某一项质量活动的具体实施。在大、中型企业内这类文件较多，若都归入质量手册，势必使质量手册很厚，重点不突出，使人难以一下子了解企业质量体系的全貌，又不便于各职能部门实施中应用。故将这一类管理文件作为质量手册的补充和支持，手册仅作系统而扼要的描述，具体实施可引用相应的制度、标准或程序。这样，可使手册具有对全厂质量体系的规划作用，使得文件层次清楚，便于使用。

根据 GB/T19000－ISO 9000 系列标准的要求，这些程序应包含该质量体系标准中所有适用的要素。应阐明（详细程序应满足对有关活动进行充分控制的需要）影响质量的那些管理人员、实施人员、验证或评审人员的职责、权限的相互关系；说明实施各种不同活动的步骤、将采用的文件及控制方法。

每一个书面程序都应包括质量体系的一个逻辑上独立的部分，诸如一个完整的质量体系要素或其中一部分，或与一个以上质量体系要素相关的活动。程序文件数量、每个文件的内容及其格式由企业根据具体情况确定，标准并无统一规定。企业各职能部门原有的有关质量管理的标准或制度，按照标准对程序文件的要求加以整理、补充或修订后，就是质量体系程序文件，原有的名称“标准”或“制度”或“程序”都可保持不变，重要的是能对有关“过程”加以有效控制。

质量体系程序文件一般不应涉及纯技术性的细节，这些细节通常在作业指导书中规定。因此，企业原有的质量管理的有关标准或制度，在整理时应将其分成两类，一类是质量手册中各要素的支持文件——质量体系程序，另一类涉及纯技术性细节的文件归并为作业指导文件，使质量体系程序文件的数量不致太多。

三、作业指导书

作业指导书是一种质量文件，它是指导企业的员工如何做好规定的质量活动。不同的产品、项目或合同要求都有其各自的特点，在产品质量形成的全过程中，涉及企业各职能部门有关员工的大量质量活动。如何指导这些人员做好本职工作，使产品质量形成的各阶段都能受到有效控制，确保产品质量满足顾客要求，需要有详细的作业指导文件。

值得注意的是作业指导书不仅仅是机械加工中指导工序控制的那种作业指导书，而且还包括质量环各阶段的质量活动实施时的作业指导文件。作业指导文件要对某项活动如何进行作出具体规定，一般可包括：作业内容、实施步骤和方法、操作要领、控制要求等。各职能部门的工作人员在实施该项活动的经验和技巧应总结进去，包括纯技术性的细节。有些关键的技术技巧涉及企业专利，允许对外保密。

作业指导文件一般也分通用和专用两类，不同产品或项目在此岗位的各种质量活动有其共性的方法指导，可编制通用的作业指导文件，如操作守则；不同产品或项目对此项质量活动的特殊要求，可编制专用的作业指导文件，如工艺卡。文件内容的详略程度应与活动的复杂程序、人员的技能水平及培训内容等相适应，不宜搞得过于繁琐。不同的职能部门可编制适应其需要的不同格式和内容的作业指导文件。

四、质量记录

质量记录是为已完成的活动或达到的结果提供客观证据的文件，分为产品质量记录和质量体系的活动记录两类。记录可以是书面的，也可以是其他方式储存的资料。企业应对质量保证模式标准中要求的记录编制规范化的质量记录，使各项质量活动的重要信息能得到忠实而完整的记载。

质量记录是重要的证明文件，它可证明产品达到了所要求的质量和进行了所要求的质量控制和质量保证活动，从而反映质量体系的有效性。

质量记录还是信息的基础资料，通过对记录的归纳、整理、统计、分析，取得反映客观实际的数据，为产品质量的改进及质量体系的完善提供改进依据。一旦发生质量问题，可以通过记录查明情况，分析原因找出责任者，有针对性地采取防止再发生的纠正措施。利用质量信息实行闭环管理，是质量体系运行的重要手段。

五、质量计划

质量计划是针对特定的产品、项目或合同，规定专门的质量措施、资源和活动顺序的文件。质量计划可用于企业内部，以确保特殊的质量要求通过产品或项目的质量计划，明确应采取的专门措施以及将职责落实到有关的部门和人员，使该质量要求能被达到。合同情况下，质量计划也可用于供方向顾客证明其如何满足特定合同的特殊质量要求。为了将这两种不同的用途加以区分，也可以使用限定词，前者称为“质量管理计划”，后者称为“质量保证计划”。

质量计划是将某产品、项目或合同的特定要求与现行的通用质量体系程序相联系的一种工具。质量计划可以引用有关的体系程序的作业指导书，有时也要求增加一些书面程序，以便达到规定的质量目标。

质量计划可以是一份独立的文件，也可以成为其他文件（如产品或项目计划）的组成部分。质量计划是对具体产品生产全过程中主要环节质量控制活动的总体规划。一般，它不是单独一个文件，而是由一系列文件所组成。刚开始时，有一个规划性的粗质量计划。然后，随着设计、生产的进展，相应编制各段较详细的质量计划。它可随着产品设计、生产的进展作必要的调整和完善。质量计划可引用适用的通用控制程序，对需特别制订的专用程序，可提出编制要求。等编制完成后，再补充进质量计划中，作为实施的依据。质量计划的格式可以比较灵活，应适合企业的传统工作方法以及所实施的各项活动（如设计、生产等）的复杂程序。质量计划一般包括下述内容：

(1) 应达到的质量目标。

(2) 实际运作的各过程的步骤（可以用流程图或类似图表展示过程的要求）。

(3) 各阶段的责任、权限和资源的分配。

(4) 应采用的书面程序和作业指导书。

(5) 有关阶段（设计、研制、采购、生产等）的试验、检验和审核大纲。

(6) 随项目的进展而修改和完善质量计划的书面程序。

(7) 测量达到质量目标的方法。

(8) 为达到质量目标必须采取的其他措施。如：更新检验技术、研究新的工艺方法和设备、用户的监督、验证等。

企业在对外提供质量保证时，质量计划的内容应覆盖所选定的质量保证模式标准（ISO 9001，ISO 9002 或 ISO 9003）中的所有工作内容。也就是说，除了所要求的质量环各阶段的直接质量职能活动外，还应包括间接的质量职能活动。例如，对于 ISO 9001 或 ISO 9002 来说，还应包括：文件控制、产品标记和可追溯性、需方提供的物资、不合格品的控制、质量记录、质量审核、供方领导的责任等。质量计划对这些间接的质量职能活动可以进行书面说明或引用有关的程序或标准。另外，参与方案设计评审，参与试验鉴定，在生产过程中设置监督点（见证点或停止点），在最终检验时实施供、需、第三方的联合检验（会检）等。

6.2.4 质量体系基本要素

一个有效运行的质量体系，必须开展一系列的质量职能活动，包括质量环各阶段的直接影响产品质量的质量职能活动和一些必需的间接影响产品质量的质量职能活动。这两类质量职能活动（过程）都是质量体系要素，都是质量体系的基本构成单元。企业可以结合自己的实际需要来选用标准中适用的体系要素和确定采用的程序，以建立、健全质量体系，并使其有效运行。

国际标准 ISO 9001 质量管理和质量保证体系要素指南（国家标准 GB/T19001）在总结了大型制造企业质量控制职能和特点的基础上，结合质量形成的全过程，提出了四大类质量体系要素。这四大为类是：

(1) 总体要素：包括管理职能、质量体系、质量体系的财务考虑。

(2) 基本过程要素：包括营销、产品设计和开发、采购、生产制造、过程控制、产品检验、生产后活动。

(3) 辅助过程要素：包括检验、测量和试验设备控制、不合格品控制、纠正错误。

(4) 基础性要素：包括质量记录、人员、产品安全性、统计方法的应用。

有关管理职责和质量体系在前面已做了讨论，下面对质量体系的其他要素作进一步说明。

一、质量体系的财务考虑

从财务的角度来衡量质量体系的有效性。这对于减少因失误造成的损失以及提高顾客的满意程度具有十分重要的意义。

对质量体系从财务角度进行分析评价的方法有多种，主要有质量成本法、过程成本法和质量损失法。

1. 质量成本法

质量成本是指将产品质量保持在规定的质量水平上所需要的费用，它是企业经营总成本有机组成部分。质量成本一般可分为由内部运行而发生的质量费用和由外部活动而发生的质量费用。根据预防、鉴定、故障成本模型又可将质量成本分为：

(1) 预防成本：预防故障费用；

(2) 鉴定成本：为评定产品（包括零件、材料等）是否符合质量要求而进行的试验、检验和检查的费用；

(3) 内部故障成本：交货前因产品未能满足质量要求所造成的损失（如重新加工、报废、重新试验等)；

(4) 外部故障成本：交货后因产品未能满足质量要求所发生的费用（如产品维护、修理、退货、责任赔偿费等)。

2. 过程成本法

过程成本是对任一过程分析其符合性成本和非符合性成本。

(1) 符合性成本：为了满足顾客的需要，现有过程不发生故障情况下所发生的费用。

(2) 非符合性成本：由于现有过程的故障而发生的费用。

3. 质量损失法

这种方法强调由于质量低劣而产生的内部、外部、有形和无形的损失。所谓有形损失包括内、外部故障费用。外部无形损失包括由于顾客不满意而造成今后市场占有率下降而造成的损失。内部无形损失包括由于返工、低效的人机控制造成的工作效率低下的损失。

在考虑质量体系的财务问题时，重要的内容是确定适宜的质量成本水平，即力求在质量、成本和效益三者之间取得最佳经济效果。为了确定适宜的质量成本水平，必须了解质量成本特性曲线。图 6-8 给出了质量成本特性曲线的理论模型。图中曲线 C_1 为预防和鉴定成本，随质量水平的提高而不断增加，曲线 C_2 为内外部损失成本，随质量水平的提高而不断降低。质量成本曲线 C 是曲线 C_1 和 C_2 的合成。在曲线 C 上存在一个最低点 M，其所对应的质量成本即为适宜的质量成本水平。

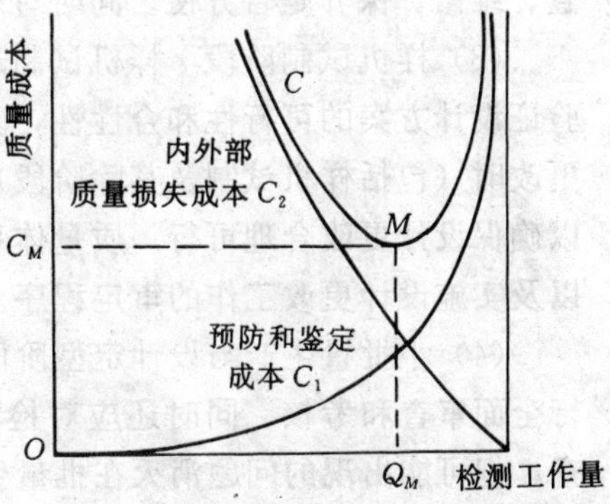

图 6-8　质量成本特性曲线

二、营销和市场调研

准确地确定市场和顾客对产品的质量要求是企业有效进行生产经营活动的前提。企业能否生产出适销对路的产品，以提高企业的市场竞争能力，也是以营销和市场调研为基础。为了保证产品质量，必须进行营销和市场调研。

(1) 进行市场调研　了解市场和顾客对产品质量的需求，为产品设计开发提供必要的信息。

(2) 根据市场调研结果提出产品建议书　在产品建议书中从技术上、经济上、经营销售上对产品进行分析，对产品的性能，包括可靠性、维护性等提出具体要求。

(3) 建立顾客信息反馈系统，及时了解顾客的使用情况。

三、产品设计与开发

产品设计与开发的任务是将营销和市场调研所确定的市场和顾客的要求转化为产品的特征和技术规范，包括材料、外购件和工艺的技术规范，进行样机试验及小批量试制，通过设计评审改进和完善设计，最后完成产品定型。产品设计与开发对产品质量，竞争能力及企业的经济效益等都有重大影响。企业必须对产品设计与开发的质量给予高度重视。为此需做好以下几方面的工作：

(1) 总体方案设计阶段　为保证总体方案设计质量，应做好方案的论证与评审工作。论证与评审的主要内容包括设计原理是否正确，性能指标是否适宜，制造上是否可行，采用新材料、新工艺、新技术的可能性和必要性等。

(2) 技术设计阶段　技术设计包括初步设计和详细设计，为了保证产品设计的质量，应严格进行各种设计评审。包括：

性能评审：检查产品功能的适用性和技术性能的先进性是否适应市场及顾客的需求。检查产品可能产生的环境污染能否符合国家规定的标准。

工作图审查：检查工作图设计是否正确，各部件之间的装配关系、传动关系是否协调，确定的零件尺寸、公差、精糙度要求及技术要求是否合理。

计算审查：检查产品设计是否按规定采用了国家标准、部门标准或企业标准，是否尽量采用了标准件。

可制造性审查：检查产品零件是否容易制造，制造方法是否经济，设计要求是否同工序能力相适应。检查产品的可装配性。

检验性审查：检查产品设计是否适应企业现有检测能力，是否需要添置新的检测装置，对质量成本的影响程序等。

可靠性、可维修性、安全性审查：审查产品总体可靠性和零部件可靠性。审查产品检查、维修、保养是否方便。同时对产品的安全性进行审查。

(3) 样机试制阶段　样机试制通过制造一定数量的主要部件和整机进行试验和考核。以验证设计方案的可行性和合性性，验证详细设计的完善性。当由于某种原因需要对设计进行更改时（包括样机试制及其除阶段），企业应对设计更改进行充分论证并实施有效的控制，以确保设计更改合理可行。质量体系应规定设计基础文件的发放、更改和使用的控制程序，以及实施设计更改工作的审定程序。

(4) 小批量生产与设计定型阶段　样机通过鉴定后应对新产品的设计质量和试制质量进行全面审查和考核。同时还应对检验、包装、发运、安装和使用中可能出现的总是进行审查，把可能出现的问题消灭在批量生产之前。

四、采购

随着生产力和商品经济的发展，现代的工业生产分工越来越细，现代工业产品的构成中外购元器件、原材料和协作件所占比例越来越大，以汽车为例，其制造成本的60%～70%为外购所件占用。外购元器件、原材料的配套件的质量好坏是影响产品质量的一个重要因素。因此供应商和制造商之间必须建立密切的联系和信息反馈系统。把供应商纳人质量保证体系中。质量体系中有关采购的内容应包括：

(1) 制定采购计划　采购计划中对外购元器件、原材料、配套件等的型号、规格、式样、等级、技术规范和检验规范等作出详细规定。

(2) 综合评价　选择合格供应商，并对其供货能力、质量体系、提供的产品及其历史情况进行综合评价。

(3) 建立协议　建立供应商和制造商之间的质量保证协议、验证方法协议、处理质量事端的规定等。

(4) 进货检验计划和进货控制　为了控制购进物资的质量，企业应制定进货检验计划的进货控制方法。

(5) 进货质量记录　进货质量记录即用于对供货商能力的评价，同时用于追踪购进物资。

五、过程质量

这里的过程质量指对生产作业过程进行技术准备的质量，这是根据产品设计和规范的要求，并考虑到企业现有的资源配置情况，进行生产控制规划、工序能力分析和现场保证能力的研究，以保证生产作业过程处于受控状态。

(1) 过程控制规划　生产控制规划就是编制工艺文件，保证各项生产作业按规定的方法和程序在受控状态下进行。工艺文件应包括工序检验计划和最终产品检验计划，在工序检验计划物最终产品检验计划中对检验方法，检验和试验所用设备及所依据的技术规范和标准作出规定。计算机辅助检测规划生成系统（CAIP）的应用使该项工作更为有效。

(2) 工序能力分析和验证　工序能力是指工序处于受控状态下的实际加工能力，它直接关系到能否按规定要求生产和制造出产品。在生产准备阶段应对工序能力进行分析，并确定对产品质量有重大影响的关键工序，以便对其实施有效的控制。

六、生产过程质量控制

生产过程控制是指从投料开始到制成成品的整个过程的质量控制。它是企业产品质量控制的重要环节。其职能是根据产品技术要求和制造过程计划、生产过程质量控制计划，控制影响生产质量的各项因素，保证生产出符合质量要求的产品。

在整个生产过程中着重控制如下环节：

(1) 物料质量控制及其可追溯性　确保所有材料、零部件均符合相应的规范和质量标准。对有可追溯性要求的物料，在整个生产过程中应保持其识别标记并做好质量记录，以确保必要时能进行质量状况跟踪。

(2) 设备状况的控制、维护、保养　对所有的生产设备包括机器、夹具、工具、计算器具等进行定期检验和再校准以确保符合使用要求，制定设备的预防性维护保养计划。

(3) 关键工序的控制　对产品质量有重大影响的关键工序应特别加强对加工条件的控制和检验。

(4) 过程更改控制　保证工艺更改的合理性。

(5) 不合格品控制　规定不合格品的标识、隔离、存放和处理办法。

七、产品验证

产品验证包括外购材料和外购件验证、工序验证和成品验证。即根据给定的质量标准，按照一定的验证方法和程序，对验证的对象进行测量和分析，并将分析和测量结果与给定的质量标准进行对比，对其质量特性作出合格与否的判定。

1. 外购材料和外购件验证

为保证外购物资的质量，应对外购的材料和零部件进行验证，其验证方式的选择主要取决于下列因素：

(1) 外购物资对产品质量影响程序。

(2) 供方的质量控制状况和从供方获得的有关质量信息。

(3) 产品验证的经济性分析结果。

2. 工序检验

应在工艺流程中适当的工序或工位上安排必要的检验点，以验证上道工序所生产的产品是否符合技术规范要求，防止不合格品流入下道工序。检验点的设置以及检验频次的选择取决于被检质量特性重要性和检验工作的复杂程序。一般来说，检验点应尽可能在靠近形成质量特性或质量特性的生产工位进行检验。

3. 成品验证

成品验证是指对最终加工完成的成品进行的验证，主要有以下两种方法，在使用中，可依实际情况选用其中的一种，或同时采用这两种方法进行成品验证：

(1) 采用筛选、全检、分批抽样和连续抽样等验收检验方法来保证产品的质量，使之符合规定要求；

(2) 定期或连续地从成品批中抽取样品，进行产品质量审核。

产品验收检验和产品质量审核的信息应及时得到反馈，以便针对所发现的产品和工艺的质量问题采取纠正措施，并将造成产品缺陷或偏差的原因及其处理情况形成技术报告。

八、测量和试验设备的控制

为保证能够根据测量数据作出正确的决策，企业应对产品的开发、制造、安装和维修中的全部测量系统进行有效的控制，对所使用的量具、仪器、专门的试验设备、计算机软件以对产品质量特性有影响的夹具、工装、设备和工序的检测仪器等也应加以适当的控制，制定和实施测量控制的监督程序，使测量过程（包括设备、程序和操作者的技能）处于控制状态。

对测量和试验设备及试验方法的控制包括以下内容：

(1) 应根据不同的检测要求，正确地选择技术规范符合要求的测试设备，这些技术规范包括在规定环境条件下应具备的量程、偏移、精密度、稳定性及耐久性等。

(2) 首次使用前应进行校准，以确定其偏移和精密度是否符合规定要求。对测试所用的计算机软件以及控制自动试验设备的程序也应进行验证。

(3) 应根据制造厂的技术规范、上次校准的结果以及使用的方法和使用范围，确定合适的定检周期。对测试设备定期进行调整、修理和再校准，确保测试设备的偏移和精密度在使用中始终能满足要求。

(4) 企业应制定并严格执行测试仪器的管理工作程序，包括仪器的标识、校准周期、校准状态以及返还、搬运和储存、调整、修理、校准、安装和使用等的有关规定。

(5) 为了有效地保证量值传递的统一、准确和可靠，应按量值传递系统的规定，定期对标准器具进行定检。应能追溯到准确度已知并具有稳定性的基础，最好是国家标准和国际标准，如果没有，则应追溯到专门为其制定的标准。

九、不合格品的控制

不合格品控制的目的是防止不合格产品流入顾客手中，同时避免对已经发现的不合格材料、零部件或已完工的产品进行进一步加工而消耗不必要的费用，对不合格品的控制包括标准、隔离、评审、处理、采取措施及防止再发生。

十、纠正措施

任何企业在产品形成过程中，难免会出现质量问题，一个比较健全的质量体系应能及时发现质量问题，并找出原因，采取纠正措施，以排除问题再发生的可能性，纠正措施是质量体系的重要环节。包括如下内容：

(1) 明确职责部门　明确企业中负责质量信息的管理和各种纠正措施的制定实施、协调和监督检查。

(2) 严重性评价　根据质量问题对生产成本、质量成本、产品性能、可信性、安全性和顾客满意等方面的影响程度，评价其对产品质量影响的严重性。

(3) 质量问题原因调查与分析　采用多种方法对造成质量问题的原因进行调查和分析，找出造成质量问题的主要原因，以便针对方要原因采取纠正措施。

(4) 预防措施　采取适当步骤消除已经产生的或将要产生的问题，为避免问题再发生应对有关过程和程序进行必要的控制，必要时应对作业指导书、生产过程文件、产品规范或质量体系文件进行修改。

十一、生产后活动的质量保证

生产后活动指搬运、储存、标识、包装、安装、售后服务等。它们都是企业生产经营中必不可少的环节，每一个环节的工作对形成产品质量都有直接的影响。

十二、人员

企业必须重视人员的教育和培训，不断提高人员的素质，提高质量意识，调动广大职工的积极性。

十三、产品安全性

产品的安全性不仅涉及企业所要承担的产品责任，而且关系到使用者的健康及生命财产安全。产品一旦发生安全问题，不但会给使用者和社会带来危害，也会损坏企业形象，降低企业信誉。目前世界上大多数国家（包括我国）都把安全性标准作为强制性标准实施。

十四、统计方法的应用

统计方法可应用于市场分析、产品设计、过程控制、过程能力研究、数据分析、性能评价、安全性评价、过程改进等多方面。

6.2.5 质量体系认证概要

一、质量体系认证

质量体系认证，亦称质量体系注册，是指由公正的第三方体系认证机构，依据正式发布的质量体系标准，对企业的质量体系实施评定，并颁发体系认证证书和发布注册名录，向公众证明企业的质量体系符合某一质量体系标准，有能力按规定的质量要求提供产品，可以相信企业在产品质量方面能够说到做到。

质量体系认证的目的是要让公众（消费者、用户、政府管理部门等）相信企业具有一定的质量保证能力，其表现形式是由体系认证机构出具体系认证证书的注册名录，依据的条件是正式发布的质量体系标准，取信的关键是体系认证机构本身具有的权威性和信誉。

二、质量体系标准

体系认证中使用的基本标准不是产品技术标准，因为体系认证中并不对认证企业的产品实物进行检测，颁发的证书也不证明产品实物符合某一特定产品标准，而仅是证明企业有能力按政府法规、用户合同、企业内部规定等技术要求生产和提供产品。

企业的组织管理机构、人员和技术能力、各项规章制度和技术文件、内部监督机制等是体现其质量保证能力的内容，它们既是体系认证机构要评定的内容，也是质量体系标准规定的内容。目前，世界上体系体证已有通用的质量体系标准，即ISO9000系列国家标准。

当然，各国在采用ISO9000系列标准时都需要翻译为本国文字，并作为本国标准发布实施。目前，包括全部工业发达国家在内，已有近70个国家的国家标准化机构，按ISO指南47的规定，将ISO9000系列国际标准等同转化为本国国家标准。我国等同ISO9000系列的国家标准是GB/T19000—ISO9000系列标准，是ISO承认的ISO9000系列的中文标准，列入ISO发布的名录。

三、体系认证的实施步骤

体系认证过程总体上可分为四个阶段：认证申请、体系审核、审批与注册发证、监督。

1. 认证申请

企业向其自愿选择的某个体系认证机构提出申请，按机构要求提交申请文件，包括企业质量手册等。体系认证机构根据企业提交的申请文件，决定是否受理申请，并通知企业。按惯例，机构不能无故拒绝企业的申请。

2. 体系审核

体系认证机构指派数名国家注册审核人员实施审核工作，包括审查企业的质量手册，到企业现场查证实际执行情况，提交审核报告。

3. 审批与注册发证

体系认证机构根据审核报告，经审查决定是否批准认证。对批准认证的企业颁发体系认证证书，并将企业的有关情况注册公布，准予企业以一定方式使用体系认证标志。证书有效期通常为三年。

4. 监督

在证书有效期内，体系认证机构每年对企业至少进行一次监督检查，查证企业有关质量体系的保持情况，一旦发现企业有违反有关规定的事实证据，即对相应企业采取措施，暂停或撤销企业的体系认证。

四、质量体系认证的作用

质量体系认证之所以在全世界各国能得到广泛的推行，是因为：

(1) 从用户和消费者角度：能帮助用户和消费者鉴别企业的质量保证能力，确保购买到优质满意的产品。

(2) 从企业角度：能帮助企业提高市场的质量竞争能力；加强内部质量管理，提高产品质量保证能力；避免外部对企业的重复检查与评定。

(3) 从政府角度：能促进市场的质量竞争，引导企业加强内部质量管理，稳定和提高产品质量；帮助企业提高质量竞争能力；维护用户和消费者的权益；避免因重复检查与评定而给社会造成浪费。

6.3 质量功能配置（QFD）

6.3.1 QFD的起源及发展

质量功能配置（Quality Function Deployment，QFD）是一种立足于在产品开发过程中最大限度地满足顾客需求的系统化、用户驱动式质量保证方法。它于20世纪70年代初起源于日本，由日本东京技术学院的Shigeru Mizuno博士提出，进入80年代以后逐步得到欧美各发达国家的重视并得到广泛应用。

目前，QFD已成为先进生产模式及并行工程（Concurrent Engineering，CE）环境下质量保证最热门的研究领域。它强调从产品设计开始就同时考虑质量保证的要求及实施质量保证的措施，是CE环境下面向质量设计（Design For Quality，DFQ）的最有力工具，对企业提高产品质量、缩短开发周期、降低生产成本和增加顾客的满意程序有极大的帮助。丰田公司于70年代采用了QFD以后，取得了巨大的经济效益，其新产品开发成本下降了61%，开发周期缩短了1/3，产品质量也得到了相应的改进。世界上著名的公司如福特公司、通用汽车公司、克莱思勒公司、惠普公司、麦道公司、施乐公司、电报电话公司、国际数字设备公司及加拿大的通用汽车公司等也都相继采用了QFD。从QFD的产生到现在20年来，其应用已涉及汽车、家用电器、服装、集成电路、合成橡胶、建筑设备、农业机械、船舶、自动购货系统、软件开发、教育、医疗等各个领域。

6.3.2 QFD的基本概念和原理

一、QFD的定义

目前尚没有一个统一的QFD定义，但对QFD的一些认识是共同的。例如：

(1) QFD的最显著的特点是要求企业不断地倾听顾客的意见和需求，并通过合适的方法，采取适当措施在产品形成的全过程中予以体现这些需求。

(2) QFD是在实现顾客需求的过程中，帮助在产品形成过程中所涉及到的企业各职能部门制订出各自相应的技术要求的实施措施，并使各职能部门协同地工作，共同采取措施保证和提高产品质量。

(3) QFD的应用涉及了产品形成全过程的各个阶段，尤其是产品的设计和生产规划阶段，被认为是一种在产品开发阶段进行质量保证的方法。

总之，QFD从质量的保证和不断提高的角度出发，通过一定的市场调查方法获取顾客需求，并采用矩阵图解法和质量屋的方法将顾客的需求分解到产品开发的各个过程和各个职能部门中去，以实现对各职能部门和各个过程工作的协调和统一部署，使它们能够共同努力、一起采取措施，最终保证产品质量，使设计和制造的产品能真正满足顾客的需求。故QFD是一种由顾客需求所驱动的产品开发管理方法。

二、QFD瀑布式分解模型

实施QFD的关键是将顾客需求分解到产品形成的各个过程，将顾客需求转换成产品开发过程具体的技术要求和质量控制要求。通过对这些技术和质量控制要求的实现来满足顾客的需求。

严格地说，QFD只是一种思想，一种产品开发管理和质量保证的方法论。对于如何将顾客需求一步一步地分解和配置到产品开发的各个过程中，还没有固定的模式和分解模型，可以根据不同目的按照不同路线、模式和分解模型进行分解和配置。下面是几种典型的QFD瀑布式分解模型。

(1) 按顾客需求→供应商详细技术要求→系统详细技术要求→子系统详细技术要求→制造过程详细技术要求→零件详细技术要求，分解为5个质量屋矩阵。

(2) 按顾客需求→技术需求（重要、困难和新的产品性能技术要求）→子系统/零部件特性（重要、困难和新的子系统/零部件技术要求）→制造过程需求（重要、困难和新的制造过程技术要求）→统计过程控制（重要、困难和新的过程控制参数），分解为5个质量屋矩阵。

(3) 按顾客需求→产品需求→零件特性→工艺步骤→工艺及质量控制参数将顾客需求，分角为4个质量屋矩阵。

(4) 按顾客需求→工程技术特性→应用技术→制造过程步骤→制造过程质量控制步骤→在线统计过程控制→成品的技术特性，分解为6个质量屋矩阵。

图6-9是由4个质量屋矩阵组成的典型QFD瀑布式分解模型。下面以该图所示的QFD瀑布式分解模型为例进一步说明QFD的分解步骤和过程。

三、QFD的分解步骤和过程

顾客需求是QFD最基本的输入。顾客需求的获取是QFD实施中最关键也是最困难的工作。要通过各种先进的方法、手段和渠道搜集、分析和整理顾客的各种需求，并采用数学的方式加以描述。之后，进一步采用质量屋矩阵的形式，将顾客需求逐步展开，分层地转换为产品的技术需求、关键零件特性、关键工艺步骤和质量控制方法。在展开过程中，上一步的输出是下一步的输入，构成瀑布式分解过程。QFD 从顾客需求开始，经过 4 个阶段，即 4 步分解，用 4 个质量矩阵——产品规划矩阵、零件配置矩阵、工艺规划矩阵和工艺/质量控制矩阵，将顾客的需求配置到产品开发的整个过程。

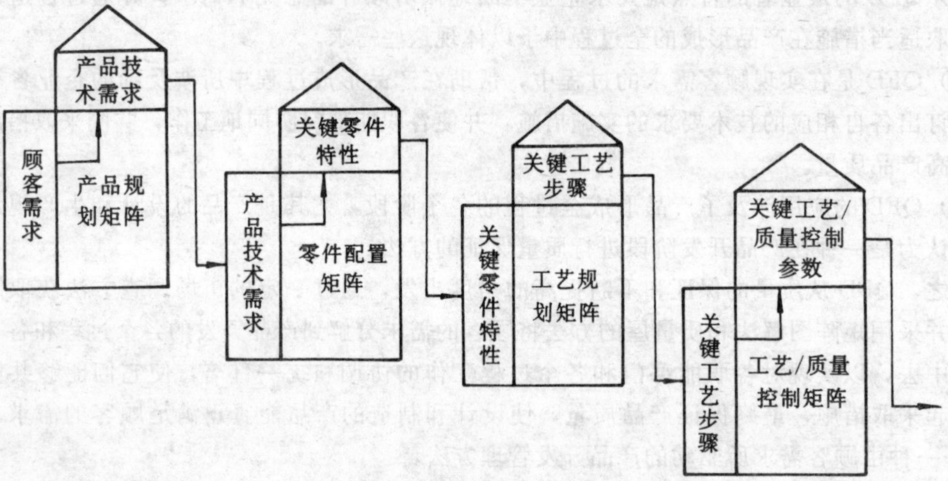

图 6-9　典型的 QFD 瀑布式分解模型示意图

1. 确定顾客的需求

由市场研究人员选择合理的顾客对象，利用各种方法和手段，通过市场调查，全面收集顾客对产品的种种需求，然后将其总结、整理并分类，得到正确、全面的顾客需求以及各种需求的权重（相对重要程序）。在确定顾客需求时应避免主观想像，注意全面性和真实性。

2. 产品规划

通过产品规划矩阵，即产品规划质量屋，将顾客需求转换为产品的技术需求，也就是产品的最终技术性能特征，并根据顾客需求的竞争性评估和技术需求的竞争性评估，确定各个技术需求的目标值。QFD 具体在产品规划过程要完成下列一些任务：

(1) 完成从顾客需求到技术需求的转换；

(2) 从顾客的角度对市场上同类产品进行评估；

(3) 从技术的角度对市场上同类产品进行评估；

(4) 确定顾客需求和技术需求的关系及相关程序；

(5) 分析并确定各技术需求相互之间制约关系；

(6) 确定各技术需求的目标值。

3. 产品设计方案确定

依据上一步所确定的产品技术需求目标值，进行产品的概念设计和初步设计，并优选出一个最佳的产品整体设计方案。这些工作主要由产品设计部门及其工作人员负责，产品生命周期中其他各环节、各部门的人员共同参与并协同工作。

4. 零件配置

基于优选出的产品整体设计方案，并按照在产品规划矩阵所确定的产品技术需求，确定对产品整体组成有重要影响的关键部件/子系统及零件的特性，利用失效模型及效应分析 (FMEA)、故障树分析（FTA）等方法对产品可能存在的故障及质量问题进行分析，以便采用预防措施。

5. 零件设计及工艺过程设计

根据零件配置中所确定的关键零件的特性及已完成的产品初步设计结果等，进行产品详细设计，完成产品各部件/子系统及零件的设计工作，选择好工艺实施方案，完成产品工艺过程设计，包括制造工艺和装配工艺。

6. 工艺规划

通过工艺规划矩阵，确定为保证实现关键产品特征和零部件特征所必须给以保证的关键工艺步骤及其特征，即从产品及其零部件的全部工序中选择和确定出对实现零部件特征具有重要作用或影响的关键工序，确定其关键程序。

7. 工艺/质量控制

通过工艺/质量控制矩阵，将关键零件特性所对应的关键工序及工艺参数转换为具体的工艺/质量控制方法，包括控制参数、控制点、样本容量及检验方法等。

6.3.3 QFD中的顾客需求及获取

一、顾客需求的KANO模型

卡诺（Noritaki Kano）博士将顾客需求分为三种类型，即基本型、期望型和兴奋型。这种分类有助于对顾客需求的理解、分析和整理。一般将卡诺所提出的描述顾客需求的质量模型称为KANO模型，如图6－10所示。

1. 基本型需求

基本需求是顾客认为产品应该具有的基本功能，是不言而喻的，一般情况下顾客不会专门提出，除非顾客近期刚好遇到产品失效等特殊事件，牵涉到这些需求或功能。基本需求作为产品应具有的最基本功能，如果没有得到满足，顾客就会很不满意；相反，当完全满足这些基本需求时，顾客也不会表现出特别满意。例如，汽车发动机在发动时的正常运行就属于基本需求，一般顾客不会专门提出这种需求，因为他们认为这是理所当然的。然而，若汽车不能发动或经常熄火，顾客就会非常生气和不满。

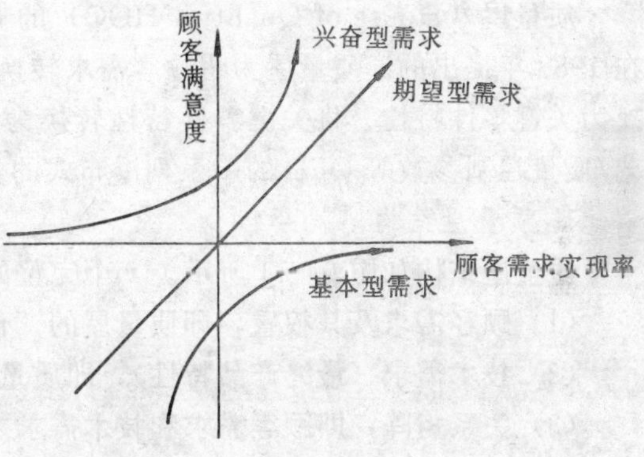

图6－10 顾客需求的KANO模型

2. 期望型需求

在市场上顾客经常谈论的通常是期望型需求。期望型需求在产品中实现得越多，顾客就越满意；相反，当不能满足这些期望型需求时，顾客就会不满意。企业要不断调查和研究顾客的这种需求，并通过合适的方法在产品中体现这种需求。如汽车的耗油量和驾驶的舒适程序就属于这种需求。满足的越多，顾客就越满意。

3. 兴奋型需求

兴奋型需求是指令顾客意想不到的产品特性。如果产品没有提供这类需求，顾客不会不满意，因为他们通常就没有想到这类需求；相反，当产品提供了这类需求时，顾客对产品就会表现出非常地满意。

随着时间的推移，兴奋型需求会向期望型和基本型需求转变，因此，为了使企业在激烈的市场竞争中立于不败之地，应该不断地了解顾客的需求，包括潜在的需求，并在产品设计中体现。

二、顾客需求的获取

如前所述，顾客需求的提取是 QFD 实施过程中最为关键也是最难的一步。顾客需求的提取具体包括顾客需求的确定、各需求的相对重要度的确定以及顾客对市场上同类产品在满足他们需求方面的看法等。顾客需求的获取主要通过市场调查，然后整理和分析而得到。顾客需求提取的一般步骤是：

(1) 合理选择调查对象。对于新产品，应重点调查与该产品相类似的产品的用户；对于现有产品的更新换代，应重点调查现有产品用户。

(2) 合理选择调查方法。市场调查的方法很多，各有其优缺点，必须结合实际情况合理地选择。常用的方法有面谈调查法、问卷调查法和观察调查法等。

(3) 进行市场调查。

(4) 调查信息的分析与整理。通过对调查信息的分析与整理，形成 QFD 配置所需的顾客需求信息及形式。

6.3.4 质量屋

质量屋（House of Quality，HOQ）的概念是由美国学者 J. R. Hauser 和 Don Clausing 在 1988 年提出的。质量屋为将顾客需求转换为产品技术需求以及进一步将产品技术需求转换为关键零件特性、将关键零件特性转换为关键工艺步骤和将关键工艺步骤转换为关键工艺/质量控制参数等 QFD 的一系列瀑布式的分解提供了一个基本工具。

1. 质量屋结构

质量屋结构如图 6-11 所示。一个完整的质量屋包括 6 个部分，即：

(1) 顾客需求及其权重，即质量屋的“什么（What)”。

(2) 技术需求（最终产品特性），即质量屋的“如何（How)”。

(3) 关系矩阵，即顾客需求和技术需求之间的相关程序关系矩阵。

(4) 竞争分析，站在顾客的角度，对本企业的产品和市场上其他竞争者的产品在满足顾客需求方面进行评估。

(5) 技术需求相关关系矩阵，质量屋的屋项。

(6) 技术评估，对技术需求进行竞争性评估，确定技术需求的重要度和目标值等。

以上是针对 QFD 瀑布式分解过程中的第一个质量屋——产品规划矩阵（如图 6-9 所示）来描述的质量屋结构，对于 QFD 瀑布式分解过程中的其他配置矩阵，其结构完全相同，所不同的是顾客需求中的顾客已变成了广义的顾客，技术需求也进一步扩展为引申的技术方面的需求，但仍是质量屋中的“什么”和“如何”。这时，QFD 瀑布式分解过程中的上一级质量屋，如图 6-9 中的产品规划矩阵，就变成了其下一级质量屋——零件配置矩阵的顾客，相应地，下一级质量屋——零件配置矩阵的技术需求也就具体地变为关键零件特性。以此类推。

二、质量屋中参数的配置及计算

下面以产品规划矩阵为例说明质量屋中参数的配置及计算。

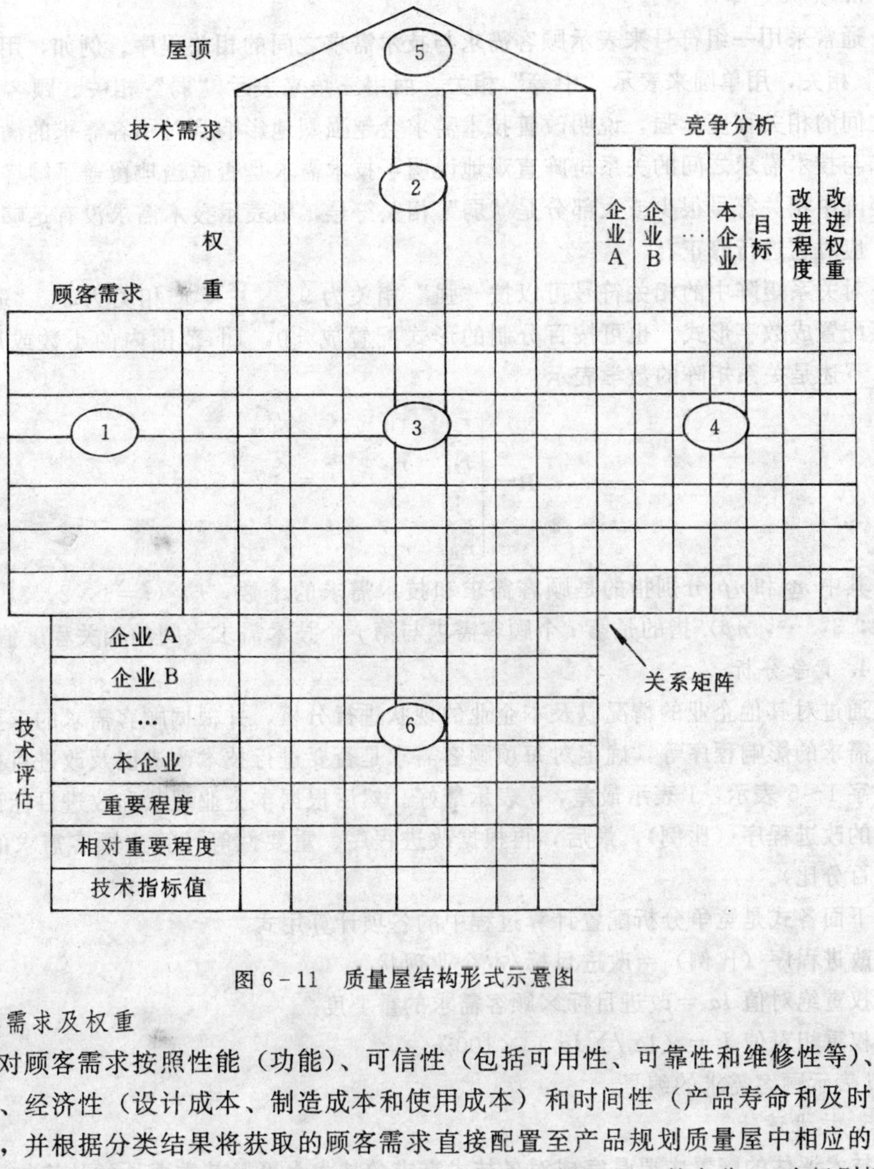

图 6－11　质量屋结构形式示意图

1. 顾客需求及权重

首先，对顾客需求按照性能（功能）、可信性（包括可用性、可靠性和维修性等）、安全性、适应性、经济性（设计成本、制造成本和使用成本）和时间性（产品寿命和及时交货）等进行分类，并根据分类结果将获取的顾客需求直接配置至产品规划质量屋中相应的位置。然后，对各需求按相互间的相对重要度进行标定。具体可采用 0～9 数字分 10 个级别标定各需求的重要度。数值越大，说明重要度越高；反之，说明重要度低。

2. 技术需求

在配置技术需求时，应注意满足以下三个条件：

(1) 针对性。即技术需求要针对所配置的顾客需求。

(2) 可测量性。为了便于实施对技术需求的控制，技术需求应可测定。

(3) 宏观性。技术需求只是为以后的产品设计提供指导和评价准则，而不是具体的产品整体方案设计。对于技术需求，要从宏观上以技术性能的形成来描述。

例如，当顾客提出“希望使用的汽车在必要时能立即制动”这一顾客需求时，相应的技术需求应配置为“制动时间”。汽车的制动时间越短，顾客就越满意。又如，当顾客提出“希望产品的使用寿命长”时，对应的技术需求要配置为“使用寿命”。

3. 关系矩阵

通常采用一组符号来表示顾客需求与技术需求之间的相关程序。例如，用双圆圈来表示“强”相关，用单圆来表示“中等”相关，而用三角来表示“弱”相关。顾客需求与技术需求之间的相关程度越强，说明改善技术需求会越强烈地影响到对顾客需求的满足情况。顾客需求与技术需求之间的关系矩阵直观地说明了技术需求是否适当地覆盖了顾客需求。如果关系矩阵中相关符号很少或大部分是“弱”相关符号，则表示技术需求没有足够地满足顾客需求，应对它进行修正。

对关系矩阵中的相关符号可以按“强”相关为 9、“中等”相关为 3、“弱”相关为 1，直接配置成数字形式。也可按百分制的形式配置成［0，1］范围内的小数或用其他方式描述。下述是关系矩阵的数学表示：

$$\mathbf{R}=\begin{bmatrix} r_{11} & r_{12} & \cdots & r_{1\,np} \\ r_{21} & r_{22} & \cdots & r_{2\,np} \\ \vdots & \vdots & & \vdots \\ r_{nc1} & r_{nc2} & \cdots & r_{nc,np} \end{bmatrix}$$

其中 nc 和 np 分别指的是顾客需求和技术需求的个数，r_{ij} （$i=1，2，3，\cdots，nc$；$j=1，2，3，\cdots，np$）指的是第 i 个顾客需求与第 j 个技术需求之间的相关程度值。

4. 竞争分析

通过对其他企业的情况以及本企业的现状进行分析，并根据顾客需求的重要程序以及对技术需求的影响程序等，确定对每项顾客需求是否要进行技术改进以及改进目标。竞争能力用数字 1～5 表示，1 表示最差，5 表示最好。然后根据本企业现状和改进目标计算出对顾客需求的改进程序（比例），最后，再根据改进程序、重要性等计算出顾客需求的权重（绝对值和百分比）。

下面各式是竞争分析配置计算过程中的各项计算用式。

改进程序（比例）＝改进目标/本企业现状

权重绝对值 Ia_i＝改进目标×顾客需求的重要度

权重相对值 $I_i=（Ia_i/\sum Ia_i）\times 100\%$

i 表示顾客需求的编号。

5. 技术评估

技术评估的配置主要是完成对各技术需求的技术水平及其重要性的计算与评估。其任务之一是通过与相关外企业状况的比较，评估本企业所提出的这些技术需求的现有技术水平；任务之二是利用竞争分析的结果和关系矩阵中的信息，计算各项技术需求的重要程度（绝对值和百分比），以便作为制定技术需求具体技术指标或参数的依据。

技术需求的重要程度按下面两式计算：

重要程序 Ta_j 的绝对值＝$\sum r_{ij}\cdot I_i$

重要程序 T_j 的相对值＝$（Ta_j/\sum Ta_j）\times 100\%$

其中 i 表示顾客需求的编号，j 表示技术需求的编号，r_{ij} 是关系矩阵值，I_i 是顾客需求的权重。

6. 屋顶

屋顶表示出了各技术需求之间的相互关系，这种关系表现为三种形式：无关系、正相关和负相关。在根据各技术需求重要程序等信息确定产品具体技术参数时，不能只单独、片面地提高重要程度高的产品技术需求的技术参数，还要考虑各技术需求之间的相互影响或制约关系。特别要注意那些负相关的技术需求。负相关的技术需求之间存在着反的作用，提高某一技术需求的技术参数则意味着降低另一技术需求的技术参数或性能。此外，对于那些存在正相关的技术需求，可以只提高其中比较容易实现的技术需求的技术指标或参数。

屋顶中的内容不需要计算，一般只是用单圆圈表示正相关，用符号 X 表示负相关，标注到质量屋屋顶的相应项上，作为确定各技术需求具体技术参数的参考信息。

三、QFD 在减速箱研制过程中的应用

减速箱是机械传动中很常用的一种装置，它的质量可以影响到整个设备的工作情况。我们以减速箱为例，说明 QFD 在其设计质量控制中的应用。

1. 顾客需求

经过调查、分析和整理后的减速箱顾客需求如图 6-12 所示。

该顾客需求用类似系统图树形结构，图中将顾客的需求按减速箱的功能、经济性、可靠性和维修性分成四大类，每一类又有相应的要求指标。最后一级的需求前的数字表示顾客需求的重要程度。即权重，它也是通过市场调查、分析得到。

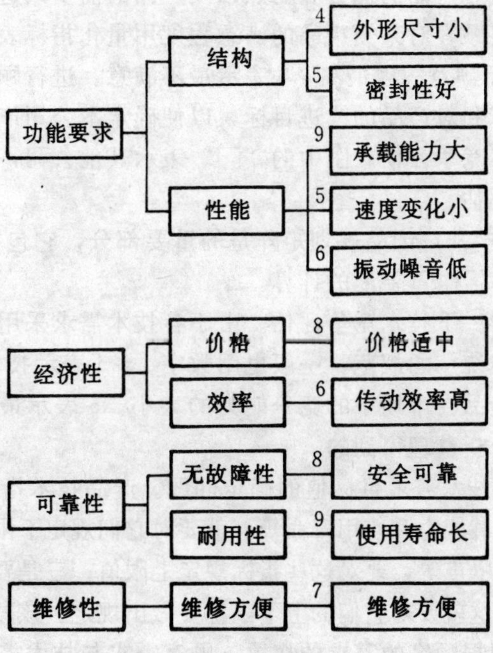

6-12　减速和顾客需求展开图

2. 产品规划

图 6-13 是减速箱的产品规划矩阵，构造该矩阵主要包括下列几个步骤：

(1) 顾客需求到产品技术需求的转换。

在将顾客转换成产品技术需求时，要注意所选的技术特性要具有针对性、可测量性和全局性。

该减速箱的顾客需求转换成“外形尺寸”、“密封性”和“承载能力”等 11 项技术需求。图 6-13 的上方就是技术需求。

(2) 关系矩阵的确定。

技术需求和顾客需求之间的关系程度是不同的，即某项技术需求对顾客需求的影响程度是不一样的，要将技术需求和顾客需求之间的关系密切程序用量化指标表示出来。简单的表示方法是用“强、中、弱”三种级表示，在图中分别用符号“◎、○和△”表示，它们分别对应数字“9，3和1”。也可以用更详细的量化方法表示该关系，如用模糊关系和神经网络等方法表示。图6-13的中间是该关系矩阵。

(3) 关系矩阵的评审。

在完成顾客需求和技术需求的关系矩阵需求后，还要对其进行评审和分析，主要检查关系的每一行和每一列，看来否有空行或空列存在。如果某一行无关系符号或只有“弱”的关系，则表示已有的技术需求没有足够地满足顾客的需求，应补充新的技术需求。如果某一列无关系符号或只有“弱”的关系，则意味着其对应的技术需求是多余的，应予以剔除。除此之外，还要分析关系矩阵中关系符号和填充率，它表示技术需求是否足够地覆盖了所有的顾客需求，一般填充率应大于25%～40%。

(4) 顾客竞争评估。

顾客竞争评估是从顾客的角度对本公司的产品和竞争者的产品满足他们需求方面的评估。它反映了市场现有产品的优势和弱点以及产品的需要改进的地方。其数据也是通过市场调查得到的。一般将顾客对某类产品的满意程度用量化指标表示，分为5个等级，分别用数字1～5表示，5表示满意程度最高，1表示最不满意。进行顾客竞争评估的目的是为确定本公司产品的技术指标和对产品的改进目标，以便确定本公司产品的销售重点。图6-13中的右方是减速箱的顾客竞争评估。图中的“□”表示其他公司，“○”表示本公司。

(5) 技术竞争评估。

技术竞争评估是QFD产品规划矩阵是的重要部分，它包括技术需求目标值的确定、技术竞争的评估和技术需求重要度的计算。

首先，我们来看一下技术竞争评估。由于各技术需求采用的测量单位不同，为了便于评估，要将它们转换成统一的规范，一般也用数字1～5表示技术竞争评估的级别，分别表示其他公司和本公司产品在市场中的竞争能力的大小。5表示最好，1表示最差。这些数据也是通过市场调查和分析整理得到的。

第二，讨论一下技术需求目标值的确定问题。产品技术指标一般可分三类，一是越大越好，如传动效率、承载能力和使用寿命等，就要对它们规定下限值；二是越小越好，如外形尺寸、速度变化范围和噪声等，要对这些指标规定上限值；三是要求一个中间合适的值，如输出电压、油的粘度等，这就要对它们的上下限都要做出规定，该减速箱中没有这种情况。

技术指标通常根据顾客的需求的权重、顾客需求与技术需求的关系矩阵和当前产品优势和弱点（技术竞争评估和顾客竞争评估结果）来确定。这里以减速箱的“使用寿命”这一技术需求为例，说明技术需求目标值的确定方法。

第三，技术需求的重要度计算。技术需求重要度的计算按前面所给出的相关公式进行计算。例如在图6-13中，技术需求“承载能力”影响到三项顾客需求（外形尺寸、承载能力和价格适中），其对应的重要程度分别为3,9,1,权重为4,9,8。则其技术需求重要程度为：

$$T_{aj} = \sum r_{ij} \cdot I_i = 3\times4+9\times9+1\times8=101$$

图6-13下方表示减速箱的技术竞争评估结果。

第四，技术需求之间的关系确定（屋顶）。各技术需求之间的关系用符号“○和×”表示，分别表示技术需求之间的正相关和负相关。例如“外形尺寸”和“承载能力”是负相关的，意味着增大承载能力则可能增加外形尺寸。又如“可靠性”和“使用寿命”是正相关的，意味着可靠性的提高也同时延长了使用寿命。

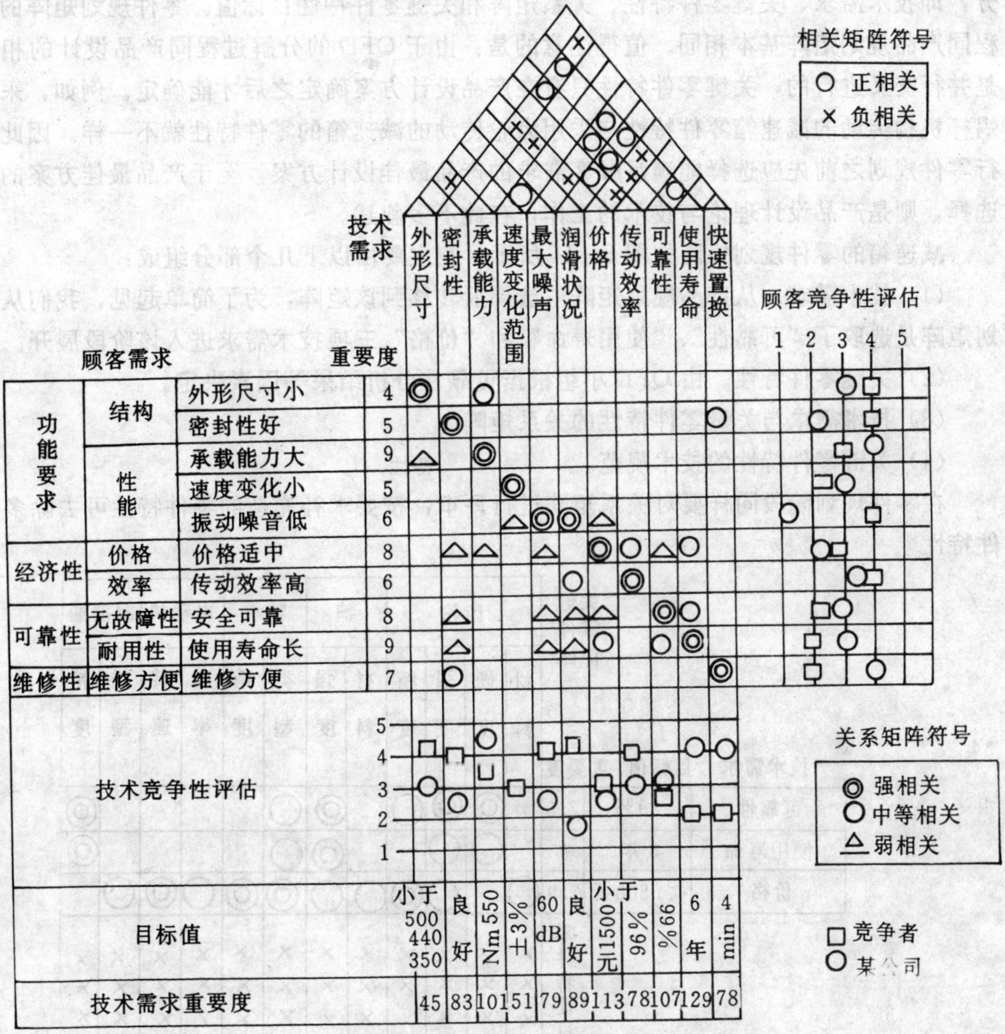

6－13　减速箱产品规划矩阵

（6）下一级展开的技术需求的选择。

开发 QFD 矩阵主要是为了促使企业同顾客进行接触，了解他们的需求，同时帮助企业在有限的资源约束下确定零件规划阶段的技术需求以使顾客的满意度最大。一般来说，不必选择太多的技术需求项进入下一阶段的展开。选择进入下一阶段展开的技术需求时，原则上是根据以上所计算的技术需求的重要程度进行，选择一些重要度在的技术需求进入下一阶段的展开。实际上要综合考虑多种因素，这些因素包括技术需求的重要度、顾客竞争性评估、技术竞争评估、技术实施难度和成本和技术需求相关矩阵等。它主要凭借 QFD 小组成员的经验进行。例如，如果顾客竞争性评估和技术竞争性评估表明某公司产品的某项技术需求在现有的条件下就能使顾客较为满意，在此情况下就没有必要将该技术需求展开到下了阶段去。相反，当顾客对公司产品的某项技术需求不太满意时，QFD 小组成员应权衡利弊，综合考虑后决定是否将该技术需求展开到下一阶段。

3. 零件规划

与产品规划矩阵不同，零件规划矩阵要简单得多。它仅包括了矩阵的几个基本组成部分，即技术需求、关键零件特性、关系矩阵和关键零件特性目标值。零件规划矩阵的开发过程同产品规划矩阵基本相同。值得注意的是：由于 QFD 的分解过程同产品设计的相关过程是并行交叉进行的，关键零件特性只有在产品设计方案确定之后才能确定。例如，采用蜗轮蜗杆机构传动的减速箱零件特性与采用齿轮传动的减速箱的零件特性就不一样。因此，在进行零件规划之前先应选择能满足顾客需求的产品最佳设计方案。至于产品最佳方案的设计与选择，则是产品设计理论与技术的工作，在此不多叙述。

减速箱的零件规划矩阵如图 6－14 所示，它主要由以下几个部分组成：

(1) 技术需求。从产品规划矩阵中选择后转移到该矩阵，为了简单起见，我们从产品规划矩阵是选取了“可靠性”、“使用寿命”和“价格”三项技术需求进入该阶段展开。

(2) 关键零件特性。由 QFD 小组根据可靠性分析结果等因素决定。

(3) 技术需求与关键零件特性的关系矩阵。

(4) 关键零件特性的技术规范。

特性

在零件规划阶段同样要对关系矩阵进行评审，按要求补充新的零件特性可去除多余的零件特性。

技术需求	目标值	重要度（关键零件特征）	齿轮				轴		轴承		电动机		润滑油	
			材料	硬度	强度	精度	材料	强度	类型	精度	功率	转速	类型	粘度
可靠性	99%	7.5		◎	◎	○		◎	○					◎
使用寿命	6 年	9		○	○			◎	○					◎
价格	＜1 500 元	7.9	○		○	◎	○	○	◎	◎	○	◎	○	
		零件特征目标值	× × ×	× × ×	× × ×	× × ×	× × ×	× × ×	× × ×	× × ×	× × /	× × ×	× × ×	× × ×
		权重	24	95	118	94	24	172	121	71	24	71	24	149

6－14 减速箱零件规划矩阵

完成该矩阵的构造与有关参数计算后，就要选择需要在进入工艺规划矩阵的关键零件特性。选择关键零件特性的决策过程与产品规划矩阵中关键技术的选择基本相同，只是该矩阵没有顾客竞争性评估和技术竞争性评估。QFD 小组一般应先分析那些“强”相关符号较多的零件特性，结合零件特性的权重、可靠性分析、风险分析及经验知识等选择就应进行下一阶段也就是工艺规划矩阵的展开。

4. 工艺规划

工艺规划矩阵的开发步骤同零件规划矩阵也是基本类似，从零件规划矩阵是选择的关键零件特性被配置到工艺规划矩阵中，成为工艺规划矩阵的输入。下一步就是决定关键工艺步骤及其相应的特性（工艺/质量控制参数）。它们是为了保证满足待展开的零件特性和企业内部需求所必须控制的参数。然后决定相关关系矩阵关建立工艺规范。最后一个步骤是分析工艺规划矩阵，决定应进入了一步质量控制规划阶段中的关键工艺特性。

同零件规划一样，关键工艺步骤及其参数的决定与具体的工艺方案有关。因此，在确定关键工艺步骤及其参数之前，必须先确定产品的工艺方案。在大多数情况下都使用现有的工艺过程，有时也要考虑工艺方案的改进与优化。这主要是工艺设计人员的工作。

关键工艺特性和参数也是根据关键零件特性和经验确定的，它们是那些为了保证零件满足其需求在制造中必须加以控制的要素。完整的减速箱工艺规划矩阵如图 6-15 所示。从严格的 QFD 观点出发，工艺规划矩阵应只包含以下两个条件的工艺特性：

(1) 它们是关键工艺过程中的一些工艺特性。

(2) 它们是直接针对工艺规划矩阵的关键零件特性而设置的。

但在实际应用时，当企业在进行工艺规划时，它们可能希望对整个工艺进行研究，而不局限于上述范围。

工艺流程		1 检查毛坯	2 正火		3 车削毛坯		4 滚齿		5 插键槽	6 剃齿	7 高频淬火		8 内圆磨			9 珩齿		10 检测	11 存储
关键工艺特征		按手册进行检查	保温时间	保温温度	进给量	切削深度	分齿运动机构精度	滚刀磨损	刀具磨损	剃齿刀磨损	电流频率	电流大小	砂轮磨损	磨削深度	进给量	珩磨轮齿精度	啮合速度	检测加工精度	按说明书存储
关键零件特征及其规范																			
齿轮硬度	HB ×××		○	○							◎	◎							
齿轮强度	××× MPa		◎	◎							○	○							
齿轮精度	××× 级						◎	○		◎						◎	○		
工艺规范		××× 程序	××× min	××× deg	××× mm/r	××× mm	××× 级	××× μm	××× μm	××× μm	××× Hz	××× A	××× μm	××× μm	××× mm/r	××× 级	××× r/min	检测规程	××× 说明书

6-15 减速箱工艺规划矩阵

一般来说，工艺规划矩阵的分析同零件规划矩阵类似，也应选择需要展开到质量控制规划阶段的关键工艺特性。一般根据矩阵中每个工艺特性的重要度和经验来选择关键工艺特性。对于大多数工艺来说，其工序数和关键工艺特性数不会太多。因此，可以将所有的工艺特性转移到质量控制规划矩阵阶段中，因为这样做，会增加太多的时间，而且不需要再选择展开质量控制规划阶段的关键工艺特性。

四　工序质量控制规划

前三个阶段的展开矩阵的结构大多基本相似，其构造与分析方法也相似。到了工序质量控制规划阶段，情况就有所差别，没有形成一个比较规范的格式。在应用 QFD 进行工序质量控制规划时，应结合企业的实际，充分利用并体现在长期生产中积累的行之有效的制造质量控制方法。图 6-16 是一种在质量控制规划阶段经常使用的 QFD 矩阵样表。

关键工艺步骤	关键工艺参数	控制点	控制方法	样本容易	检验方法

图 6-16　一种工序质量控制规划表

6.4　统计过程控制及其他质量管理方法

6.4.1　统计过程控制（SPC）

将数理统计学的原理和方法应用于产品质量控制，即统计质量控制（Statistical Quality Control，SQC），是比较早的一种产品质量控制方法。统计质量控制所使用的一个主要的数理统计学理论和方法就是统计过程控制（Statistical process Control，SPC）。统计过程控制主要用于制造过程的质量控制。目前，统计过程控制仍然是制造质量控制中最有效的工具和方法。

SPC 包含的内容和方法很多，常用方法和工具有直方图、散布图、排列图（Parto 图）、因果图（也叫鱼刺图）以及控制图等，其中控制图法是其中最主要的工具和方法。

目前，对 SPC 在质量控制中应用的研究已超出了传统意义上的制造过程质量检验和统计分析，新的研究主要面向以下几个方面。

1. 制造过程质量问题的预防

通过 SPC，预测制造质量和制造过程状况、能力的发展趋势，以便对可能发生的质量问题预先采取相应的预防措施。一些研究指出，传统的质量控制是基于评价的系统，即根据输出对过程作出评价，也就是，按照某种打分原则，对输出进行检验并分类，有缺陷的要么返修，要么报废。这种方法通常费用较高。一种替代方法是预防检测和评价，即在缺陷形成之前就进行检测和评价，对产生质量问题的根源进行分析，找出造成质量问题的原因，对其予以预防和消除。

2. 在小批量产品制造中的应用

SPC 一般建立在大量样本统计的基础上，然而，当代企业和市场正在向着多品种小批量生产的方向发展。如何利用 SPC 理论对品种小批量生产过程的质量进行控制，成为 SPC 应用研究需要解决的问题。在这方面国内外已有相应研究。

3. 面向过程的质量控制

传统的 SPC，通过检验产品的最终质量参数加零件/工件尺寸及表面精度，对检验结果进行统计分析，进而判断是否符合产品设计和工艺设计要求。这种质量控制实际上带有一定的被动性。新的观念是对整个生产过程的过程参数，如设备运行参数、刀具参数及各种工艺参数等进行监控，利用 SPC 对各参数进行统计分析，判断过程是否正常或有不正常的发展趋势，以预防质量问题的发生，从而从根本上消除质量问题隐患。

4. 在产品生命周期其他环节的应用

SPC 最初是应用于制造过程的质量控制，实际上，产品开发整个过程都可以看做是同制造过程相似的过程，它们都存在各自的过程参数。这些过程参数也可以通过统计方法进行分析。因此，目前许多研究将 SPC 应用于制造过程之外的产品开发过程，如市场调研、产品设计、工艺过程设计、原材料准备以及售后服务等。

5. SPC 理论及模型的研究与改进

SPC 的基础是传统的概率与统计理论，它建立在大量原始数据统计与分析的基础上。当原始数据不足时，其分析结果准确性就较差。另外，对以前数据的分析比较有效，对未来过程发展趋势的预测显得不足。新的研究正在寻找 SPC 与其他方法相结合或改进的算法，如将人工神经网络（Artificial Neural Networks，ANN）应用到 SPC 中，利用 ANN 的统计概率模型，发挥人工智能在 SPC 中作用，解决原始数据不足或预测困难的问题。

此外，对于复杂的系统，在用到 SPC 时会出现数据处理与计算量非常大的情况，有时甚至会超出了通常计算机的计算能力。对 SPC 的改进以及面向 SPC 的数据处理方法的研究也成为人们关注的焦点。

6. 多变量多过程的监测控制

传统的 SPC 用在制造过程质量控制时，大多针对单一过程和变量。现代工业的大型化和复杂化，如在 CIMS 中，过程和过程变量已变得越来越复杂，要将 SPC 用在其中，SPC 模型必须能适应多变量多过程的监测与控制。因此，许多学者致力于研究适用于现代企业多变量过程控制的 SPC 算法与模型。

6.4.2 稳健设计

稳健设计（Robust Design）以田口（Taguchi）设计为典型代表，习惯上也将稳健设计叫做田口设计，其基本思想是通过三次设计，即系统设计、参数设计和容差设计，使干扰因素对质量的影响最小。稳健设计地用到的主要方法以统计理论为基础。CE 及先进的产品开发与生产模式对质量保证的要求，使得稳健设计技术不断发展，并为稳健设计技术的发展注入新的活力。

作为产品设计质量保证的一种系统化方法，稳健设计的核心是考虑所设计产品的稳健性或叫鲁棒性（Robust），即产品设计的抗干扰能力。它要求所设计的产品对工艺、制造、装配和使用等后续环节中环境参数的变化不敏感，也就是说，使用或生产等过程中的干扰因素特别是随机干扰对产品的质量性能变化影响很小或没有影响。

稳健设计包括产品设计和工艺设计两个方面，分系统设计、参数设计和容差设计三个阶段，利用质量损失函数（Loss Function），即由于参数的波动引起的费用损失来衡量质量，进而对设计进行优化。

一、系统设计

系统设计是指原型系统的设计，是专业技术人员利用专业知识与技术对某产品进行的系统功能设计和整体结构设计。系统设计是产品质量设计的基础。在系统设计阶段，要全面考虑各种设计参数对质量特性的影响，不仅是定性而且要定量地划出经济合理的系统最佳参数组合。

系统设计阶段主要考虑产品的稳健性，常用的分析方法有：试验设计（Design of Experiment，DOE）、失效模式及效果分析（Failure Model and its Effects Analysis，MEA）、价值工程（Value engineering，VA）、可靠性理论、仿真技术、优化与决策等。

二、参数设计

参数设计确定系统中零件或元件的具体参数值。各参数值的选择原则也是考虑系统的稳健性，将各参数的变化对产品质量性能的影响减到最小。在参数设计阶段，要用到系统设计中常用的各种方法以及响应面法（Response Surface Method，RSM）、故障树分析（Fault Tree Analysis，FTA）、相关分析、方差分析、灵敏度法和随机模型法等方法。

参数设计是产品质量设计中最重要的阶段。

三、容差设计

容差设计是设计系统中各零件或元件参数的允许变化范围，容差设计的目的是通过质量和成本之间的一种折衷，取得最佳的质量损失函数，使质量损失最小。由于有容差，使得产品的制造装配等变得容易，产品的成本也下降。容差变化范围的确定，应以使产品性能不发生很大劣变为原则。容差设计使得在增加成本后可改进产品的质量。

故障树分析（Fault Tree Analysis，FTA）、相关分析、方差分析以及 RSM、灵敏度法和随机模型法也都可用于容差设计。

6.4.3 现代质量管理

质量检验（Quality Inspect）到 20 世纪四五十年代的统计质量管理（Statistical Quality Control，SQC），到 50 年代以后的全面质量管理（Total Quality Management，TQM），质量管理的观念和方法一直在更新。在统计理论为基础的统计过程控制（Statistical Process Control，SPC）主要用于制造过程的质量控制。在将质量控制的范围由制造过程扩展至设计乃至整个产品生命周期之后，可靠性理论、稳健设计等质量保证方法也逐渐得到认可和采用。

各种先进的产品开发模式如并行工程（Concurrent Engineering，CE）以及各种先进制造技术如敏捷制造（Agile Manufacturing，AM）、精良生产（Lean Production，LP）、虚拟制造（Virtual Manufacturing，VM）、及时生产（Just In Time，JIT）以及快速响应制造（Quick Response Manufacturing，QRM）等的出现，对产品的质量保证提出了新的和更高的要求。同时也为产品质量保证开辟了新的途径。尤其是在计算机集成制造系统（Computer Integrated Manufacturing Systems，CIMS）、现代集成制造系统（Contemporary Integrated Manufacturing Systems，CIMS）和 CE 环境下，质量保证的要求和传统生产模式下的质量保证之间有较大的差别。例如，CIMS 要求从设计到制造各环节的质量保证实现集成，包括产品设计、生产安排、工艺过程设计和制造、装配等相互之间质量保证的集成，组成 CIMS 的集成质量保证系统。此外，在采用 CE 模式进行产品开发与生产时，还要求各环节的质量保证活动要并行交叉进行，要在设计的早期就考虑后续环节的质量保证问题，将可能影响质量的因素消除在设计阶段，或者通过改进设计避免或尽量减少后续环节的质量问题。同时，后续环节要向设计前期环节提供其关于质量状况的反馈信息，以便前期环节及时进行调整和优化，从而在质量保证方面满足 CE 的要求。由此，应运而生各种新的质量保证思想和方法。如面向质量的设计（Design for Quality，DFQ）、质量持续改进（Continuous Improvement，CI）、以及 SPC 的拓展与延伸等。这些方法从不同的角度为 CIMS 和 CE 等环境下的质量保证提供了支持。

一、DFX 技术

DFX 是 CE 的关键技术，主要包括面向制造的设计（Design for Manufacturing，DFM）、面向装配的设计（Design for Assembly，DFA）、面向质量的设计（Design for Quality，DFQ）、面向可靠性（Reliability）、可维修性（Maintainability）及互换性（Changeability）设计等。它们都是实现产品质量保证及控制的积极有效方法。

DFX 是 TQM 在并行工程中的体现。TQM 的观点认为，质量管理中的用户不仅是使用产品的最终用户，在产品形成过程中的每个环节，下一环节就是上一环节的用户，如产品设计是市场调研的用户，工艺过程设计是产品设计的用户，制造/装配是工艺过程设计的用户，销售是制造/装配的用户等。而 DFX 正是体现产品设计过程中除满足最终用户对产品质量的要求外，还应满足其后续环节作为广义用户的要求。因此通过 DFX 更能体现 TQM"三全"中"全面"的特点。

二、并行设计

CE 的核心是产品开发全过程中所有活动的并行、交叉和一体化进行。并行设计是其要点。并行设计体现在质量保证方面就是质量活动的并行进行。

三、质量的持续改进

质量保证与控制的基本目的是使产品满足市场及用户的需求，企业为了提高产品的竞争能力并考虑以后的生存和发展，必须进行质量的持续改进（Continuous Improvement，CI）。纵观当今市场变化及其发展趋势，质量的持续改进是企业实行质量管理和质量保证的最终目的，满足顾客需求或生产出合格产品已经不能作为企业赢得竞争、占领市场的武器。戴明的 PDCA（Plan，Do，Check and Action）环就是质量持续改进的一种基本体现。在 CE，AM 等先进生产模式下，更强调质量的持续改进。实现质量持续改进的基本方法仍然是各种质量保证与控制工具，如 QFD，SPC 和稳健设计等。在 CE 环境下，质量的持续改进可通过产品生命周期中各活动/环节的并行交叉及相互间的信息集成、相互约束与作用实现。质量持续改进是一螺旋式的上升过程。

6.4.4 各种质量保证技术的有机结合

由于各种质量保证和控制技术都是为适应某特定过程或场合而设计的，在 CE，AM 等先进生产系统和模式中，对质量保证和控制的集成性、并行性和交叉性的要求，使得它们相互间独立运用已变得不适应，只有集成及相互结合，才能发挥积极作用。

一、QFD 与田口方法的结合

Susan M. Sanchez 等认为：QFD 可用于田口设计中的系统设计，通过 QFD 的顾客需求到工程特性及工程特性到零件技术特性这两个质量屋，得出产品工程特性及零部件技术特性的重要程序，以此作为田口系统设计的依据。大量的文献对 QFD 与田口方法的集成进行了详细研究。

二、QFD 与统计方法的结合

当前，对 QFD 与统计方法特别是与 SPC 的结合研究主要反映在 QFD 各阶段应用到各种统计方法，如在零件配置阶段对所选择的初步设计方案进行可能存在的故障分析时用到FTA和FMEA。在工艺规划和工艺/质量控制配置阶段用到SPC中的各种工具等；而通过QFD与SPC的集成实现设计与制造过程质量保证的集成方面的研究还较少。

三、QFD与其他管理技术的结合

许多文献对QFD在可靠性设计、系统工程（System Engineering，SE）、价值工程（Value Engineering，VE）、TQM及QIS中的应用或与QFD与这些技术的结合进行了研究。

6.4.5 CIMS的集成质量系统

CIMS的特点是要求企业的各环节之间从功能和信息上有机集成，组成一个不可分割的整体。这些环节主要包括产品设计、工艺过程设计、生产组织与安排、质量计划、物料需求计划以及制造和装配等。国内外对CIMS集成质量系统的研究也不少。我国863/CIMS主题专门设立“集成质量系统”（Integrated Quality system，IQS）专题，对集成质量系统开展研究。10多年来，在CIMS集成质量系统研究方面取得较大进展。当前在这方面的研究主要在集中在以下几个方面。

一、集成质量系统的结构

质量保证系统应该看做为一个复杂的控制系统，该系统能够实现对整个制造过程的监视。CIMS中质量保证系统，应该与从产品设计到制造的各个环节集成在一起，形成全面质量集成系统。在这个系统中，产品设计、制造及使用等环节的内部活动构成局部质量控制环，质量保证系统构成全局质量监测和控制环，对产品整个生命周期的活动进行监测。该系统有三个特点，一是任何质量控制活动都会影响整个生产过程；二是质量性能数据和测试数据的变化包含在质量控制的输出报告中，并做为其他控制环节的输入；三是全局质量控制环负责质量数据的交换，并提供测试要求。

质量保证系统在产品设计阶段的集成，主要以所设计产品的性能能满足顾客需求为宗旨，同QFD的思想一致。质量保证系统与工艺过程设计的集成，以按照所设计工艺组织生产时，能得到最佳产品质量为目标，同时要求当制造环境改变时，保持制造质量的高度鲁棒性。在CIMS集成质量保证系统中，CAPP（Computer Aided Process Planning）给QIS（Quality Information System）的信息为重要工序检验卡和零件检验卡，QIS给CAPP反馈的信息包括工序要求、检测设备、检测工具、质量计划、检测规程及反馈质量信息如工序超差通知单和改进加工工序的建议书等。质量保证系统与制造过程的集成表现在两个方面，一是对采购的原材料和半成品进行监验，必要时100%抽监；二是对制造过程直接监视与控制。

CIMS的IQS应该从纵向集成、功能集成和过程集成三个方面实现集成。纵向集成主要实现质量保证三个层次的集成，即负责检测和过程监控的执行层、质量的管理控制层以及计划决策层相互间的集成。执行层为管理控制层和计划决策层提供支持信息，管理控制层和计划决策层为执行层传递质量计划、检测计划和质量任务等。功能集成涉及IQS与CAD（Computer Aided design）、CAPP、制造过程、生产管理系统以及经营系统的集成。实现功能集成的支持环境是产品数据管理PDM（Product Data Management）。过程集成实现产品生命周期中各个阶段如市场调研、产品开发、制造及使用过程质量控制的集成。过程集成的指导思想是CE。

在 CE 和 AM 等模式及在企业内域网（Intranet）和国际互联网 Internet 环境下，IQS 沿着两个方向在不断延伸、扩展。一是 IQS 智能化，即将人工智能及其相关技术应用到质量问题决策质量信息综合处理、加工质量的分析与诊断、检测规程生成以及制造过程监控与诊断等。这方面的研究已经有很多的报导。二是以 Internet/Intranet 为支持的跨区域 IQS，使企业集团内部以及各企业集团之间的质量保证系统实现直接的数据通讯和信息集成、知识共享，同时还在制造商和供应商之间建立质量监控。适应于 CE，AM 等先进生产模式的 IQS 体系结构的研究已成为目前国内外的热门课题。

二、集成质量系统的功能和任务

IQS 应具有的功能，根据企业到质量控制的要求不同，在具体内容上有所不同，主要应包括：

（1）质量计划。

（2）检测与质量数据采集。

（3）质量评价与控制。

（4）质量综合管理。

第7章 柔性制造系统（FMS）

7.1 柔性制造系统概述

7.1.1 柔性制造系统产生的历史背景

自20世纪五六十年代以来，一些工业发达的国家与地区，在达到了高度工业化水平以后，就开始了从工业社会向信息社会转化的时期。这个时期的主要特征是数字计算机、遗传工程、光导纤维、激光、海洋开发等新技术的日益广泛深入的应用。估计在20世纪末到21世纪初，将出现这样一种新情况，现在已突破的和将要突破的新技术，会很快地应用于生产或社会，给社会生产力带来新的飞跃，并相应地对经济、社会带来新变化。对机械制造业来说，对它的发展影响最大的就是计算机的应用，随之出现了机电一体化新概念。如：机床数字控制（NC）、计算机数字控制（CNC）、计算机直接控制（DNC）、计算机辅助制造（CAM）、计算机辅助设计（CAD）、成组技术（GT）、计算机辅助工艺规程编制（CAPP）、计算机辅助几何图形设计（CAGD）、工业机器人（ROBOT）等新技术。

由于这些技术的综合应用，在20世纪70年代末、80年代初出现了“柔性制造系统（FMS）”，这是一个由计算机控制的自动化加工系统，在它上面可同时加工形状相近的一组或一类产品。柔性制造系统（FMS）是一种广义上的可编程的控制系统，它具有处理高层次分布数据的能力，具有自动的物流，从而实现小批量、多品种、高效率的制造，以适应不同产品周期的动态变化。这种技术的出现，有多种内在的和外部的因素。但最根本的有两个：一是市场发展的需要；二是科学发展到一个新阶段，为新技术的出现提供了一种可能。

一、从市场的特点来看

20世纪初，工业化形成的初期，市场对产品有充分的需要。这一时期的特点是，产品品种单一，生命周期长，产品数量迅速增加，各类产品的开发、生产、销售主要由少数企业控制着。这促使制造企业通过采用自动机或自动生产线来提高生产效率以满足市场的需求。

20世纪60年代后，世界市场发生了很大的变化，对许多产品的需求呈现饱和趋势，在这种饱和的市场中，制造企业面临着激烈的竞争。企业为了赢得竞争就必须按照用户的不同要求开发出新的产品。这个时期市场的变化，归纳起来有以下一些特征：

(1) 产品品种日益增多。为了竞争的需要，生产企业必须根据用户的不同要求，不断开发新产品即所谓的量体裁衣。为适应这种品种的多变，企业必须改变旧有的适用于大批量生产的自动线生产方式，代之以应变能力强的、很快适应生产新产品的新的生产形式，寻求一条有效途径，解决单件小批量生产的自动化问题。

（2）产品生命周期明显缩短。由于生产生活的需要对产品的功能不断提出新的要求，同时由于技术的进步为产品的不断更新提供了可能，从而使产品的生命周期越来越短，以汽车为例，1970 年平均生命周期为 12 年，1980 年缩短为 4 年，1990 年仅为 18 个月。

（3）产品交货期的缩短。缩短从订货到交货的周期是赢得竞争的重要手段。有资料显示美国 A 与 B 公司交货期最少可缩短为几十个小时。

二、从科学技术的发展条件来看

近 40 年来，科学技术几乎在各个领域都发生了深刻变化，出现了新飞跃，有人推测（詹姆斯·马丁（James Martin）），人类的科学知识在 19 世纪是每 50 年增加 1 倍，20 世纪中叶每 10 年增加 1 倍，70 年代每 5 年增加 1 倍，目前每 3 年增加 1 倍。

计算机辅助制造技术的发展应从数控机床的发展算起，自 1952 年美国麻省理工学院研制成功第一台数控铣床，计算机辅助制造技术就被公认为是解决单件小批量自动化的有效途径。仅 40 年的时间，就有了飞速的发展。先是控制元器件方面的不断革新，电子管、晶体管、小规模集成电路、中规模大规模集成电路的相继出现，仅用了 20 年就发生了 4 次根本性的变革。与此同时，机床本身也在机械结构和功能方面有了极大的进展，滚珠丝杠、滚动导轨、调频变速主轴的应用，加工中心的出现，都给机床结构带来了极大的变化。伺服系统也从步进电机、直流伺服至交流伺服，控制理论方面也有了长足进步。

20 世纪 70 年代初期出现了计算机数控 CNC，对计算机软件的发展带来了一个极大的转机。过去的硬件数控系统要进行某些改变或是增加一些功能，都要重新进行结构设计，而 CNC 系统只要对软件做一些修改，就可以适应一种新的要求。与此同时，工业机器人和自动上下料机构、交换工作台，自动换刀装置都有了很大的发展，于是出现了自动化程度更高柔性更强的柔性制造单元，简称 FMC，又由于自动编程技术和计算机通讯技术的发展而出现了一台大型计算机控制若干台机床，或由中央计算机控制若干台 CNC 机床的计算机直接控制系统，即所谓有 DNC。

20 世纪 70 年代末、80 年代初，计算机辅助管理物料自动搬运，刀具管理和计算机网络，数据库技术的发展以及 CAD/CAM 技术的成熟，出现了系统化程度更高、规模更大的柔性制造系统，即所谓 FMS。

根据有关方面的统计，美国目前大约有 100 多条全功能柔性制造系统能够运动。其应用行业主要有航空航天业、军事/国防工业、汽车工业、电子/计算机工业、半导体/光电子工业、食品工业、石油化工、生物医学工业等方面。

应用柔性制造系统可获得明显效益，这主要是由于以下 8 方面的因素：

（1）利用率高。在典型情况下，采用柔性制造系统中的一组机床所获得的生产量是单机作业车间环境下用同等数目机床所获得的生产量的 3 倍。通过计算机对零件作业进行调度，一旦某一机床空闲，计算机便调一零件到该机床，柔性制造系统可以获得很高的生产率。零件在物料运储系统上的移动和将相应的 NC 程序传输给机床是同时进行的。另外，零件到达机床时已被夹在托盘（此工件在单独的装卸站完成，因此机床不用等待零件的装调）。

（2）降低主要设备成本。由于主要设备利用率高，因而在加工同样数目的零件时，系统所需的机床数目少于单机情况下的机床数目。通常加工中心的减少量是 3∶1 的比例。

（3）降低直接人工成本。由于机床完全由计算机控制，只需要一个系统管理人员和非技术工人在装卸站进行工件的装卸。然而人工成本降低是以需要熟练技术人员为抵偿的，而目前这样的熟练人员如计算机专家在工厂是缺少的。

(4) 减少在制品库存量及生产周期。柔性制造系统与常规加工车间相比，其在制品的减少量相当惊人。有报告说在设备相同条件下，在制品减少了 80%，这是零件等待切削加工的时间减少的结果，其原因可以归结为以下几点：

1) 生产零件所要求的全部设备集中在一个小范围内（柔性制造系统内）。

2) 由于零件集中在加工中心加工，所以减少了零件的装夹次数和加工零件的机床数目。

3) 采用计算机有效地调度投入的零件批量和系统内调度零件。

(5) 能响应生产变化的需求。当市场需求变化或工程变化时，柔性制造系统具有生产不同的产品的柔性能力。这是通过具有冗余加工能力以及物料运储系统可以避开故障的机床来实现的。

(6) 产品质量高。柔性制造系统加工的产品同由未连成系统的 NC 机床加工的产品相比，质量得到明显改善。这是由于柔性制造系统具有较高的自动化程度，减少了夹具和机床的数目，夹具结构合理耐用以及零件与机床匹配恰当，因而保证了工件的一致性及优良性，也大大减少了返修费用。

(7) 运行柔性。运行柔性从另一方面提高了生产率。有些系统在第二班和第三班期间能进行无人看管运动。目前这种接近无人看管运行的系统还不普遍，但是随着高质量的传感器及计算机控制器被开发出来，对非预见性问题如刀具破损，零件流阻塞等能进行检测处理，这种无人看管的系统将会普及。在此种运行方式下，检测、装夹和维护都可以放在第一班进行。

(8) 生产力的柔性。在车间平面布置合理的情况下，可以把柔性制造系统初期产量规定得低些，随着需要，可以添加机床，从而增加生产能力。

7.1.2 柔性制造系统的定义和组成

根据中华人民共和国国家军用标准有关武器装备柔性制造系统术语的定义，柔性制造系统 FMS（Flexible Manufacturing System）是由数控加工设备、物料运储装置和计算机控制系统等组成的自动化制造系统，它包括多个柔性制造单元，能根据制造任务或生产环境的变化迅速进行调整，适用于多品种、中小批量生产。

该标准还对与 FMS 密切有关的术语的定义作了有关规定。

美国制造工程师协会的计算机辅助系统和应用协会把柔性制造系统定义为“使用计算机控制、柔性工作站和集成物料运储装置来控制并完成零件族某一工序或一系列工序的一种集成制造系统”。

还有一种更直观的定义是：“柔性制造系统，至少有两台机床，一套物料运储系统（从装载到卸载具有高度自动化）和一套控制系统的计算机所组成的制造系统，它采用简单地改变软件的方法便能制造出某些部件中的任何零件”。还有各种其他的定义来描述柔性制造系统。

各种定义的描述方法虽然不同，但他们都反映了 FMS 应具备下面这些特点：

1. 从硬件的形式看由三部分组成

(1) 两台以上数控机床或加工中心以及其他的加工设备，包括测量机、清洗机、动平衡机、各种特种加工设备，等等。

(2) 一套能自动装卸的运储系统，包括刀具的运储和工件原材料的运储。具体结构可采用传送带、有轨小车、无轨小车、搬运机器人、上下料托盘、交换工作站，等等。

(3) 一套计算机控制系统。

2. 从软件内容看主要包括三部分

(1) FMS 的运行控制。

(2) FMS 的质量保证。

(3) FMS 的数据管理和通讯网络。

3. FMS 的功能

(1) 能自动进行零件的批量生产。

(2) 简单地改变软件，便能制造出某一零件族的任何零件。

(3) 物料的运输和储存必须是自动的（包括刀具、工装和工件）。

(4) 能解决多机条件下零件的混合比、且无须增加费用。

图 7-1 是一个典型的柔性制造系统的示意图。在装卸站将毛坯安装在早已固定在托盘上的夹具中。然后物料传送系统把毛坯连同夹具和托盘输送到进行第一道加工工序的加工中心旁边排队等候，一旦加工中心空闲，零件就立即送上加工中心进行加工。每道工序加工完毕以后，物料传送系统还要将该加工中心完成的半成品取出并送至执行下一工序的加工中心旁边排队等候。如此不停地进行至最后一道加工工序。在完成零件的整个加工过程中除进行加工工序外若有必要还要进行清洗、检验以及压套组装工序。

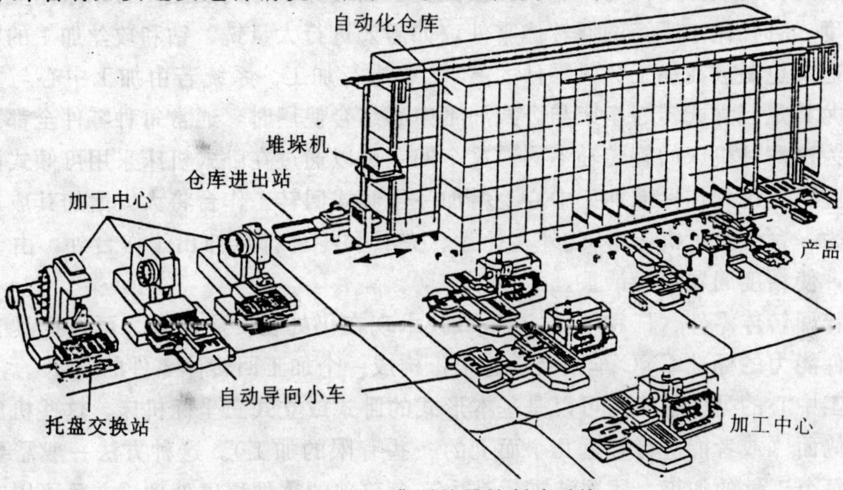

图 7-1 典型的柔性制造系统

7.2 FMS 的硬件与软件

7.2.1 FMS 的加工系统

一、加工系统在 FMS 中的角色

1. 加工系统的作用

柔性制造系统是一个计算机化的自动制造生产系统，能以最少的人的干预，加工任一范围的零件族工件，用于把原料转变为最后产品的设备称为加工设备，如机床、冲孔设备、装配站、锻造设备，等等。它与托盘等一些部件构成了FMS的加工系统。加工系统中所需设备的类型、数量、尺寸等均由被加工零件的类型、尺寸范围和批量大小来决定。目前，主要有两类零件在FMS中加工，即棱柱体类零件（包括箱体形、平板形等）和回转体类零件。换句话说，加工系统的结构即取决于被加工零件的类型、形状、尺寸、精度要求，也取决于批量大小及自动化程度。由于柔性制造系统加工的产品零件多种多样，且其自动化水平相差甚大，因此构成柔性制造系统的机床是多种的。可以是单一机床类型的，即仅由数控机床、车削加工心（TC）或适合系统的单一类型机床构成的FMS，称之为基本型的系统；也可以是以数控机床、数控加工中心（MC）为结构要素的FMS；还可以是由普通数控机床，数控加工中心及其他专用设备构成的多类型的FMS。

2. 选择系统的原则

纳入FMS运行的机床，应当是可靠、自动化、高效率的加工设备。在选择时，要考虑到该FMS加工零件的尺寸范围、经济效益、零件的工艺性、加工精度和材料，等等。换言之，FMS的加工能力完全是由其所包含的机床来确定的。现在，加工棱体类零件的FMS技术比加工回转体零件的更成熟。对于棱体类零件，机床的选择通常都在各种牌号的立式和卧式加工中心以及专用机床（如可换主轴箱的、转位主轴箱的）之中进行。

为了适应纯粹的棱体零件与带有大孔或圆支承面棱体零件的加工，可以采用立式转塔车床。对于长度、直径比小于2的回转体零件，如需要进行大量铣、钻和攻丝加工的圆盘、轮毂或轮盘，通常也是放在加工棱体零件的FMS中进行加工。系统若由加工中心与立式转塔车床组成，尤其是当立式转塔车床与卧式加工中心结合使用时，通常每种零件全都需要较多的夹具，因为这两种机床的旋转轴不同。这个问题可以通过在卧式机床采用可倾式回转台来解决。但也应当考虑到在标准加工中心上增加一可倾式回转工作台将大大增加其成本（因为事实上已成为一台五坐标机床），此外，托盘、夹具和零件都悬伸出工作台外，由于下垂和加剧磨损等，使精度问题更为严重。

加工纯粹回转体零件（杆和轴）的FMS技术现在仍处在发展阶段。可以把具有加工轴类和盘类工件能力的标准CNC车床结合起来，构成一个加工回转体零件的FMS。

数控加工中心的类型很多，可以是基本形式的卧式或立式三坐标机床，这些机床只加工工件的一个侧面（或者能进行邻近几个面上的一些有限的加工）。这种方法一般需要多次装夹才能完成每个工件的加工。每次装夹后都由一个单独的零件程序处理，并且可以在同一台机床或不同机床上加工，这要取决于作业调度和生产线上的每台机床的刀具配套情况。若在卧式加工中心上增加一个或两个坐标轴（如称为第四个坐标轴的托盘旋转，称为第五坐标轴的主轴头倾斜），就可以对工件进行更多表面的加工。要在立式加工中心上实现同样的工件多面加工，必须在基本机床上增加一个可倾式回转工作台。如果不考虑所增加的成本，这种方案对于小型的托盘和工件的加工还是很好的。

除这种多轴加工能力外，还可在一套托盘/夹具上装夹一个以上的工件。它可以使一个特定FMS的生产能力有所提高。通常第五个坐标轴用来满足一些非正交平面内的特殊加工需要或解决一些特殊范围的问题。

在一套FMS上待生产零件族决定着这些加工中心所需要的功率、加工尺寸范围和精度。一条生产线用不同机床的配合来达到某一范围的精度要求是很普遍的。但是，如果用一台高精度机床来达到孔的特殊公差要求，那么，整个生产线的作业就要取决于这台机床的正常运行时间，因为没有功能的余度（即冗余功能）。离线加工这些高精度孔可能更好，从调度的观点看，最有效的办法是所有机床都采用同一型号的机床以保证充分的余度。但是，由于工件的加工要求不同，可能必须放弃这种设想。

除了功率、加工尺寸范围和精度要求之外，选择 FMS 的加工中心还可能会进一步受到与物料运储系统连接问题的限制。

FMS 的所有加工中心都具有刀具存储能力，采用鼓形、链形等各种形式的刀库。为了满足 FMS 内零件品种对刀具有要求，通常要求有很大的刀具存储容量。在一个刀库中需要 100 个以上的刀座是很常见的。这样的容量连同某些刀具重量，特别是大的镗杆或平面铣刀，都要求对刀具传送和更换机构的可靠性给以很好的注意。

二、FMS 对机床的要求及配置

1. FMS 对机床的要求

一般来说，纳入 FMS 运行的机床主要有三个特点，即工序集中、高柔性与高生产率、易控制性。

工序集中是 FMS 中机床的最重要的特点。由于柔性制造系统是高度自动化的制造系统，价格昂贵，因此要求加工工位的数目尽量少，并能接近满负荷工作。此外，加工工位少可以减轻工件流的输送负担，还可保证零件的加工质量。所以工序集中成为柔性制造系统中的机床的主要特征。

机床的另一个特点是高柔性高生产率。为了满足生产柔性化和高生产率要求，近年来在机床结构设计上形成两个发展趋向：柔性化组合机床和模块化加工中心。所谓柔性化组合机床又称可调式机床，如自动更换主轴箱机床和转塔主轴箱机床。这就是把过去适合大批量生产的机床进行柔性化。模块化加工中心就是把加工中心也设计成由若干通用部件、标准模块组成，根据加工对象的不同要求组合成不同的加工中心。

机床的第三个特点是易控制性。柔性制造系统是采用计算机控制的集成化的制造系统，所采用的机床必须适合纳入整个控制系统。因此，机床的控制系统要能够实现自动循环，能够适应加工对象改变时易于重新调整的要求。

另外，FMS 中的所有设备受到本身数控系统和整个计算机控制系统的调度、指挥，要能实现动态调度、资源共享、提高效率，就必须在各机床之间建立必要的接口和标准，以便准确及时地实现数据通信与交换，使各个生产设备、运储系统、控制系统等协调地工作。

2. FMS 机床的配置形式

FMS 适用于中小批量生产，既要兼顾对生产率和柔性的要求，也要考虑系统的可靠性和机床的负荷率。因此，就产生了互替形式、互补形式以及混合形式等多种类型的机床配置方案。

所谓互替机床就是纳入系统的机床是可以互相代替的。例如，有数台加工中心组成的柔性制造系统，由于在加工中心上可以完成多种工序的加工，有时一台加工中心就能完成箱体的全部工序，工件可随机地输送到系统中任何恰好空闲的加工工位。这样的系统具有较大的柔性和较宽的工艺范围，而且可以达到较高的时间利用率。从系统的输入和输出来看，它们是并联环节，因而增加了系统的可靠性，即当某一台机床发生故障时，系统仍能正常工作。

所谓互补就是纳入系统的机床是可以互相补充的，各自完成某些特定的工序，各机床之间不能互相取代，工件在一定程度上必须按顺序经过各加工工位。它的特点是生产率较高，对机床的技术利用率较高，即可以充分发挥机床的性能。

从系统的输入和输出的角度来看，互补机床是串联环节，它减少了系统的可靠性，即当一台机床发生故障时，系统就不能正常工作。

互替机床和互补机床的特征比较列于表 7－1。

表 7－1　互替机床和互补机床的特征比较

特　征	“互替”机床	“互补”机床
简　图	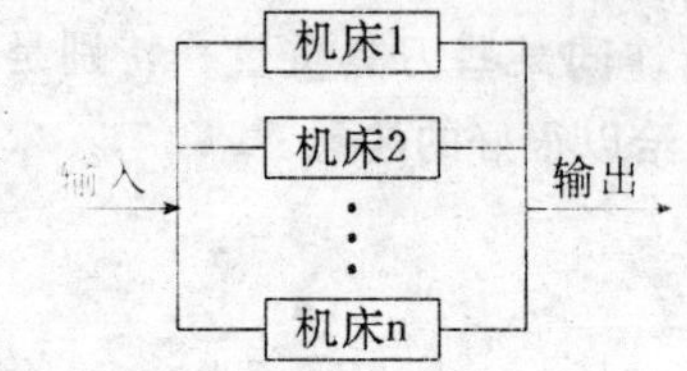	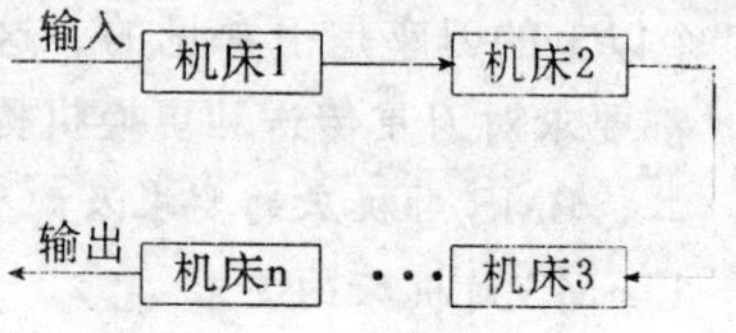
柔　性	较高	较低
工艺范围	较宽	较窄
时间利用率	较高	较低
技术利用率	较低	较高
生 产 率	较低	较高
价　格	较高	较低
系统可靠性	增加	减少

现有的柔性制造系统大多是互替机床和互补机床的混合使用，即 FMS 中的有些设备按互替形式布置，而另一些机床则以互补方式安排，以发挥各自的优点。

在某些情况下个别机床的负荷率很低，例如基面加工机床（对铸件通常是铣床，对回转体通常是铣端面打中心孔机床等）所采用的切削用量较大，加工内容简单，单件时间短。加上基面加工和后续工序之间往往要更换夹具，要实现自动化也有一定困难。因此常将这种机床放在柔性系统外，作为前置工区，由人工操作。

当某些工序加工要求较高或实现自动化还有一定困难时，也可采用类似方法，如精镗加工工序、检验工序、清洗工序等可作为后置工区，由人工操作。

7.2.2　FMS 的运储系统

FMS 的运储系统的任务主要有以下三方面：

(1) 原材料、半成品、成品运输和储存。

(2) 刀具、夹具的运输和储存。

(3) 托盘、辅助材料、废品和备件的运输和储存。

图 7－2 总结了运输系统的任务和当前采用的工作方式。

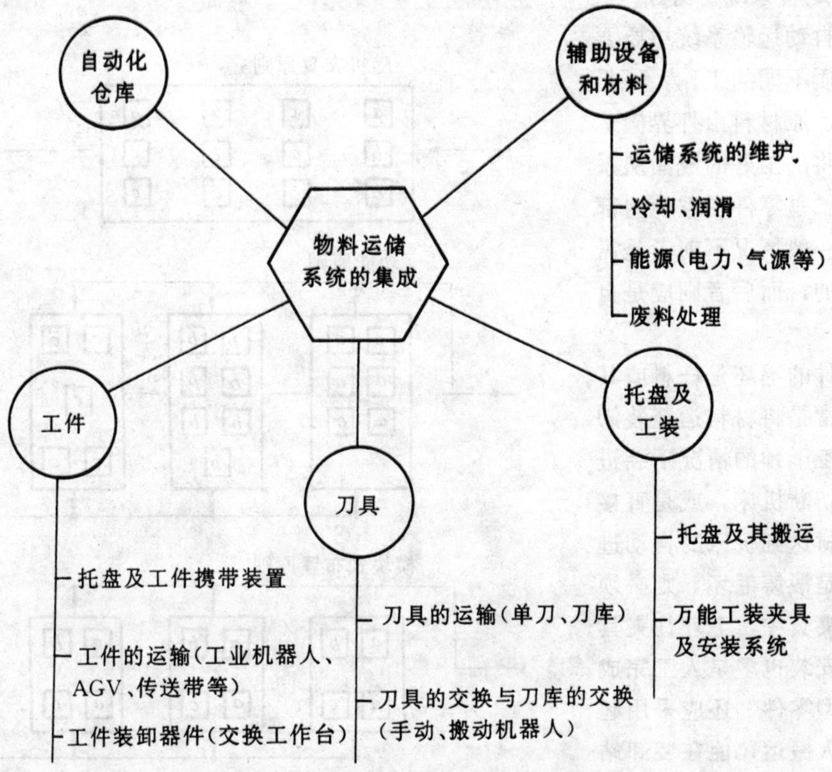

图 7-2　运储系统的任务和工作方式

一、零件自动运输系统的组成和基本形式

1. FMS 的总体布局

零件自动运输系统的组成与 FMS 总体布局有着密切的关系。因此在讨论零件自动运输系统的组成之前，首先介绍一下 FMS 总体布局的原则。根据各方面条件的考虑，系统的总体布局可概括为以下 5 种布局原则，参考图 7-3。

(1) 随机布局原则 (Random Layout)。这种布局方法是将若干机床随机地排列在一个长方形的车间内。它的缺点是非常明显的，只要多于两台机床，运输路线就会非常复杂。

(2) 功能原则 (Functional Layout) (或叫工艺原则)。这种布局方法是根据加工设备的功能分门别类地将同类设备组织到一起，如车削设备、镗铣设备、磨削设备，等等，这样，工件的流动方向是从车间的这一头流向另一头。这是一种典型的按工种分类的车间。这种布局方法的零件运输路线也比较复杂，工件的加工路线，并不一定总是车、铣、磨这样流动，有时也会反方向流动，如车、铣加工以后又进行车削加工。

(3) 模块式布置原则 (Modular Layout)。这种布置方式的车间，是由若干功能类似的独立模块组成。这种布置方式看来好像增加了生产能力的冗余度，但是在应酬紧急任务和意外事件方面有着明显的优点。

(4) 加工单元布置原则 (Cellular Layout)。采用这种布置的车间，每一个加工单元都能完成相应的一类产品，这种构思的产生是建立在成组技术思想基础上的。

(5) 根据加工阶段来分 (By Stages)。将车间加工阶段分为装备加工阶段、机械加工阶段和特种加工阶段。

2. 自动运输系统的组成

零件的自动运输系统主要要完成两种性质不同的工作，一是零件的毛坯、原材料由外界搬运进系统以及将加工好的成品从系统中搬走；二是零件在系统内部的搬运。在一般情况下前者是需要人工干预的，而后者则应是自动完成的。

如果零件的毛坯是杆料或其他型材，通常是将材料运至装卸站后，在人工干预的情况下装进中央仓库或切断机床，或是直接将杆料和型材送到机床的自动进料装置。若是锻铸毛坯，则必须将毛坯装进夹具中，毛坯往夹具中的第一次安装也多是人工完成的，对于重型零件，还应采用起重机或机器人搬运，但在装卸站也是需要人工调整和由人操纵这些机器人和起重机。

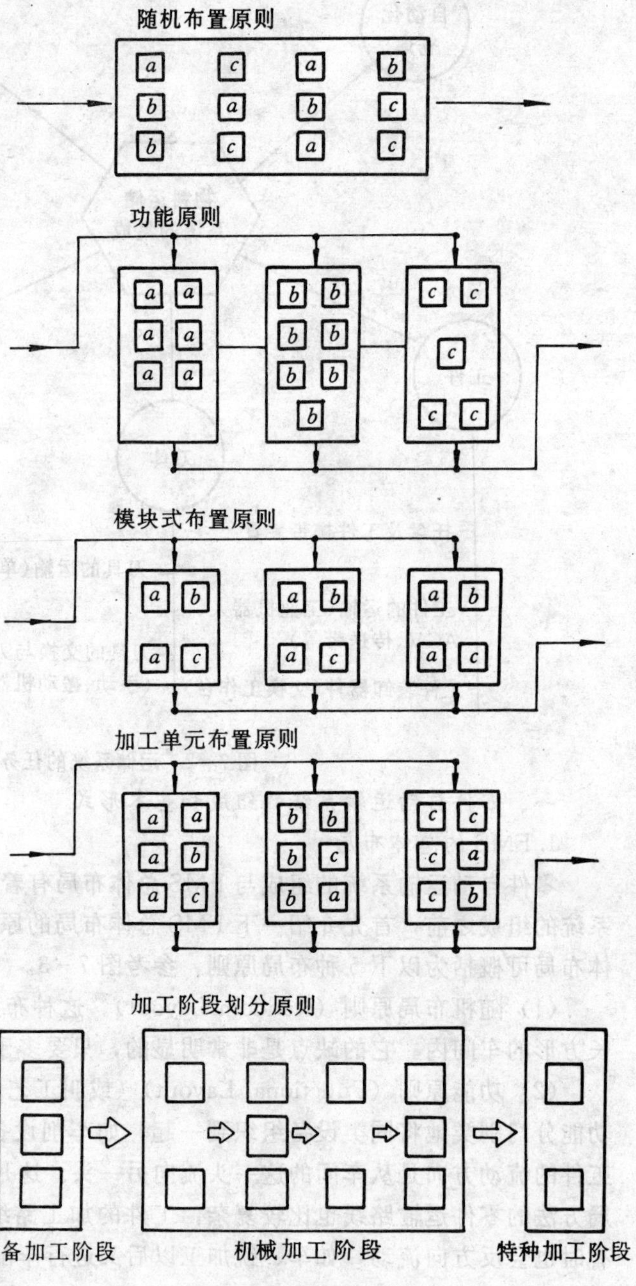

图 7-3 FMS总体布局原则

零件在系统内部的搬运所采用的运输工具，目前比较实用的主要有三种：传送带、运输小车和搬运机器人。传送带主要是从古典的机械式自动线发展而来的，目前新设计的系统用得越来越少。运输小车的结构变化发展得很快，形式也是多种多样，大体上可分为无轨和有轨两大类。有轨小车有的采用地轨，像火车的轨道一样。也有的采用天轨，或称高架轨道即是把运输小车吊在两条高架轨道上移动。无轨小车，又因它们的导向方法的不同，分为有线导向、磁性导向、激光导向和无线电遥控等多种形式。FMS发展的初期，多采用有轨小车，随着FMS控制技术的成熟，采用自动导向的无轨小车越来越多。

3. 自动运输系统的基本形式

从零件自动运输系统的布局来看，又可将它们分为串行工作方式和随机工作方式两大类，串行工作方式又可分为直线移动（往复式）和封闭循环式两大类。随机工作方式又可分为直线往复式、封闭循环式和网络式三大类。图 7－4 列出了这五种典型运输方式的示意图。

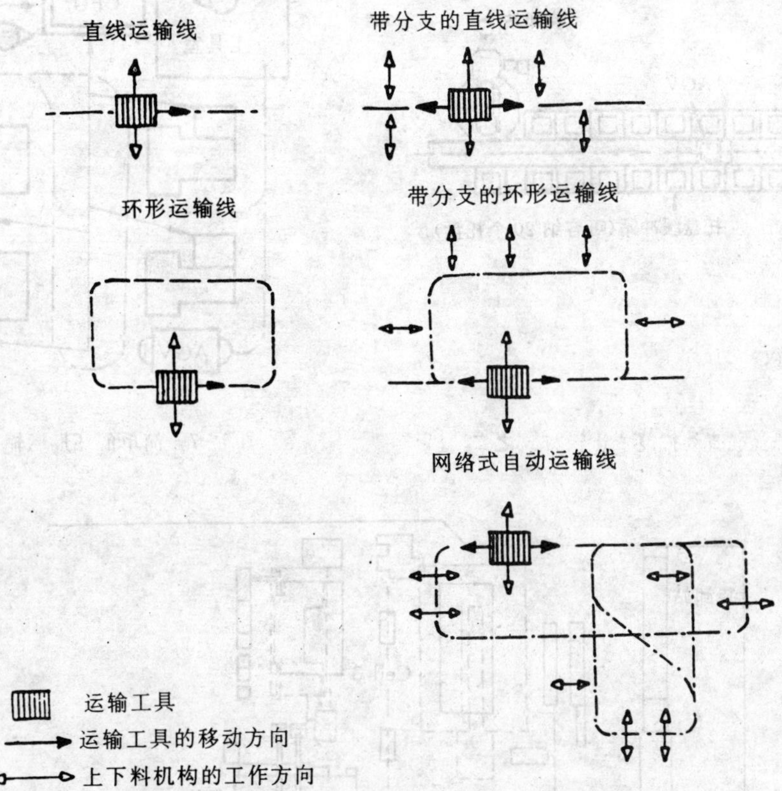

图 7－4　典型运输方式的示意图

不论串行方式还是随机方式，采用直线往复和封闭循环运输时，多数利用传输带来实现。而网络式则利用自动导引小车（AGV）或搬运机器人来实现。

FMS 发展的早期，可能是受机械式自动线的影响多采用直线往复式封闭循环的运输方式，图 7－5 和图 7－6 就是两个直线移动方式的例子。图 7－5 的特点是机床排列在运输线的一边。图 7－6 所举的例子也是一种直线往复式的运输方式，两台水平式加工中心，位于 AGV 的导向导轨的一端，彼此面对面地排列。导轨的另一端是装卸站。中间部分，导轨的两边并列排放着 19 个托盘站（包括小车上的托盘共有 20 个）。

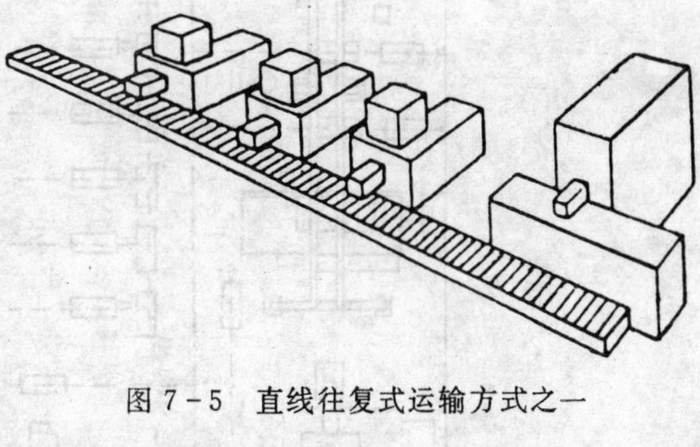

图 7－5　直线往复式运输方式之一

该系统用来加工 50 种不同的铝铸件，批量大约为每月 50 件/种，有齿轮箱、法兰盘等。工件的基面加工由车间另外配置的一台加工中心和两台钻床来完成，以便保证工件在托盘上定位的精度。工人在装卸站将工件安装在相应的托盘中的同时，将托盘号和零件号输入给计算机，计算机根据调度计划，可以命令 AGV 在哪里装卸工件，并指令加工中心，调用加工程序控制加工。

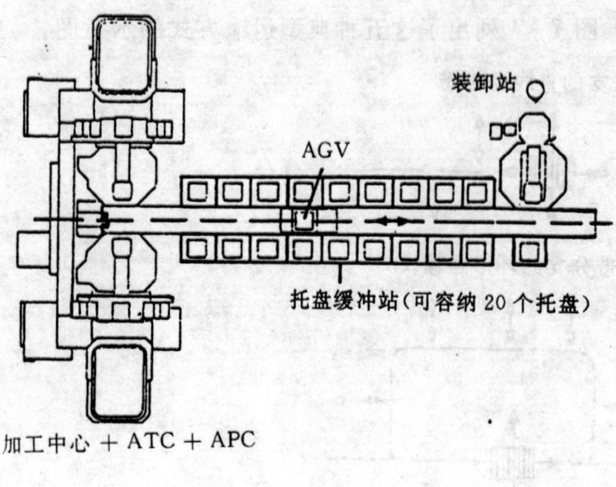

图 7-6 直线往复式运输方式之二

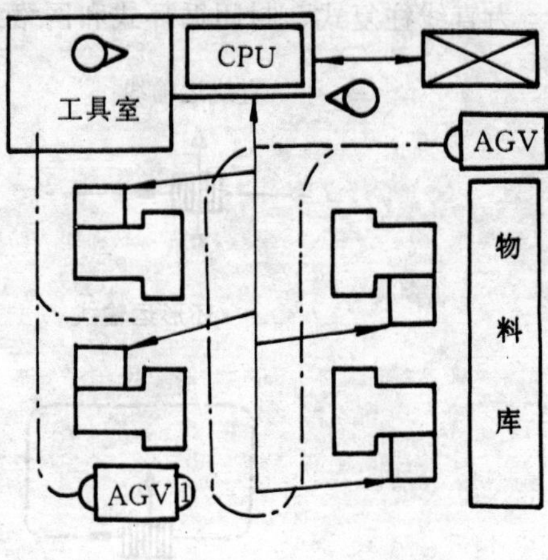

图 7-7 简单的环形运输系统

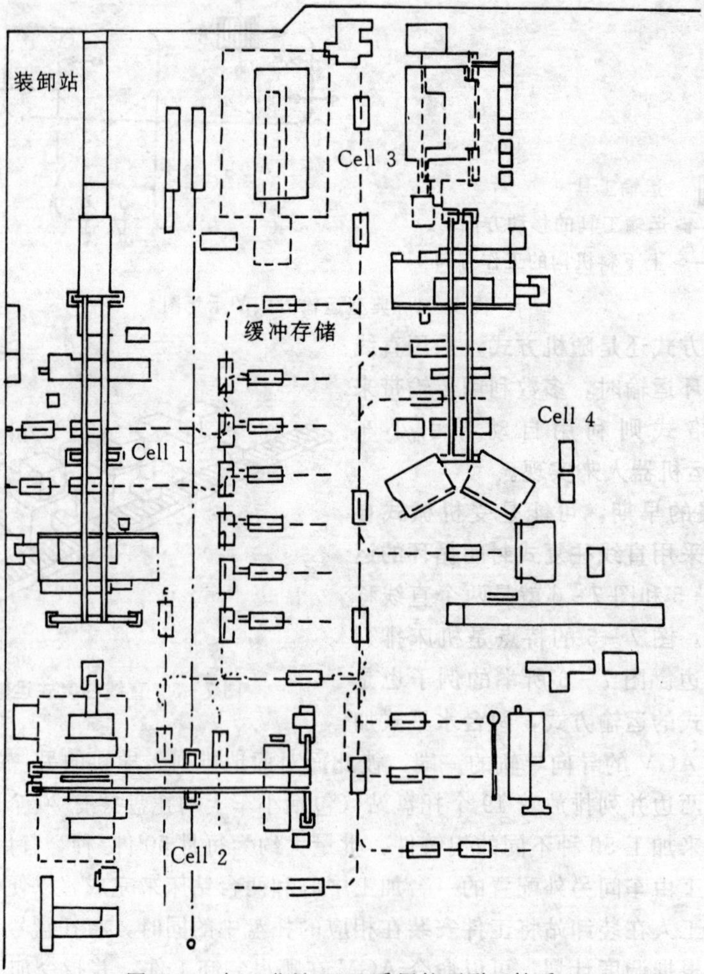

图 7-8 加工曲轴 FMS 采用的环形运输系

图 7-7 和图 7-8 则是两种循环式的布置，循环式布置的搬运工具可以用导轨也可以是各种形式的无轨小车。图 7-7 是一个简单的循环系统，用了两台运输小车，AGV1 和 AGV2，AGV1 是刀具运输小车，它的任务是将中央工具库的刀具分别运到四台加工中心处，与加工中心的刀库交换刀具。AGV2 是零件运输小车，任务是从自动从仓库中取出毛坯和原材料，运送至各加工中心，再把加工中心加工好的半成品或成品搬运到其他加工中心或中央仓库。

图 7-8 是一个用来加工两种不同类型曲轴的 FMS，采用循环运输系统。图中有四种加工单元，Cell1，Cell2，Cell3 和 Cell4。Cell1 包括一台 Swedturn 18CNC 车床，平衡机用来确定毛坯的中心线，并打上记号，Swedturn 18 用来粗加工法兰面和主轴颈表面。Cell2 包括一台 VDFCNC 铣床和一台车床，用来铣削曲轴承载表面和车削平衡重块。Cell3 包括一台 VGF Bochringer 铣床和一台车床，用来进一步加工曲轴轴颈和两个孔口平面。Cell4 包括一台精密的 Swedturn 18CNC 车床和一台加工中心，用来完成最后精加工。加工单元内有一桥式上料器，服务于两台机床之间。

零件的毛坯由装卸站进入系统，进入系统之前没有任何准备工序，操作人员在装卸站使用吊车将铸钢毛坯装在传送带上，传送带把它们送到第一个加工单元。传送带可装载 15 个曲轴，足够 1.5 h 加工的需要。Cell1 的桥式上料器拣起曲轴，送至机床上加工或放到托盘上等待加工，每个托盘上可放置 5 个工件。加工过的零件也由上料器送回托盘，等待运走。自动输送小车根据控制计算机的命令，可将一个单元的零件连同托盘送到另一个单元。托盘在单元内放在一个支架上，小车进入托盘的下面，小车的台面自动升起，就将托盘连同工件装到小车上。此后，就可以将工件连同托盘送到另一个加工单元。小车走到另一单元后，停在安放托盘的支架下面，小车的台面自动落下，托盘连同工件就停放在支架上。再根据加工命令，由桥式上料器将托盘上的工件搬运到机床上进行加工。

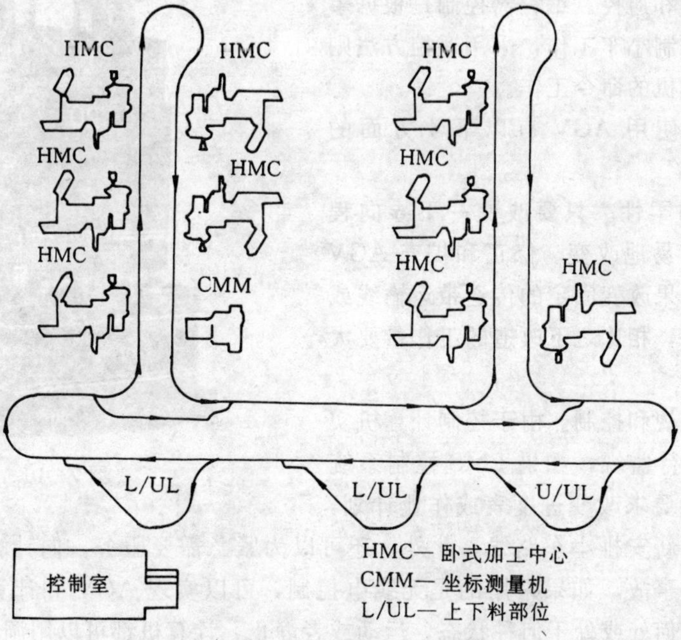

图 7-9　网络式运输系统

如果工件在运输过程中发现正在送往某个单元的托盘支架已经占用，就将托盘先送往托盘缓冲存储库，等该单元中的托盘支架空出后，再将存在缓冲库中的托盘取出，送往应当送往的单元中。缓冲库最多可存放 6 个托盘，也就是有 30 根曲轴的容量。

图 7-9 是一个网络式运输系统的例子，运输路线可以有几条封闭环路，网络式运输系统便于小车寻找最优的运输路径。

该系统是休斯飞机公司为了加工种类不多的铝合金壳体零件而设计的 FMS 生产线。加工种类为 5～6 种，批量为 4 500～7 000 件/年，属中批量生产。系统由 9 台加工中心、1 台坐标测量机组成。每台加工中心和测量机都配备有一个专门的托盘短程传送装置，它把 600 mm×600 mm的工件托盘连同工件，从物料传送线上取下，送至机床；或将工件托盘从机床上取下，送至物料运输线。

运输系统采用的运输工具为一种用牵引索牵引的小车，它可以自动地把工件输送到各台加工中心或坐标测量机。图中的箭头标出了运输小车行走的方向，只要控制小车在分叉处的走向，小车就会沿着不同的路线行走。

二、自动导向小车

自动导向小车（Automatic Guided Vehicle）简称 AGV，广泛应用于 FMS 的实际工作中。事实上早在 20 世纪 50 年代初期就曾出现了无人驾驶的拖拉机，20 世纪 60 年代又出现了用来研究月球的登月机器人车。今天的自动导向小车，就是一种由微机控制的，按照一定的程序或轨道自动完成运输任务的运输工具。

图 7-10 是一种小型的 AGV 的外形图和它的外形尺寸。miniCART—50，miniCART—100，miniCART—200 的载重分别为 50 kg，100 kg 和 200 kg。这些 AGV 有两种控制方法：编程器控制和遥控。编程器控制是根据事先编好的程序控制小车工作，采用遥控方法则是根据中央计算机的命令工作。

图 7-10

在 FMS 中使用 AGV 有以下 4 方面的优点：

（1）较高的柔性。只要改变一下导向程序，就可以很容易地改变、修正和扩充 AGV 的移动路线。如果改变固定的传送带运输线或有轨小车的轨道，相比之下改造的工作量要大得多。

（2）实时监视和控制。由于控制计算机实时地对 AGV 进行监视，如果 FMS 控制系统根据某种需要，要求改变进度表或作业计划，则可很方便地重新安排小车路线。此外，还可以为紧急需要服务，向计算机报告负载的失效、零件错放等事故。如果采用的是无线电控制，可以实现 AGV 和计算机之间的双向通讯。不管小车在何处或处于何种状态，运动或者静止，计算机都可以用调频法通过它的发送器向任一特定的小车发出命令，且只有响应的那一台小车才能读到这个命令，并根据命令完成某一地点到另一地点的移动、停车装料、卸料、再充电等一系列的动作。另一方面小车也能向计算机发出信号，报告小车的状态、小车故障、蓄电池状态等。

(3) 安全可靠。AGV 能以低速运行，一般在 10～70 m/min 范围内操作。通常 AGV 有微处理器控制，能同本区的控制器通讯，可以防止相互之间的碰撞。有的 AGV 上面还安装了定位精度传感器或定中心装置，可保证定位精度达到±30 mm，精确定位的 AGV 其定位精度可达到±30 mm，从而避免了在装卸站或在运动过程中小车与小车之间发生碰撞，以及工件卡死的现象。

AGV 也可装报警信号灯、扬声器、紧停按钮、放火安全连锁装置，以保证运输的安全。

(4) 维护方便。维护包括对小车蓄电池的再充电，以及对电动机、车上控制器、通读装置、安全报警装置（如报警扬声器、保险框、传感器等）的常规检测。大多数 AGV 都装备有蓄电池状况自动报告设施，它与中央计算机联机，蓄电池的储备能量降到需要充电的规定值时 AGV 便自动去充电站充电，一般 AGV 可工作 8 h，无须充电。

自动导向小车（AGV）的导向方法，目前有以下几种：有轨小车、有线小车和遥控小车。

1. 有轨小车

有轨小车的加速过程和移动速度都比较快且适合搬运重型零件，同时它与旧设备的结合也比较容易。它可以很方便地在同一轨道上来回移动，在短距离移动时它的机动性能比较好，停靠准确。它的一个不足之处是，一旦将轨道铺设好后就不便改动；另一个缺点就是转弯的角度不能太小。

一般概念的有轨小车就是指小车在轨道上行走，由车辆上的马达牵引。此外，还有一种连锁牵引小车，在小车的底盘前后各装一导向销，地面上修好一组固定路线的沟槽，导向销嵌入沟槽内，保证小车行进时沿着沟槽移动。前面的销杆除做定向用外，还作为链牵动小车行进的推杆。推杆活动的，可在套筒中上下滑动。链索每隔一定距离有一个推头，小车前面的推杆可自由地插入或脱开链索的推头，由埋设在沟槽内适当地点的接近开关和限位开关控制。销杆脱开链索的推头，小车停止前进；销杆插入推头，链索即推动小车前进。小车底盘下有车轮，支承负载和滚动前进。这种小车只能向一个方向运动，所以适合简单的环行运输方式。

采用空架导轨和悬挂式机器人，也应属于一种变化发展的有轨小车。悬挂式的机器人可以由电动机拖动在导轨上行走，像厂房中的吊车一样工作。工作以及安装工件的托盘可以由机器人的支持架托起，并可以上下移动和旋转。由于机器人可自由地在 X，Y 两方向上移动，并可将吊在机器人下臂上面的支持架上下移动和旋转，它就可以将工件连同托盘，转移到导轨允许到达的任意地方的托盘交换台交换托盘和工件。

2. 有线小车（线导小车）

有线小车（Wire Guided AGV）的导向方法是靠敷设在地面上的导线来引导小车运动。一般在地面上挖一条长 3～10 mm，宽 10～200 mm 的槽，将导线埋在其中。

导线通过低频交变电流在导线周围形成一个环行电磁场。小车上面装有一对电感探头，当小车偏离轨道时，两个探头的感应电势就会产生差别，利用其感应电势差，控制小车保持始终沿着导线移动。

为了转弯的灵便，小车的车轮应设计成三轮车的形状，马达带动两个后轮，推动小车前进，独立的前轮安装在一个方向接头上面，所以小车的转向非常灵活。应用在大型或重型的零件车间，为了增加小车的承载能力，可以采用四轮甚至八轮的小车。但转弯灵活性相应要降低，这种小车的转弯半径不能太小。

3. 遥控小车

这种小车没有传送信息的电缆，而是以无线电形式发送给接收设备，传送命令和信息，车辆的控制（如起停、转弯）都是以无线电信号形式传递。小车活动范围和路线基本上不受限，故柔性最大。当然，其控制器和操纵机构也就相对复杂，目前还不十分成熟，只是处在实验研究阶段。

4. 光导-小车（Light-Guided）

有些 AGV 采用光学导向，其原理是直接在地面上涂上一层荧光材料，或敷设一层涂有荧光材料的带子，光线照射后，利用荧光材料的反光，激发光敏传感器辨认出小车应走的路线，引导小车移动，这种小车用于办公室和装配车间更为方便。它的最大优点是成本低且便于更改行走路线。

7.2.3 柔性制造系统运动控制

运行控制系统是柔性制造系统的大脑，负责控制整个系统协调、优化、高效地运作。本节首先介绍 FMS 的控制系统，然后分别介绍 FMS 的质量保证系统及数据管理与通讯网络系统。

一、FMS 控制系统

1. FMS 的递阶控制结构

FMS 是一个复杂的制造系统，它的控制系统必然也是很复杂的。复杂控制系统采用递阶控制结构方式是当今的主流方向。也就是说，人们通过对系统的控制功能进行正确、合理的分解，划分成若干层次，各层次分别进行独立处理，完成各自的功能，层与层间保持信息交换，上层向下层发送命令，下层向上层回送命令的执行结果，通过信息联系，构成完整的系统。把一个复杂的控制系统分解为分层控制，减少了全局控制和开发的难度。实际上，美国国家标准局（NBS，现在为 NIST）在其 CIMS 参考模型中提出的递阶控制结构的概念已在国际上被广泛地认可与引用。NIST 对 CIMS 提出的五层（即工厂层、车间层、单元层、工作站层、设备层）递阶控制结构如图 7-11 所示。

实践证明，分层递阶的概念为 FMS 的实现提供了一个行之有效的方法。首先，把复杂的控制过程的管理和控制进行分解，分为相对简单的过程，分别由各层计算机去处理，功能单一，易于实现，不易出错。其次，各层的处理相对独立，易于实现模块化，使局部增、删、修改简单易行，从而增加了整个系统的柔性和对新技术的开放性。最后，分层处理对实时性要求有很大差别的任务，可以充分有效地利用计算机资源。不过，究意分几层为好，这要视具体对象和条件而定，不可千篇一律。

在由工厂、车间、单元、工作站、设备等五层控制所组成 CIMS 体系结构模型中，柔性制造系统覆盖罗列其中的底三层，即单元层、工作站层和设备层。在工厂的经营管理、工程设计、加工制造三大功能中，FMS 负责制造功能的实施，所有产品的物理转换都是由制造单元完成的。工厂的经营管理所制定的经营目标，设计部门所完成的产品设计、工艺设计等都要由制造单元来实现。可见制造单元的运行特性在整个工厂具有举足轻重的作用。

FMS 控制系统是一个多级递阶控制系统。它的第一级是设备级控制器，是各种设备：

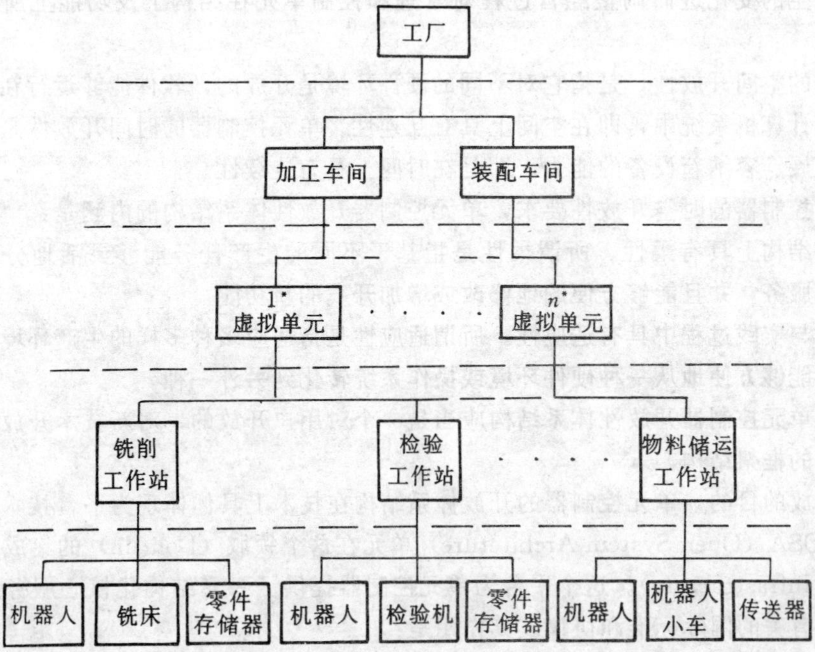

图 7－11　CIMS 递阶控制结构

机器人、机床、坐标测量机、小车、传送装置以及储存/检索系统等的协调控制器。其规划的时间可以从几毫秒到几分钟。这一级控制系统向上与工作站控制系统用接口连接，向下与设备连接。设备控制器的功能是把工作站控制器的命令转换成可操作的、有次序的简单任务，并通过各种传感器控制这些任务的执行。第二级是工作站控制器，这一级控制器负责指挥和协调车间中一个设备小组的活动，它的规划时间可以从几分钟到几小时。例如一个典型的加工工作站可由一台机器人、一台机床、一个物料贮运器和一台控制计算机组成。加工工作站负责处理由物料贮运系统交来的零件托盘，工作站控制器通过工件调整、零件夹紧、切削加工、切屑清除、加工过程检验、卸下工件以及清洗工件等对设备级各子系统调度。

FMS 控制系统的第三级是单元控制器，通常也称为 FMS 控制器。它的规划时间范围可以从几小时到几周。单元控制器作为制造单元的最高一级控制器，是柔性制造系统全部活动的总体控制系统，全面管理、协调和控制单元内的制造活动。同时它还是承上启下、沟通与上级（车间）控制器信息联系的桥梁。因此，单元控制器对实现底三层有效的集成控制，提高集成制造系统的经济效益，特别是生产能力，具有十分重要的意义。

单元控制器的主要任务是实现给定生产任务的优化分配，实现单元内工作站和设备资源的合理分配和利用，控制并调度单元内所有资源的活动，按规定的生产控制和管理目标高效益地完成给定的全部生产任务。

2. 具有开放性的单元控制器结构模型

由于制造企业总是处在多供货商的环境中，而且企业面对的是一个多变需求的环境，这就要求制造企业必须在组织和生产结构上具备一种自适应的动态调节能力，以适应外部环境在技术、市场、组织机构等方面发生的变化或发展。因此作为直接控制 FMS 制造活动的单元控制器，应当有一个合适的体系结构。这个结构必须具有时间上和空间上的开放性，以满足企业因外界发生的变化进而调整经营过程对管理和控制单元在结构上及功能上所提出的要求。

单元控制器的空间开放性，是指它对不同的硬件环境是开放的，软件能够运行在不同制造厂商的异构的计算机系统中，即在空间上具有互连性。单元控制器的时间开放性是指它能适应新技术的发展、容纳新设备的能力，即是在时间上具有连续性。

根据对单元控制器的时空开放性要求，单元控制器开放性体系结构的内涵是：

(1) 在功能结构上具有柔性。所谓柔性是指基于不同的生产任务能够灵活地分割及组合，提供不同的服务，并且能够方便的地修改或增加开发的新功能。

(2) 在应用与实践过程中具有适应性。所谓适应性是指适应多种多样的生产环境，在异构计算机环境中能够方便地从一种硬件环境或操作系统转化到另外一种。

由此可见，单元控制器开放性体系结构应当是一个对用户开放的、对新技术开放的、对设备制造商开放的框架结构。

为了实现开放的目的，单元控制器的开放体系结构在技术上具体体现为平台技术。它本质上就是 CIM/OSA（Open System Architeture）单元在这个领域（Domain）的集成基础结构（Integrating Infrastructure)。这个平台为单元控制器提供了一套结构化核心服务和公共服务，并且遵循有关的国际标准和协议。其作用是：

(1) 将用户的应用程序与单元控制器的实施环境相隔离；

(2) 实现单元控制器与上级控制器（车间)、同级控制器以及下级控制器（工作站）的互连，使单元控制器成为 CIM 系统中有机的组成部分。

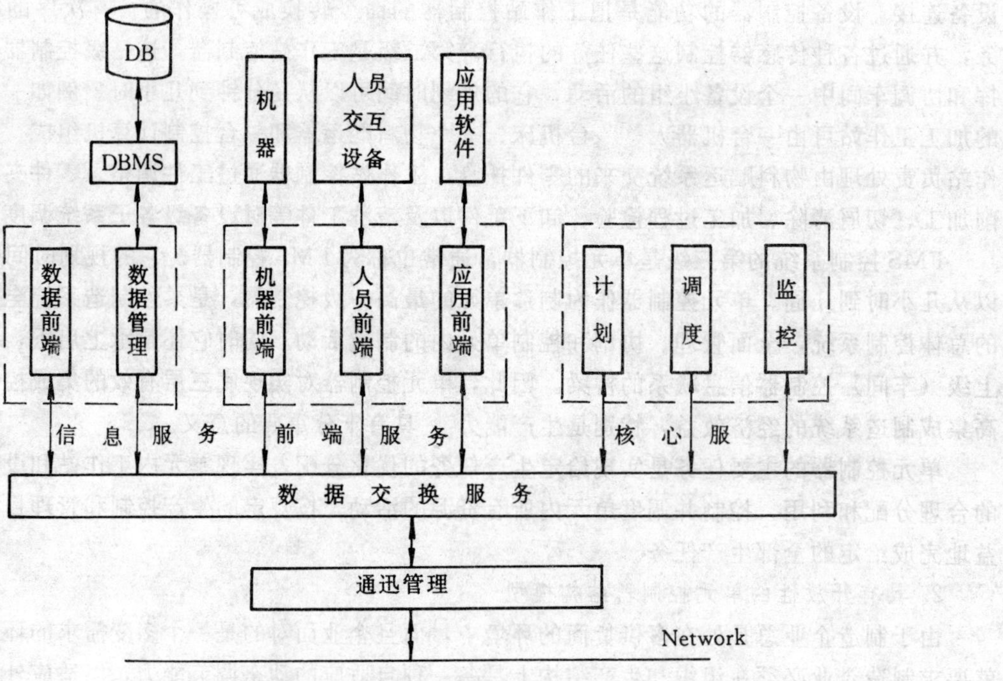

图 7-12 开放体系结构的单元控制器

图 7-12 是一种符合开放性概念的单元控制器模型，它由核心功能服务、通讯服务、信

息服务和前端服务四大部分组成。

(1) 核心功能服务。它提供的是单元层最核心、最基本的服务。这些服务是指计划、调度和监控服务。通过这些服务，实现单元控制器的最基本的功能。

1) 计划。根据车间下达的周生产计划，在一定的策略支持下，制定出单元的日/班作业计划和相应的生产准备计划。

2) 调度。根据单元的实际运行状态，为完成单元生产计划而作出的具体实施计划。它是在调度规则库的支持下，决定工件进入系统的队列和进入系统后的加工队列。并对意外情况如机床发生故障、紧急订货等进行实时调度。

3) 监控。实时处理和反馈单元内加工状态和资源状态信息，为计划和调度提供依据。同时产生统计报告。

(2) 通讯服务。单元控制器作为CIMS计算机网络上的一个节点，其内部的信息交换是通过数据交换服务完成的，而与网上其他节点之间的信息交换则是由数据交换和通讯管理两个服务共同完成的。用户并不需要知道具体的通讯过程和与其通讯的实体位置。

1) 数据交换服务：直接处理通讯请求，并为单元控制器内部各种服务之间提供通讯服务。

2) 通讯管理：它是基于开放系统互连基本参考模型OSI的概念和有关国际标准，实现网上节点与节点间的通讯，支持异构系统的应用集成。

(3) 信息服务。信息服务的目的是管理单元控制器数据的存储和检索，保证数据一致性和有效性。它不要求用户去了解数据存储于何处和如何存储。信息服务包括以下两部分：

1) 前端服务。它负责对数据存储和检索请求的控制。作为用户和系统之间的数据处理接口，处理所有用户对信息的所有请求。

2) 数据管理。负责处理和响应来自数据前端的请求，通过DBMS接口，实现数据的存储、检索、恢复和转换。

(4) 前端服务。前端服务提供了FMS所有功能实体与集成平台所有服务的交互，这些前端服务包括：

1) 机器前端服务。它以统一的方式表示所有的外部数据处理设备，例如CNC机床、机器人控制器、可编程控制器等，并实现外部设备与单元控制器内各种服务的交互。按照CIMS通常的五层递阶控制结构，单元控制器的下一级是工作站控制器，而不是底层设备控制器，因此机器前端服务应当在工作站这个节点内，在单元控制器中可以没有机器前端服务。但是作为一个通用的结构模式，这里还是设置了机器前端服务。因为在某些场合，单元控制器直接控制设备，而没有工作站这一层。

2) 人员前端服务。这里的人员是指操作人员、交互设备和设备代理等。人员前端服务的目的是将人员与系统紧密连接，而这种连接是与应用程序和设备无关的，它提供用户接口，实现人员与各种服务的交互。

3) 应用前端服务。实现应用程序与系统各个服务的交互，并使应用程序与环境无关，从而使应用程序易于维护和移植。

在单元控制器这个平台的基础上，可以开发一系列应用软件模块以供选择。平台通过应用前端与不同应用软件模块的灵活组合，使得单元控制器可以满足不同用户的要求或同一用户的不同要求，而这样的单元控制器其体系结构是开放的。

因此按照上述概念设计的单元控制器，功能分解合理，提供服务完善，各模块之间关系清楚，开放性好，事实上，这个具有开放体系结构的控制器模型，不仅适用于单元控制器，同样也适用于车间控制器和工作站控制器，所不同的是其各自的核心功能服务内容不同而已，而作为计算机网上的一个节点，它们的公共服务本质上是一样的。

3. 动态重构单元控制器

现代企业面对的是一个多变的需求环境，FMS 面对的加工任务也是多变的。这种变化包括生产零件的品种、类型、规格、批量和交货期等各个因素的变化。由于生产任务的不同，其加工工艺路线也会变化，使得所需的设备资源和设备负荷也不同，因此，传统的将设备资源固定在一个制造单元的资源组织模式存在以下问题：

(1) 由于设备负荷的不平衡，使得某些资源的利用率下降，从而造成资源浪费，生产成本上升。

(2) 由于设备负荷的不平衡，又使得某些资源特别紧张，形成瓶颈，使得生产率下降。

(3) 由于单元内设备资源是固定的，不能适应因为生产任务的变化而需要的最优工艺路线组合，从而造成工件跨单元的加工，导致了辅助资源（例如：物流输送系统的小车、托盘、夹具等）的紧张，使得生产能力下降，交货期拖延。

为了克服以上缺点，一个适应市场竞争需要的 FMS 或制造单元应当是一种动态可重构单元，它的控制器是动态重构单元控制器。这种动态可重构单元具有以下特征：

(1) 单元是由若干个具有相对独立功能的工作站组成。

(2) 单元控制器所控制的工作站不是固定的，随着生产任务的不同，组成单元的工作站是动态变化的。在某个时间片段内，为了完成某项具体的生产任务，根据单元重构的原则和算法，确定车间内那些工作站属于哪个单元。一旦任务完成，旧单元解体，并根据新任务的要求又重构新的单元，所以单元的组成是动态的。

(3) 工作站的物理位置是固定的，单元重构时并不要求这些设备重新布置，所以这是一种逻辑上重构的单元，因此也称为逻辑单元或虚拟单元。它是通过计算机网络实现对工作站的分布式控制的。因此单元的重构需要计算机网络通讯技术的强有力支持，以实现单元控制器与工作站之间的通讯应答和数据传递。图 7-13 给出了适用于单元重构的系统局部网络的形式之一。

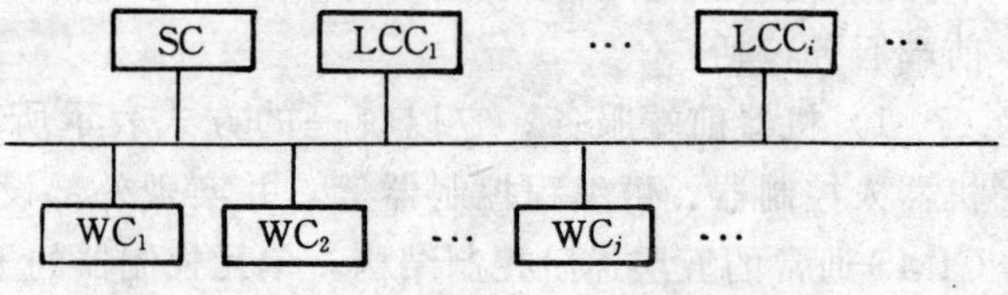

图 7-13 计算机网络支持下的单元重构

SC—车间控制器

LCC—逻辑单元控制器

WC—工作站控制器

(4) 车间控制器根据生产任务的不同，作出对虚拟单元如何重构和何时重构决策。因此单元重构的软件系统是驻留在车间控制器内的。

(5) 由于虚拟单元控制器控制的工作站的数目和类型是随着重构的实现而动态变化的。因此虚拟单元控制器应当是一个具有开放体系结构的通用单元控制器。

就功能而言，虚拟单元控制器从其重构开始到解体为止的生命周期内和一般单元控制器一样，起着承上启下的作用，负责对单元层的控制、管理和协调工作。

动态逻辑可重构单元的概念是对 CIMS 开发系统结构的重要贡献。美国国家标准局在 80 年代初首先提出了虚拟单元的概念，在世界上 CIMS 研究领域引起了巨大反响，欧洲共同体ESPRIT计划以及我国对此也开展了深入的研究。可以预计单元重构的思想和研究单元重构的技术将会随着CIMS/FMS技术的推广而越来越受到人们的重视。

二、FMS的质量保证体系。

1. FMS的质量保证体系结构、功能概念

制造业经历了由产品导向、制造导向、销售导向发展到了今天的竞争导向阶段。随着制造业的发展，质量观念也随之发生变化。在生产导向阶段，产品质量是指产品是否达到了设计者期望的功能；在制造导向阶段，高质量意味着符合产品规范；在销售导向阶段，质量要求除符合规格外，还包括质量保证的一系列措施；在竞争导向阶段，所谓质量则是指满足用户愿望与需求，并保证产品在其生命期内始终使用户满意。对一个生产经营型企业来说，提高质量就是从经营的目的出发，用最经济的方法在产品性能、价格、交货期、售后服务方面满足用户的需求。产品质量是六种质量的综合体现：规范质量、设计质量、供给质量、制造质量、检验质量、使用质量。企业为满足用户的要求，使自己的产品具有竞争力，就必须将市场调研、产品设计、生产技术准备、产品制造、检验直到销售等一系列活动作为一个有机的整体，对生产活动实行全面的质量控制（TQC）。

柔性制造系统是一个将机械制造、计算机技术、自动化技术、信息通讯技术集于一身的具有高度自动化水平、高度柔性的先进制造系统。质量保证系统QAS（Quality Assurance System）是其一个重要组成部分。柔性制造环境下的质量保证系统的作用在于：

(1) 通过质量信息的集成，实现质量信息的及时处理与反馈，从而保证产品质量及制造过程的改善。

(2) 可以将用户的需求直接用于控制产品的设计工作，并对设计及工艺进行分析和审核，尽早发现在制造过程中可能出现的质量缺陷，实现在设计阶段保证产品质量。

(3) 及时向操作者和管理人员提供正确的制造过程信息及产品质量信息。

柔性制造环境下质量保证系统有如下特点：

(1) QAS对产品的整个制造过程进行质量控制。典型的质量环如图7-14所示。

(2) QAS通过分布式数据系统及计算机网实现质量信息的提取、交换、共享和处理。

(3) QAS广泛采用各种智能技术（专家系统、神经元网络等）进行各种复杂信息处理，实现系统功能。

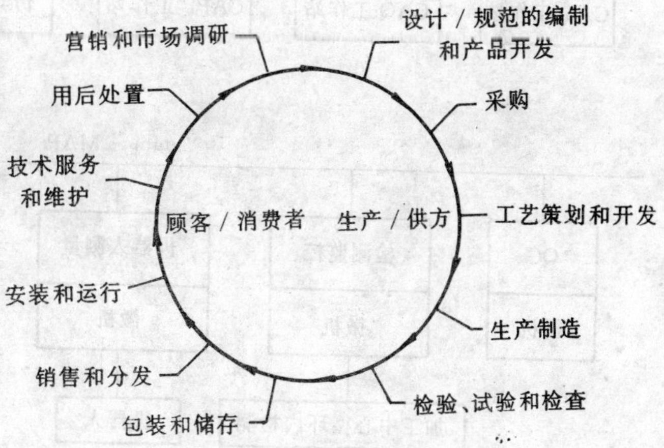

图7-14　典型质量环

(4) QAS强调在质量问题的“源”处控制质量，即在质量缺陷产生的初期进行控制，而不是仅仅对已产生的质量缺陷进行处理；进行过程控制而不仅仅是产品控制。

基于FMS QAS的上述特点，QAS包括了从设计、生产技术准备、产品制造、检验、评价与改进等方面的活动，是一个非常复杂的系统。为了提高整个系统的可靠性、信息处理

的及时性及信息的共享，QAS采用分布式质量数据库为基础的分级结构：工厂级、车间级、工作站及和设备级。

在工厂级，QAS主要完成如下任务：

(1) 将用户对产品需求信息转化为产品的设计、制造和检验参数，使得产品的设计、制造过程受到用户的直接控制。

(2) 对产品的设计方案、工艺方案进行审核与仿真，预防和发现设计及工艺准备中出现的质量问题，并反馈给CAD，CAPP系统及时进行修改。

(3) 制造生产过程检验计划和产品工序质量控制及质量检验计划。

(4) 进行质量成本的计划与分析，制定质量改进计划。

在车间级，QAS主要功能有：

(1) 根据工厂级下达的生产过程检测计划和产品工序质量控制及质量检验计划，生成相应的检验与控制程序指令，并下达给单元控制器。

(2) 对整个生产过程进行及时监控。

(3) 对发生的故障进行分析和诊断、排除。

(4) 对产品的工序间加工质量及最终质量问题进行分析和诊断，并提出相应的调整措施。

(5) 将有关的质量信息反馈给有关的子系统部门。

在工作站级，QAS主要完成如下任务：

接收车间级下达的各项指令，并据此控制有关设备的协调工作。

在设备级，QAS主要完成如下任务：

根据工作站控制器下达的指令，进行具体操作，实现系统的基本功能。

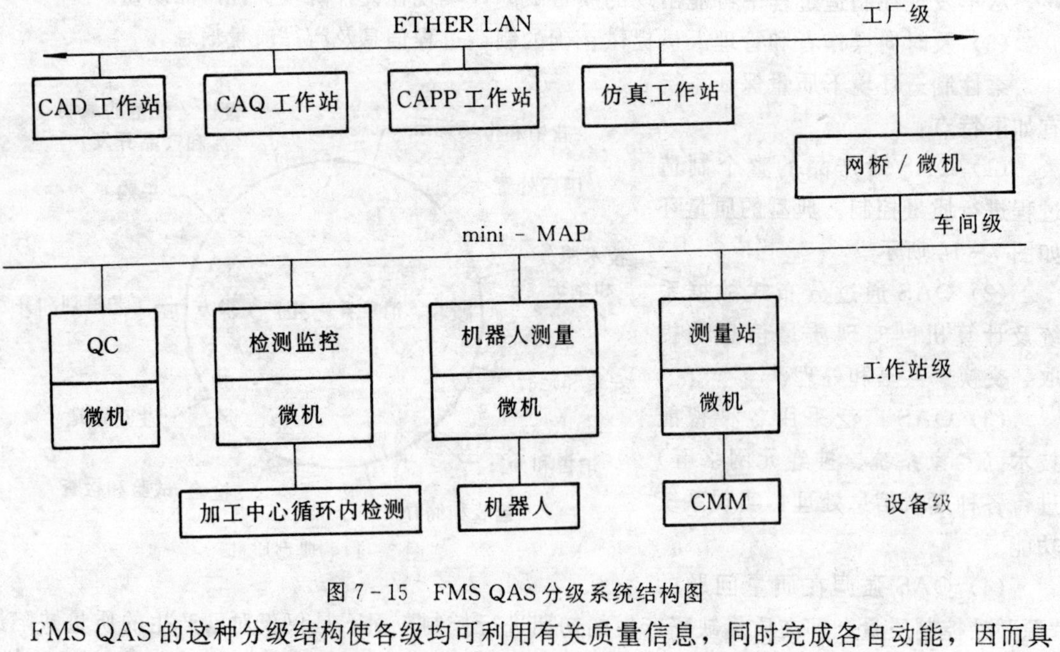

图7-15　FMS QAS分级系统结构图

FMS QAS的这种分级结构使各级均可利用有关质量信息，同时完成各自动能，因而具有较快的响应速度，对质量问题进行及时控制，其系统结构如图7-15所示。在工厂级的各个子系统之间通过以太网联接，实现信息的交换与传输；车间采用MINI-MAP网；在工厂与车间之间利用网桥实现信息交换与共享；工作站与各设备间利用串行接口进行通讯。

2. 质量保证、质量管理与质量控制

质量保证（QA）是指：对某一产品或服务能满足规定质量要求，提供适当信任所必需的全部有计划、有系统的活动。

质量保证是一种有目的、有计划、有系统的活动。不是仅仅针对某项具体质量要求的活动，不是一些互不相关的活动，也不是一些质量活动的机械组合。

质量保证分为内部质量保证和外部质量保证两个部分。内部质量保证是质量管理职能的一个组成部分，这是为向组织各层次管理者提供信任，使他们相信本组织提供的产品或服务满足要求。外部质量保证是为了向需求方提供信任，使需求方相信该组织提供的产品或服务满足要求。

质量管理（QM）是指：制定和实施质量方针的全部管理职能。

这里提到的方针是一个组织的总的质量宗旨和质量方向，是一个比较长远的、组织所应遵循的有关质量方面的总的宗旨。因为质量管理的职责是负责质量方针的制定与实施，是由组织的最高管理者承担并与组织内各成员相关的一项系统性活动。

质量控制（QC）是指：为达到质量要求所采取的作业技术和活动。

定义中的“作业技术和活动”是为了达到质量要求所采取的，而不是组织所有的作业技术和活动。“质量要求”需要转化为质量特性，这些质量特性可用定量或定性的规范来表示，以便于质量控制的执行和检查。

质量系统（QS）是指：为实施质量管理的组织结构、职责、程序、过程和资源。对质量系统的理解应注意以下两点：

（1）质量系统不仅包括组织结构、职责、程序等软件，还包括“资源”。资源是指：

1）人才资源和专业资源；

2）设计和研究设备；

3）制造设备；

4）检验和试验设备；

5）仪器、仪表和计算机软件。

（2）质量系统并不包括质量方针的制定。因此一个组织的质量系统是包含在该组织的质量管理范畴之内的。

质量保证、质量管理、质量控制的关系如图 7-16 所示。

由图中不难看出：

1）最外的正方形代表质量管理，它包括质量方针的制定与实施，是一个大的概念，它包括了质量方针、质量体系、质量控制、质量保证。

2）正方形内最大的虚线代表质量体系。实施质量管理依靠质量体系，它包括了质量控制和质量保证。

3）正方形内的小虚线圆被S形虚线所隔开，分别为内部质量保证方面和质量控制方面。S形虚线隔开是说明内部质量保证和质量控制犬牙交错、密不可分，内部质量保证离不开质量控制。

4）剖面线代表了合同环境下外部质量保证方面。在合同环境下对某一特定产品或服务的质量保证都是在该组织质量体系的基础上增减要素所形成的不同保证模式。

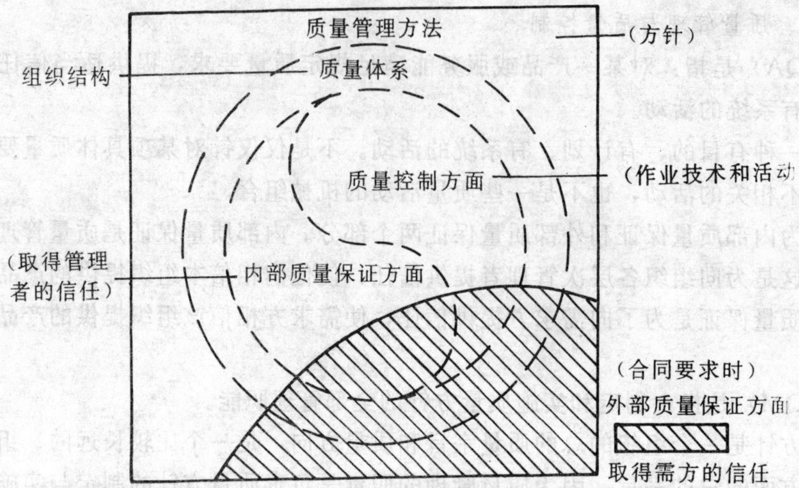

图 7-16 质量保证、质量管理、质量控制的关系

3. 质量系统的发展与现状

全面质量管理（TQC）的概念，早在 20 世纪 60 年代初由美国通用电气公司 Feigenbum 博士首先提出，并为世界各国所接受。日本质量专家石川庆先生提出的全公司范围的质量管理（CWQC）是 TQC 思想的深化和具体应用。

基于 TQC 方式适应企业的质量系统是 20 世纪 70 年代才开始的。在 20 世纪 80 年代，质量职能向广泛的、多职能的全面质量保证发展，质量系统在理论上能综合而连续地控制全部关键的活动，使质量保证真正普及整个组织范围之内，而不仅仅限于生产过程。在 20 世纪 90 年代，由于制造技术和检测手段的自动化，再加上计算机技术的普及，质量系统也向自动化、集成化迈进。

目前国外对自动化系统（如 FMS CIMS）中的质量系统的研究有两个流派：一个为了与 CAD，CAPP，CAM 相比较，将其表示为 CAQ；另一个就是把它看成相对独立的子系统，表示为 IQS。德国人常使用前一个名称，最典型的是在德国国家标准技术研究所（DIN）的研究报告中关于 CIM 的定义。美英学者认为质量系统是一个相对独立的系统，常使用 IQS 的概念。IQS 的最早概念是美国 Illinois 大学 Urbana 分校的 S. G. Kappor 等人在 1984 年 AIIE 会议上提出的。

日本学者对质量系统的研究着眼于质量控制方法。日本人认为产品质量问题主要是管理方面的问题，它占整个质量问题的 80%以上。因此，日本人广泛开展 QC 小组活动，把制造过程 QC 小组推广到设计、采购等部门，使 QC 小组在全厂范围内普及。

国外对自动化系统中 QS 的研究比 CAD，CAPP，CAM 的研究大约晚 5 年，但从 20 世纪 80 年代中期以来，CAQ 和 CIQS 的研究和开展受到越来越广泛的重视。具有代表性的是 1989 年由 IFIP 召开的，CIM 系统中的计算机集成质量系统（Computer Integrated Quality System in CIM System）国际会议。会议主题包括：①CIQS 的建模和体系结构；②CIM 中的 CAD，CAM，CAQ 的集成软件；③生产检测的柔性自动化；④CIQS 中的知识工程和专家系统。

与此同时先进国家的一些企业，为了提高产品质量，增加企业产品竞争力，也开发了各自的质量系统。如前联邦德国 MTU 公司在其大功率发动机生产中正在实施的质量信息管理系统（QUISS）包括了质量保证的四种基本功能，即质量计划、质量检验、质量控制和质量改进。

我国是开展TQC较迟的国家，计算机和自动化技术在质量系统中的应用也只是近几年的事，而且大部分主要用于质量报表的生成，远远落后于发达的工业国家。从20世纪90年代初期开始，我国的一些高等院校已开展了FMS中QS技术的研究，目前在FMS检测监控与故障诊断、柔性制造环境下质量系统体系结构、检测规划的自动生成等方面进行了研究，并获得了进展和成果。目前正在此基础上进行更深层次的研究。

三、FMS的数据管理与通讯网络

1. FMS信息系统的开放体系结构

FMS是工厂的一个制造单元，是生产的调度和控制的集成体。但是由于FMS是CIMS的单元技术，因而在谈及FMS信息系统时，应该联系CIMS的体系结构。否则，又将是一个自动化孤岛。

在设计FMS信息系统体系结构时，必须解决两个问题：一个是信息的集成，另一个则是信息的共享问题。而开放性的体系结构，正好提供了这两个支持。

（1）必要性　由于FMS中，各计算机承担不同的功能，完成不同的任务。设计系统的计算机要求速度快、容量大和图形功能强；单元层计算机需要有管理、调度的功能，实时性要求不那么严格；工作站层机和设备控制机要求可靠性高、实施性强的工业级计算机。因此，在FMS中计算机将不会是统一的，有小型机（或服务器）、CAD工作站和工业级计算机。一般来说，众多计算机将会分成若干子网，然后联接到主干网上，这就形成不同型号，不同厂家、不同年代计算机的联网问题以及不同网络的互联问题。这一切都需要有一个强有力的集成环境，因此，开放体系结构的形成就成为必然结果。

（2）实现的条件　由于世界各国在高技术领域的竞争，实施自己的高技术发展，FMS、CIMS工程的异军突起，迫使各计算机厂商都致力于建立自己的开放系统的研制，并成立了若干国际的标准化组织，如电子电机学会（IEEE）的可移植式操作系统界面标准委员会（IEEE/POSIX）、X/Open、开放式软件基金委员会（OSF）等。这三个标准化组织，完成UNIX操作系统的标准化，并提供可移植的应用环境标准。它们的工作重点有两个：一为应用程序界面（API），促使操作系统和应用软件互通；另一个为使用者界面，促使屏幕、表格、视窗和其他功能能以标准方式让使用者和系统沟通。另外，国际标准化组织颁布的开放系统互连（ISO/OSI）的7层参考模型，为各种网络协议提供了参考模型标准。现有的网络标准都在向此标准靠拢，兼容较好的是MAP/TOP协议（3.0版）。MAP3.0的应用层协议的MMS（制造信息规范）为FMS提供了完整的服务定义，这些服务定义已被国际标准化组织以ISO/IEC9506标准正式颁布。

（3）FMS信息系统组织与原理模型　FMS信息系统是由不同类型、不同年代、不同厂家的计算机组成的多级计算机控制系统，在此系统中每台计算机担负不同的任务。众多的计算机在网络和数据库的支持下，得到数据共享和相互通信，使整个系统协调一致地工作。完成从产品设计（包括工艺设计、工装设计）、零件加工到产品检验全过程的调度控制。

FMS多级计算机控制系统一般是按照美国国家标准局自动化制造研究实验基地AMRF（Automated Manufacturing Research Facility）的五层递阶结构的下三层来设计的，即单元层、工作站层和设备层。

1）单元控制器主要完成作业调度。包括零件在工作站的作业顺序、路线选择、加工时间与提前期的预估；作业调度指令集的发放与管理；中央刀库的调度管理；且还应有出错恢复功能。它包含有三个模块：排队管理模块、调度管理模块和分配模块。

2）工作站控制器主要功能是按照上一层分配下达的作业生成实施操作命令，同时对控制过程进行监控，为故障监测与诊断提供依据。本层还要统计作业完成情况，包括成品、次废品、加工总件数、加工时间和刀具使用时间等。

3）设备控制器的功能是把工作站控制器的命令转换成可操作的、有次序的简单任务，并通过各种传感器监控这些任务的执行。完成产品的加工、装卸、运输、测量和监测监控等工作。此层是控制信息的执行者，它是整个系统中信息流的终端。

在复杂的FMS系统中，信息流的管理系统极其重要的，它是FMS的神经中枢。为了适应三级控制的需要，必须要有数据和网络两个管理子系统来支持。另外，为适应开放性体系结构，还需有符合标准的应用程序接口（API）。这样，才能保证让单元控制器、工作站控制器和设备控制器之间的信息得到共享和传输。图7－17给出了FMS信息系统工作原理模型。

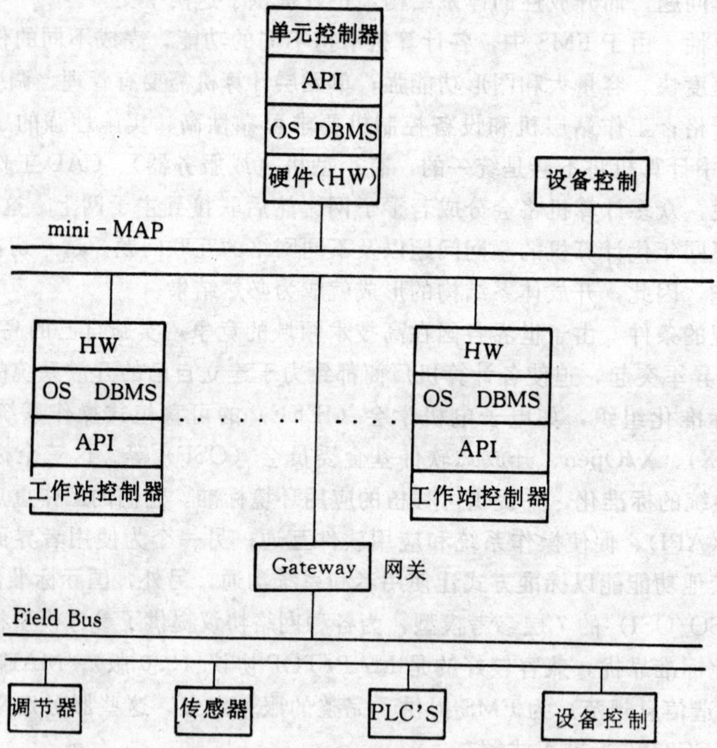

图7－17 信息系统原理模型

图7－17中，OS表示操作系统，DBMS表示数据库管理系统。设备层中各框仅代表类型，由于有的设备可直接上Mini-MAP网，就没有必再经过场地网（Field Bus）定，这样能节省资源。网关（Gateway）是起协议转换作用的。

2. 开放体系结构说明

前面提到了开放体系可提供FMS信息的集成环境，这是为什么？现从开放系统定义来阐明这个道理，此处仅作为参考列出其定义："在接口、服务和支持方式充分采用规范，以便使常规应用软件经过最少的变化，便可在很大范围内的各种系统之间移植，并可与本地和远程系统中的其他应用软件进行交互式操作，同时允许用户按照自己的习惯易于移植。”

规范或者标准，这是计算机工业极其重要的工作。目前计算机标准化的主要内容是：应用软件界面、使用者界面、图形、数据库管理、安全、子系统、工具、网络和语言等。其目的是使不同厂家生产的计算机可以连接起来协调一致地工作，应用软件能在不同型号计算机上执行，使现有的设备能够与未来的标准设备相容并存。这样，才能保证 FMS 这样信息复杂的系统能有集成的可能。

目前，计算机的标准化可分为两类，一类是工业标准，另一类是事实上的标准。前者是提供硬件和软件的结构和功能的详细规格，后者是由各厂商广泛使用和接受的，变成非正式的标准。今天，对未来计算机发展具有深远影响的标准化工作已逐步展开，标准化的中枢概念就是开放系统，而开放系统的目的是要建立一个标准的计算机操作环境。

伴随开放系统，有几个新名词：交互操作性（Interoperability）、规模可变性（Scalability）、可移植性（Portability）和可连接性（Connectivity）。交互操作性是应用程序和应用程序“交谈”，OSF 的远程过程调用（RFC）就是这种接口的一个实例；可连接性是指系统与系统的“交谈”，这是通过网络协议来完成的，MAP/TOP（Manufacturing Automation Protocol/Technical and Office Protocol），Ethernet，NFS，X25 是这种接口的实列；可移植性为应用程序从一个平台移到另一个平台，要达到移植的目的，需要在不同的系统中设置相同的接口集，并将应用程序写在这些接口上，这方面的实例是 X/Open XPG3 系统接口与语言规范；最后，规模可变性是指允许同一应用软件在某一系列产品各种系统上均能运行的能力。另外，还需特别指出的是，标准是针对接口的，而不是产品，并且必须由独立（或称中性）机构来制定，而不是由特定的硬件或软件厂商来制定。

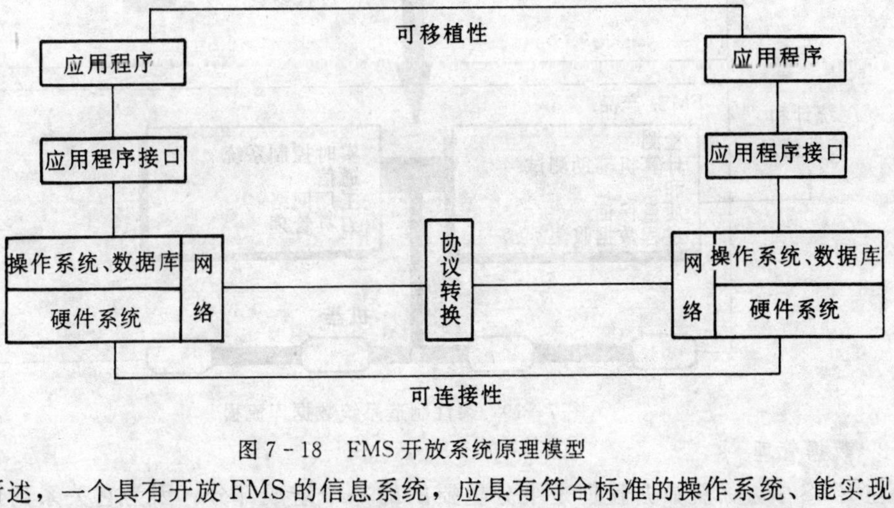

图 7-18　FMS 开放系统原理模型

综上所述，一个具有开放 FMS 的信息系统，应具有符合标准的操作系统、能实现数据共享的分布式数据管理系统、与 OSI 七层协议兼容性好的网络以及标准的应用程序接口，这样的系统才能提供应用程序的可移植性和相互操作性以及系统间可连接性，最终才能完成 FMS 的信息集成和功能集成。图 7-18 给出了开放系统的原理模型，但在设计一个具体的 FMS 系统时，并不是那么简单，特别是设备的进网问题尤其突出。一般来说，有较大一部分数控设备仅有点对点的通讯能力，有的甚至连这一点能力都不具备。因此，还得采取集中器的设计方法，将信息集中和转换，形成所需之格式，进入网络系统进行交换和处理。

在复杂的FMS信息系统中，为适应AMRF分级控制的需要，必须有一个计算机系统的支持（或支撑）环境。这个环境包括两个子系统：数据管理和通讯网络。

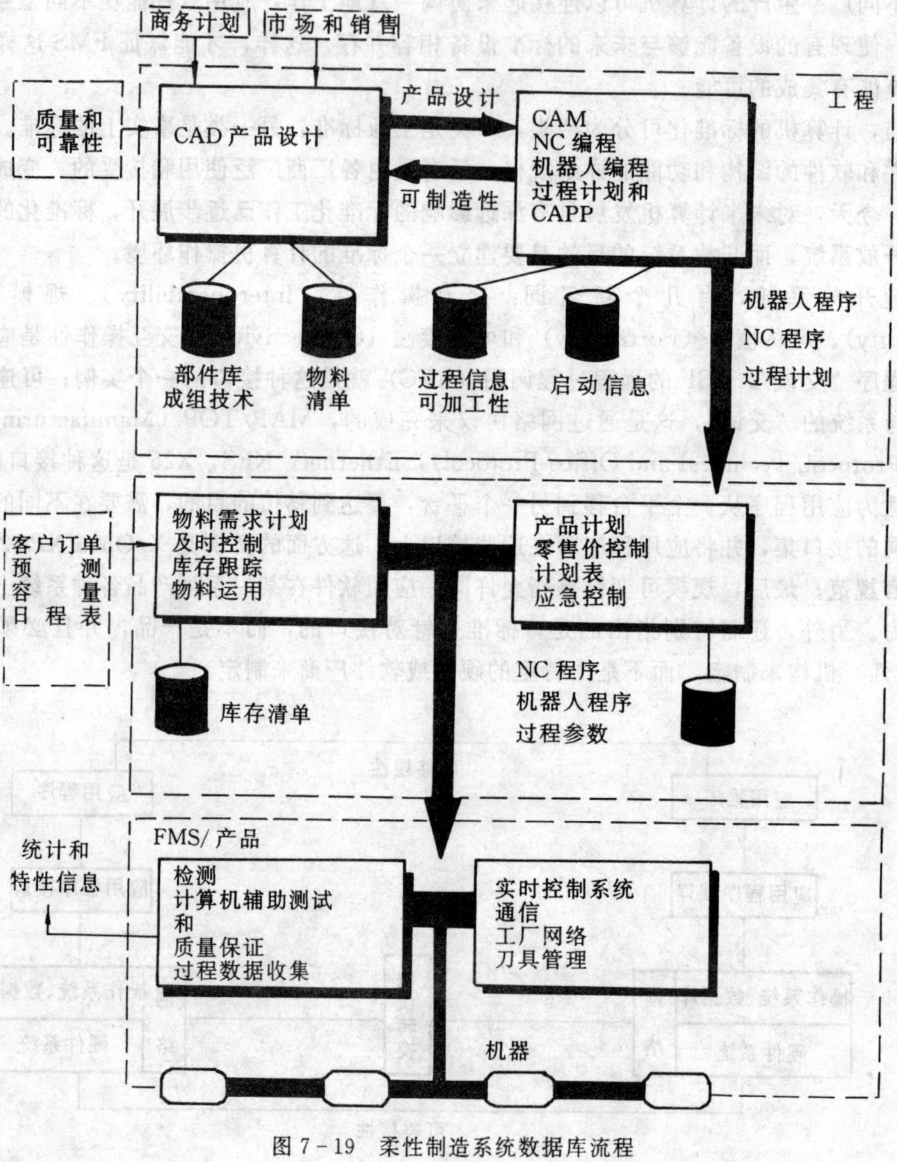

图7-19 柔性制造系统数据库流程

3. 数据管理

在FMS中，系统数据管理是十分重要的的一个组成部分。因为它关系到信息是否流畅，数据的冗余度是否恰当，以及对各执行机构的控制是否行之有效等一系列问题。为了解决好上述这些问题，在FMS中就必须采用数据库技术。首先，数据库的重要性是不言而喻的，它比文件方式更方便，通常文件仅能包含同一种数据类型，所有记录是按同一种方式布置的；而数据库具有一种逻辑结构，可以使得它的应用达到最佳。对于FMS数据库它不仅覆盖于制造业务，而且能连同其他软件一起支撑整个工厂的运行。FMS数据库与制造资源计划(MRPⅡ)、计算机辅助设计（CAD）以及库存控制等之间的信息关系如图 7-19 所示。

（1）层次数据库：

层次数据库就是库中信息之间具有一定的层次结构（或称为树形结构）。也就是说这些信息从上到下相互之间有一定的层次，在数据库技术中通常称为父子关系。在这种关系中的最高层称为数据库的根层，从根层往下可以有若干子层，对于根以外的其他结点只能有一个父结点。层次数据库的层次结构如图 7-20 所示。

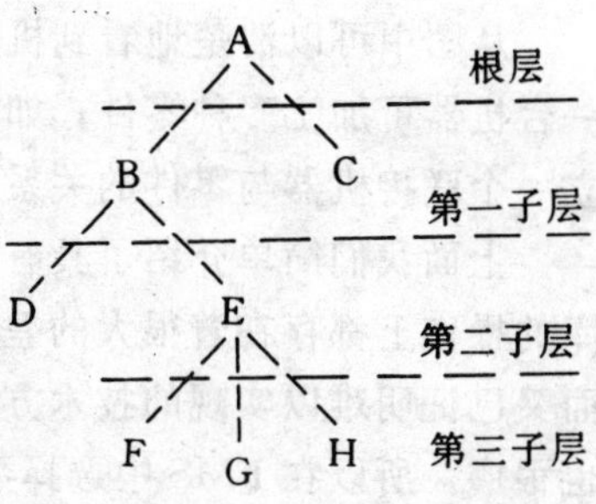

图 7-20　层次数据库的层次

图 7-20 中描述的是在层次数据库中信息项间的父子关系。数据库含有一个单独的根类型 A，根的下一层是类型 B 与 C，B 的下一层是 D 与 E，等等。层次数据库非常适合于一对多关系的表示。在 FMS 中也可以找到这种数据关系，如可以用来描述与产品有关的工艺、工具、机器、运输路线等。

（2）网络数据：

在层次模型中，存在着两个限制条件，一是高层只有一个结点，称为根；二是根以外的其他结点有一个且只能有一个父结点。去掉上述两个限制，便成为网络模型。

因此，可以说层次模型是网络模型的特殊形式，网络模型是层次模型的一般形式。

网络数据能在冗余与操作之间用一个较好的折中方法来描述多对多的情况，网络数据库对那些本身不能提供很好层次关系的复杂的甚至混乱的关系也能很好地进行处理。这些描述在变化复杂的 FMS 中会出现。

描述数据项的组称为集合（Set），数据项是集合的成员，但注意这里所讲的集合并不遵循数学集合理论的相同规则。

一个集合是由一个环形图中描述项连接而成的，由集合的主人启动，通过每一个成员，然后回到集合的主人。在机器与零件的例子中，用一台机器作为集合开始，通过所有能制造的零件，回到机器结束。同样，在一个工厂的集合中，它所包含的所有机器只是它的集合的一部分，图 7-21 给出了工厂、机器以及零件等的环形结构。

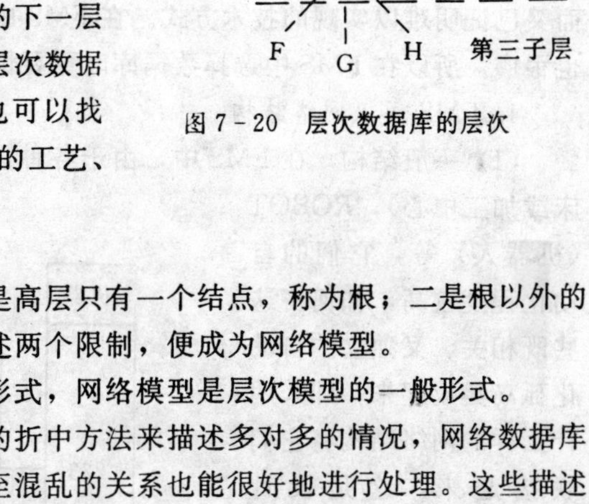

图 7-21　工厂、机器、部件与物料清单的环形结构

（3）关系数据库：

在现实的信息关系中经常会碰到很多难以由一个层次数据库表示的信息关系。而这些信息却又具有某种关系，例如，要创建一个“孩子”记录是有多个“父亲”的这种结构时，层次数据库就难以实现。在我们前面谈到的层次数据库和网络数据库中，实体之间的联系是通过指针来实现的，即把有联系的实体用指针链接起来。例如层次模型中的父结点与子结点之间，以及孪生兄弟之间等。在网络数据库中，系主与成员之间可用链串接起来，所以从这

一点来讲，层次数据库和网络数据库本质上是一致的；而关系数据库则是采取完全不同的思路，即采用表格数据来表示实体之间的关系，这就是关系模型的实质所在。从理论上讲在关系数据库中关系与关系之间是没有指针的，然而有时为了提高存取效率，在实际系统中也采用指针来建立两个关系之间的联系。图 7－21 是一个工厂机器与零件对应关系的例子。

从图中可以清楚地看到机器有一个独立的表，零件也有一个独立的表。对于机器来讲，一台机器可加工多种零件，如编号为 223 的机器可以加工 5 种零件，在这种情况下往往需建立一个联接机器与零件的关系文件。

上面我们简单介绍了具有代表性的三种数据库，由于这些数据库在结构方式上以及数据库的操作上都存在着很大的差异，因此在选择数据库时要慎重，特别要注意避免选择投资大而又已证明难以实现的技术方式。在 FMS 中由于数据的类型多，数据量在，而且数据分布也很广，所以在 FMS 中选择数据库时更要慎重。

4. FMS 通讯网络结构

（1）一般结构　在 FMS 中，由于各种设备，如 AGV（自动导引小车），CNC（数控机床或加工中心），ROBOT（机器人）等，它们的自动化程度较高，如何将这些既相关、又独立的自动化孤岛集成起来，即采用什么样的网络结构将它们联接起来，这是设计 FMS 系统应首先考虑的问题。根据国内外实现 FMS 的经验来看，采用递阶控制的结构比较合理。这种结构的特点是：层次分明，隔层不透明，每层只接受上层下达的命令，并向上层反馈信息，同层的协调由上层来完成，层次间由通讯网络来完成。图 7－22 给出 FMS 网络结构示意图，其中，工作站与设备之间一般采用场地总线网（Field Bus）或位总线网（Bit－Bus），各子系统之间则采用 Mini－MAP 网或 Ethernet 网。

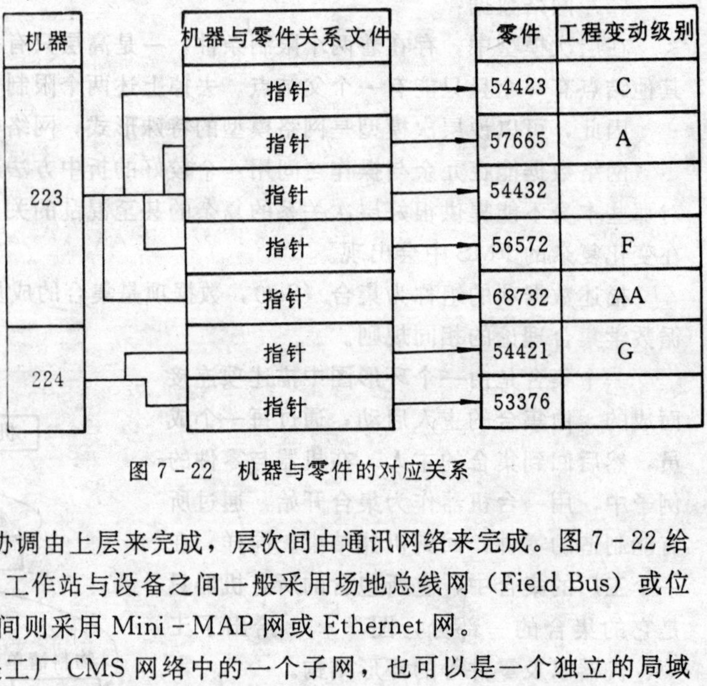

图 7－22　机器与零件的对应关系

作为 FMS 网络，它既可以是工厂 CMS 网络中的一个子网，也可以是一个独立的局域网络系统。

长春 FMS 实验中心，是我国自行研制的第一条 FMS 实验线，它的多级计算机控制，就是按照三级递阶结构设计的，并采用了国际上 FMS 主流网络 MAP3.0 标准，见图 7－23 所示。

其中，Sun386i/250 工作站作为单元层计算机，主要进行作业调度、编制 NC 程序、指令集的发放与监控、故障的分析与处理、进行在线仿真显示、工作站的管理等。两台 STD5A 机作为工作站计算机，一台控制刀具流，一台控制物料流，它们的功能主要是 MAP 网络协议与 CCP 协议的转换，分解和组装运控命令，协调子系统个设备间的联系，并向单元层反馈执行情况和故障信息等，而AGV，CNC，ROBOT等设备主要是执行运控命令，并根据工作站层的要求，反馈执行情况和设备状态等信息。

(2) 终端点到主机的联接　在FMS系统中，单元层与工作站层之间的通讯通常采用局域网连接。目前国内外普遍采用的是Ethernet网络或MAP网。由于Ethernet网物理层和数据链路层采用了IEEE802.3协议标准，即CSMA/CD（载波侦听多路存取/冲突检测）技术，在网络节点较少的情况下，能够满足FMS系统中信息传输的要求，一旦节点增加，由于冲突的存在，将影响网络的实时响应性能，使FMS系统的实时性得不到保证。而MAP网络是美国通用

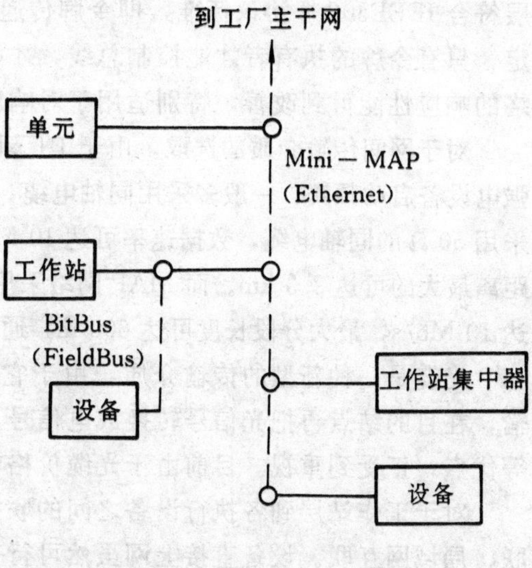

图7－23　FMS网络结构示意图

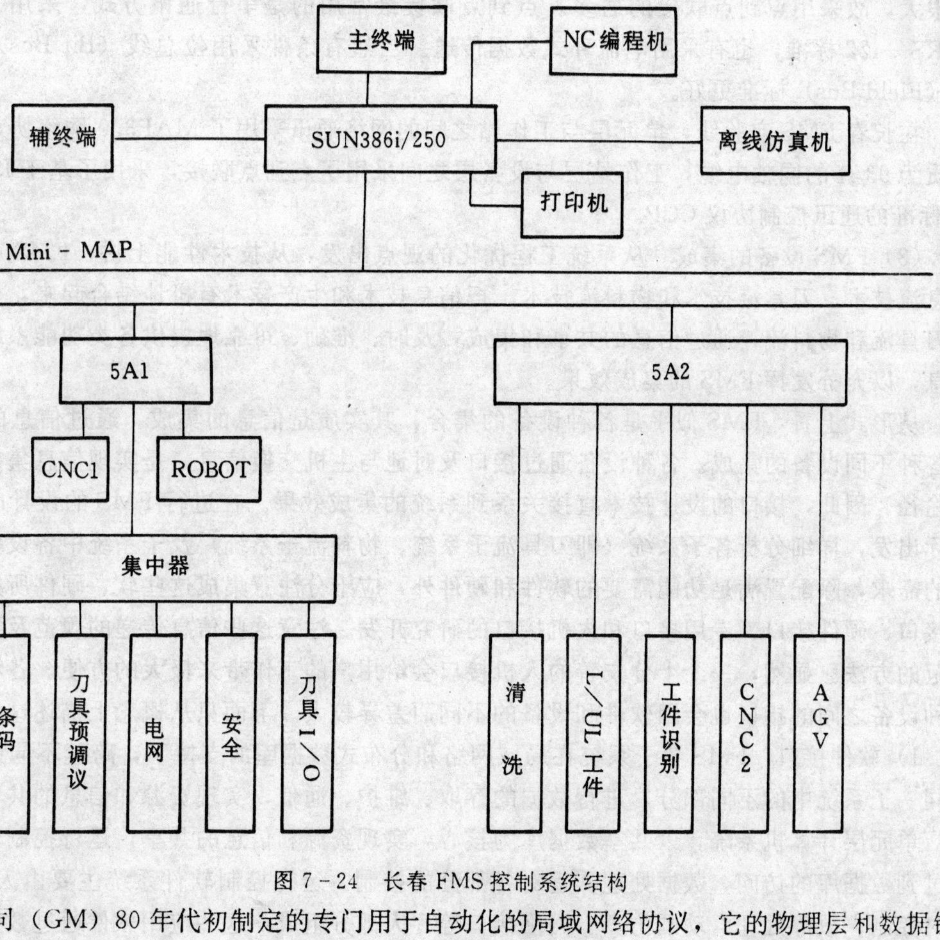

图7－24　长春FMS控制系统结构

汽车公司（GM）80年代初制定的专门用于自动化的局域网络协议，它的物理层和数据链路

层符合 IEEE802.4 协议标准，即令牌传递总线（Token Passing Bus）协议。由于该协议规定，只有令牌的执有者才能控制总线，才能进行信息的传递，从而避免了冲突的发生，使网络的响应性能得到改善，特别适用于对响应性能要求较高的生产控制过程。

对于网间传输介质的选取，由于工厂环境恶劣，如尘埃、油污和腐蚀性气体的存在，加上强电设备启动频繁，一般多采用同轴电缆，以保证传输线路的正常通讯。对 Ethernet 网，通常采用 50 Ω 的同轴电缆，数据速率可达 10 Mb/s，最大分段长度为 500 m，采用转发器后，站间距离最大的可达 2.3 km。而 MAP 网络采用的传输介质为 93 Ω 的同轴电缆，它的数据速率可达 10 Mb/s，最大分段长度可达 600 m，通过有源连接器，站间最大距离可达 6 km。

光缆是一种新型的传输介质，由于它把电信号变成光信号在直径很细的光导纤维中传输，在目的结点再把光信号转换成电信号，因为光具有高速、安全保密以及重量轻、体积小等优点，正受到重视。目前由于光缆价格较贵，且安装复杂，实际应用并不多。

对于工作站层到各执行设备之间的联接，通常有三种类型：点到点联接、主从式总线互联、局域网互联。设备直接上网虽然可行，但如果所有的设备都作为局域网的一个站的话，势必增加网络的负担，增加网络管理难度，使网络的实时性受到影响。采用主从式总线联接，将要求设备控制器增加专用接口部件，且目前国内现有设备控制系统各异，实现起来困难很大，故采用点到点联接的居多。点到点联接最常用的是串行通讯方式，采用 RS—232 或 RS—422 标准，也有采用电流环式数据传送。当然有条件采用位总线（Bit Bus）或场总线（Field Bus）标准更好。

在长春 FMS 实验线，单元层与工作站之间的网络通讯采用了 MAP3.0 网络协议，传输介质为 93 Ω 的同轴电缆，工作站层与设备层之间采用了点到点联接，采用了基于 ISO BASIC 标准的通讯控制协议 CCP。

(3) FMS 设备的集成　从系统工程优化的观点出发，从技术性能上讲，FMS 可划分为信息流技术、刀具流技术和物料流技术。把信息技术和生产技术有机地结合起来，合理地组织刀具流和物料流，通过信息的共享和集成，及时、准确、可靠地提供各类功能系统所需的信息，以充分发挥 FMS 的集成效果。

从形式上看，FMS 似乎是各种设备的集合，其实质是信息的集成。通过信息的集成实现各种不同设备的集成。各种设备通过接口及时地与主机交换信息，是实现信息集成的惟一的途径。因此，接口的设计技术直接关系到系统的集成效果。在进行 FMS 的设计时，应从实际出发，详细分析各子系统（即刀具流子系统、物料流子系统）及子系统中各设备信息交换的需求，除配置满足功能需要的软件和硬件外，应十分注意集成这些软、硬件所必须的软件接口、硬件接口、专用接口和人机接口的研究开发。注意这些信息传递的规范及实现这些规范的方法。显然，一个十分友善的人机接口会给用户的工作带来极大的方便。各种软件和各种设备之间的接口也会因软件和设备的不同而差异较大。下面只从概念上描述这些接口。

1) 软件接口　FMS 各子系统在局域网络和分布式数据库的支持下，跨越不同的子系统或同一子系统中的不同部分，进行数据的存取、维护、通信，实现资源和信息的共享。

单元层计算机系统，以共享数据库为核心，实现资源和信息的共享，运行控制软件系统通过到数据库的访问，数据处理实现对各部分的控制。运行控制软件系统主要由人机接口、实时控制、故障处理、动画仿真、网络接口等 5 大部分组成，这些应用软件通过数据库管理软件与数据库相连接。

外部数据通过相应的应用软件做接口。把数据输入到数据库中，这些数据主要是：

·用户键入的各种命令

·条形码输入器输入的刀具补偿参数

·工程子系统输入的 NC 程序，CAD/CAPP 数据

·设备报警信号的输入

根据用户的命令或运控软件的控制，数据库的一些数据通过相应的应用程序接口输出给设备，这些输出设备主要是：

·报文输出

·动画仿真

·信息或运行状态的监视

局域网络是实现 FMS 各部分资源和信息共享的主要通道，网络接口子系统作为共享数据库子系统和 FMS 各子系统的接口，把单元层的信息通过网络接口软件发送到网络其他站点上。同理，其他站点的信息也可通过网络接口软件输入到单元层控制系统。图 7-25 表示上面所述的主要软件接口。

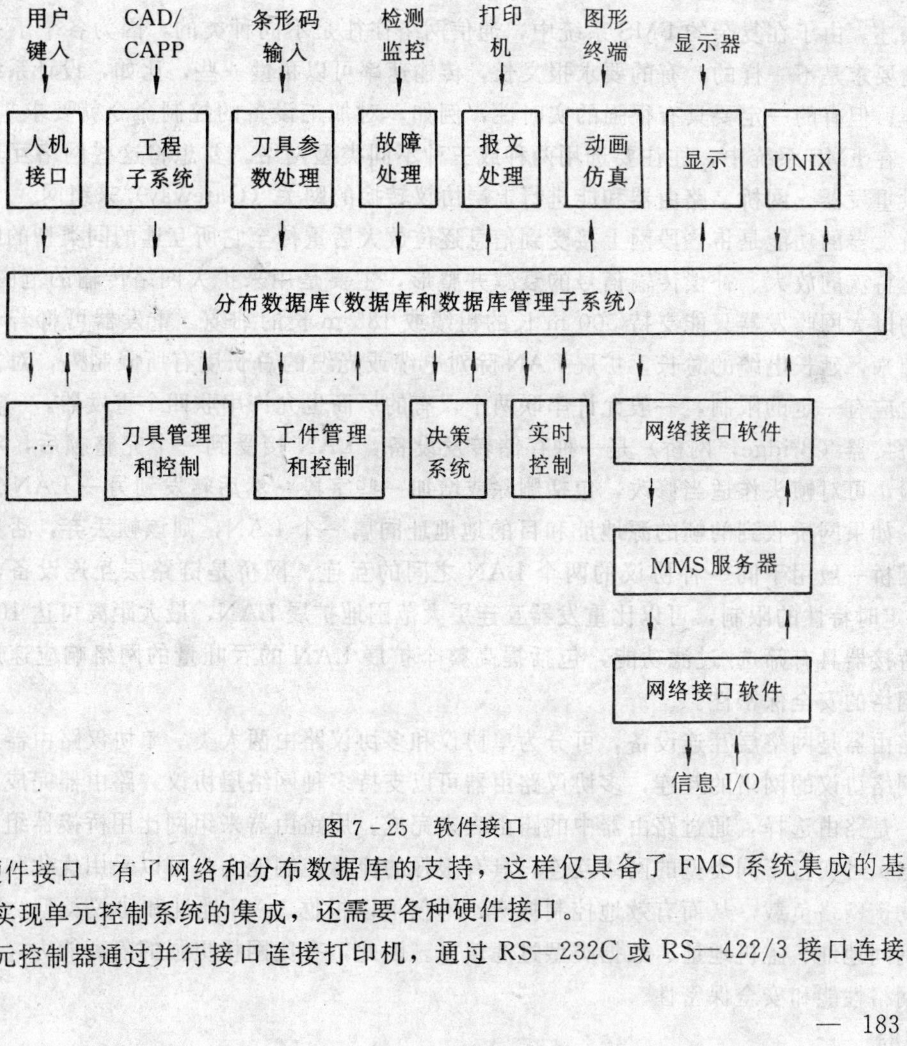

图 7-25　软件接口

2）硬件接口　有了网络和分布数据库的支持，这样仅具备了 FMS 系统集成的基本环境。为了实现单元控制系统的集成，还需要各种硬件接口。

各单元控制器通过并行接口连接打印机，通过 RS—232C 或 RS—422/3 接口连接输入

设备、工程子系统等设备。

在 FMS 物流子系统中，像工件装卸和清洗站设备，采用 PLC（可编程逻辑控制器）。因此，工作站与这些设备之间只能采取开关输入输出方式进行通信，凡采用这种通信方式的推荐采用互锁式通信，并加延时滤波措施，以提高通信的可靠性。

在工作站与加工中心联接时，如加工中心控制器不具备 FMS 接口，还需对加工中心进行改造，设计一个专门的接口，即辅助控制器，也就是说：加工中心控制器＋辅助控制器＝设备层控制器。

由上可知，工作站层与设备层之间的接口要视设备而定，它们所使用的通信协议也不可能统一。

（4）分布式应用的支持　在 FMS 环境下，由于有众多的不同年代、不同类型的制造设备和辅助设备，这些设备是由不同的计算机及操作系统异构的网络和数据库联接在一起的，因此数据的访问和相互通信将不是一件容易的事，而 FMS 的处理速度将是 FMS 效率的主要组成部分，为了数据修改和实时错误的恢复，提供一个带有局部智能的分布式处理系统是必要的。所谓的局部智能，是指柔性和可靠的数据处理系统。

关于 FMS 数据库在 7.3 节中已经介绍，此处仅就网络对分布式处理系统的支持做一简单的描述。由于在复杂的 FMS 系统中，通信网络往往是不同种类的，因为各个子系统对数据传输要求是不一样的。有的要求报文长，传输速率可以稍慢一些，比如，设计系统、车间管理等；但有的一定要具有很强的实时性，例如，对加工设备的控制命令就要求越快越好。为此，在 FMS 系统中，往往要选用两种或三种不同类型网络。要想将这些网络互连，就需要提供重发器、网桥、路由器和能进行上层协议转换的网关（Gateway）来组网。

重发器的功能是将一段网上接受到信息逐位放大后重传至它所互连的同类型的网络，即实现比特流的放大、补偿传输信号的衰减并整形，主要是用来扩大网络传输的范围，例如，常用的以太网收发器只能支持 500 m 长的粗缆或 185 m 长的细缆。重发器可将若干段电缆连接起来，延长电缆的总长，扩展 LAN 除对电缆或光缆的总长度有所限制外，对重发器的个数也应有一定的限制，一般允许串联两个，有的厂商也允许串联四个重发器。

桥接器（Bridge，网桥）是一种存储转发设备，LAN 接受到一个完整帧后，对帧头进行校验，可对帧头作适当修改，包括删除或增加一些字段，然后转发到另一 LAN 或者丢弃该帧。如果网桥收到的帧的源地址和目的地地址同属一个 LAN，则该帧丢弃，否则，将转发。网桥一般用于同一种协议的两个 LAN 之间的互连。网桥是链路层互连设备，不再受 MAC 定时特性的限制，可以比重发器互连更大范围地扩展 LAN，最大距离可达 10 km。另外，桥接器具有筛选/过滤功能，包括提高整个扩展 LAN 的吞吐量的网络响应速度，并且改善网络的安全保密性。

路由器是网络层互连设备，可分为单协议和多协议路由两大类。单协议路由器用于具有相同网络协议的网络的互连，多协议路由器可以支持多种网络层协议。路由器完成的主要任务之一是路由选择，通过路由器中的路由表来完成。用路由器来组网比用桥接器组网有更多的优点：可实行不同类型的网络互连；具有很强的流量控制能力，可以采用优化和路由选择算法均衡网络负载，从而有效地控制拥塞；不仅可以根据 LAN 地址和协议类型，而且可以根据网间地址、主机地址、数据类型过滤信息。因此，有比网桥更强的隔离能力，将有利于提高网络性能和安全保密性。

协议转换器或称网关（Gateway），是比以上三个互连设备功能更强的异构网互连设备。一般是用于两个具有不同协议，且物理上也相互独立的网络互连。例如，Ethernet 网和 MAP 网，在协议上分别为 TCP/IP 和 MAP，物理层则为 IEEE802.3 和 IEEE802.4，要完成这个协议转换是相当复杂的，因此不可能提供通用的协议转换器，只有一对一地进行研制。一般来说，网关比前述三种网络互连设备更为复杂，成本高，吞吐量更高一些。

在 FMS 这样复杂的计算机网络中，需恰当应用上述四种组网技术，为了使传输速率更高，最好选用一种网络协议是较为合适的。在 FMS 中，只要完成了异种机的连网和异构网的互连，就能支持具有分布式处理信息系统的数据的实时传递。另外，如果能做到利用网络协议服务去操作数据库，那就能大大提高 FMS 的柔性和生产效率。

（5）网络管理　从设计原则上讲，网络管理是一种异常管理，网络管理的功能是纠正错误的一种工具。正如 MAP2.1 标准所描述的那样：网络管理的任务是通过网络设备来收集网络介质使用方面的信息，确保网络的正确操作以及提供报告。

不论是广域网或是局域网，也不管网络执行何种协议，网络管理大致应执行下面两种基本功能：

1）配置管理：用来进行网络状态的控制和效应，包括网络的初始化，网络站点的进入和退出。

2）故障管理：对网络运行状态进行监控，包括网络故障的监测和诊断，以及故障排除后自动恢复。

随着半导体集成电路和技术的发展，LSI（Large Scale Integration，大规模集成电路）和 VLSI（Very Large Scale Integration，超大规模集成电路）技术的日益成熟，将局域网的功能集成在少数几个芯片已成为现实。如 Intel 公司推出的网络专用芯片 82585 和 82501，可支持 10 Mb/s 的基带 Ethernet 网络；Motorola 公司推出的 MC68824 和 MC68194，可执行 5 Mb/s IEEE802.4 载带物理层和数据链路层 MAC 的功能，当网络中站点数发生变化时，可自动进行重构。由于网络芯片的集成化和智能化，也给 LAN 网络的管理和维护带来极大的方便。

7.3 FMS 的设计与建造

FMS 是一个高投资的高技术项目，尽管就世界范围而言，它已经是一种成熟技术，并已在工业生产部门得到较为广泛的应用。但由于多种复杂因素，导致某些 FMS 项目应用效果不佳，国外也有资料报导，有些 FMS 甚至完全失败。究其原因，主要由于系统规划不周和设计失败。

看来吸取前人的经验教训，充分调查研究，尽可能地做好规划和论证，可避免 FMS 工程项目的重大失败，保证系统接近于设计要求并获得成功。

7.3.1　系统规划与设计的主要步骤

用户规划一个 FMS 工程项目，不能单凭领导个人的愿望或兴趣做出决定，而是要组织相应的工作班子，在技术调研的基础上进行可行性论证及审批，再经过用户单位与承接研制 FMS 单位的联合设计和相应的审批程序，确认设计能满足用户需求，设计正确合理，然后，才能投入实施。

一、系统可行性论证

可行性论证，是用户申请建造 FMS 项目的技术性报告，是上级主管部门审定和批准立项的基本依据。

可行性论证的主要内容是：

(1) 分析弄清本企业经营现状、存在问题及市场形势，从而确立企业发展的经营目标。

(2) 结合企业的实际状况，分析采用 FMS 技术的必要性与合理性。

(3) 根据企业经营的需要，提出所建 FMS 应达到的目标。

(4) 在对产品对象工艺分析的基础上，核算 FMS 的能力，确定 FMS 所需的设备配置，提出 FMS 的技术方案，并估算投资强度和效益，初步规划项目的开发进度以及组织措施等。

为了作好可行性论证，企业应组织专家基本配套的、熟悉情况的精干班子，从开展技术调研着手，确实弄清企业情况、国内外市场情况、FMS 供应厂商及研制部门工作基础的状况，在弄清企业需求与实现的条件之后，编写出较为科学的论证报告。

可行性论证工作，应以企业为基础主体来组织进行，在可能的条件下，邀请吸收部分企业以外的 FMS 领域的专家参加工作是有益的。

二、初步设计

在可行性论证报告获得上级及相应组织机构审批同意之后，项目便可进入初步设计阶段。初步设计工作应以承担研制 FMS 的单位为主体，由用户单位抽调相应的工程技术人员，共同组成联合设计班子来完成。

初步设计的主要内容是：

(1) 确定加工工艺方案。

根据企业经营目标，选定 FMS 加工的产品零件族，并制定按 FMS 柔性制造的方式进行加工制造的工艺方案。

(2) 建立系统的功能模型。

(3) 建立系统的信息模型。

(4) 确定系统的技术方案。

技术方案包括：FMS 加工配置方案，刀具交换及运送系统方案，各种必需的辅助台站配置方案，系统的控制结构体系方案及相应的计算机通讯网络和数据管理系统支持的配置方案。

(5) 系统配置的仿真优化。

(6) 系统的可靠性分析。

三、技术设计和详细设计

初步设计所提出的各分系统方案，经过专家评审认可之后，设计工作即可进入技术设计及详细设计阶段。

技术设计及详细设计的实质是，将初步设计提出的各分系统方案性结果，转化成可实施的工作图、施工图和软件，它是实施阶段要实现的目标和具体项目。

技术设计及详细设计的主要内容是：

(1) 系统功能模型的完成图设计。

(2) 系统信息模型的完成图设计，数据管理系统的物理设计。

(3) 单元控制器及各工作站控制器的软件程序设计。

(4) 工件运送和管理系统设备及其控制器设计。

(5) 刀具运送和管理系统设备及其控制器设计。
(6) FMS 生产场地（Shop Floor）施工工艺布置设计。

7.3.2 系统的技术设计及详细设计

一、技术设计及详细设计的概念

技术设计及详细设计，是将初步设计所确定的各种技术方案转化为工作图、施工图及可执行的软件程序，作为实施阶段的对象。

对于硬件设备的研制，本阶段要完成的是技术设计，对于软件项目来说，本阶段要完成的是详细设计。

机械物理设备的技术设计主要工作内容为：

(1) 设备运行的运动学、力学的设计计算。
(2) 关键零部件的结构强度及应力的分析计算。
(3) 对于某些采用新结构的关键部件，有时还要设计原理性样机并试制和试验。
(4) 设备的工程设计总图，即总装配图设计。
(5) 设备的电气原理图，电气接线图设计。
(6) 设备液压气原理图、液压站及液压管路布置图设计。
(7) 若有气动部件或真空夹具的设备，还应有相应部件的设计。
(8) 设备的零件工作图设计。
(9) 设备的部件明细表、标准件明细表、专用件明细表、外购元部件明细表。
(10) 设备的精度检验规范。
(11) 设备的地基及安装图设计。
(12) 设备的包装箱图设计。
(13) 设备的使用及维修说明书编写。

软件项目研制，应按照相应的软件工程规范的规定实行，一般说应完成的主要工作内容有：

(1) 项目的需求分析及功能模型图设计。
(2) 软件运行的计算机、控制器及软件开发环境的确定。
(3) 项目的数据交换、管理及 DFD 图设计。
(4) 各功能模块的 PDL 语言的描述。
(5) 各功能模块程序编码设计。
(6) 程序执行中的错误识别及处理程序设计。
(7) 编写详细设计说明书。
(8) 编写用户使用手册。

以下就详细设计及技术设计中的一些主要工作内容及要求作进一步说明。

二、系统功能模型的 IDEF0 完成图设计

初步设计阶段系统功能模型设计，不可避免地会在各分系统开发的协调过程中，产生一些修改和补充，这些修改和补充应视为初步设计的改进与完善，并反映到详细设计阶段的功能模型 IDEF0 完成图中。

应当说，在通常情况下，IDEF0 完成图是以通过初步评审的功能模型图为基础而进行

的，它不应当与初步设计有根本性差别，即完成图不应与原图有功能结构重大差异，在特殊情况下，必须对原设计做功能性的根本变化时，应当以对原研制项目任务书或合同的正式修改文件作为依据，否则项目验收和鉴定时将会带来麻烦。

三、系统的数据交换及管理系统的详细设计

在初步设计工作基础上，完成以下工作：

(1) 完成用户工厂产品设计及制造的定义数据信息的定型设计，并编写出数据字典。

(2) 系统的信息模型完成图设计。

(3) 完成数据管理系统的物理设计。

四、单元控制器及工作站控制器的详细设计

(1) 完成各个控制器功能模型完成图设计。

(2) 完成各个控制器的信息模型图设计。

在进入软件程序编码程序阶段之前，在单元控制器及各工作站软件开发人员之间，有必要就系统运行中的数据交换信息、作业命令信息及反馈报告信息的格式、控制过程进行充分的协议，并最终以书面方式加以定义。这样做是有必要的，实践证明，不这样做会引起软件开发中的不一致，造成返工浪费。

(3) 计算机通信网络的开发工作，应尽可能先行，对于从请求通信信道，到建立通信链路，到完成通信后撤消链路的过程控制，最好由网络软件开发人员建立标准程序，提供给各节点使用，不应各站重复开发。

(4) 鉴于计算机硬件发展迅速，机器型号更新很快，为了保持所开发软件具有较长的生命周期及可移植性，编程语言应选择与机器硬件和操作系统无关的高级语言，如C语言。

(5) 各项目的软件开发，在详细设计阶段应完成程序编码设计，某些关键环节还应完成程序的测试工作。

(6) 所编写的程序体，应符合软件工程规范的规定，有足够数量的程序注释行及必要的程序运行中间测试点，为用户及程序维护人员提供必要的条件。

(7) 各项目应完成详细设计说明书及用户手册。

五、工件运送和管理系统设备及其控制器硬件的技术设计

(1) 在充分调查国内外市场供货的技术情况的基础上，最后确定系统的设备配置。尽可能从国外市场选用性能符合要求、技术成熟的产品、质量好的标准设备来组成工件流系统，选不到标准产品时，要了解清楚国内是否真有能承担项目的研制单位，并且是必须具有成功开发过类似产品经验的单位。某些国内市场尚拿不出产品的高新技术设备，如AGV，可考虑国外订货。

(2) 对于工件流系统中占有数量比例很大而技术复杂程度不算很大的各种台站设备，市场上无标准产品，但有引进系统的参考样机，分析研制单位自身的工作基础，有把握自行研制者，可自行设计研制。

凡自行研制的设备，应按7.3.2节所述，完成设备的技术设计。

(3) 设备控制器的设计，要考虑可靠性设计要求，元器件选择必须是质量高的产品，如交、直流伺服装置、PLC、光电传感器、工业控制机等，绝不可图省钱而用劣质次品，避免调试使用中的隐患。

自行设计的设备控制器应按本节中相应要求来完成工作。

(4) 完成工件运送及管理系统布置图设计。

六、刀具运送和管理系统设备及其控制器的技术设计

(1) 刀具流系统中的刀具预调仪、刀套组件、刀具存储支座等，国内市场已有较成熟的产品可选用。

(2) 有的系统需采用换刀机器人、盒式刀夹或蘑菇式刀具托盘做公用刀具交换载体者，由于国内市场尚无产品，而机床制造行业又无研制的经验，如研制单位具有实力和基础，可考虑自行研制。

凡自行研制的设备，应按本节所述，完成设备的技术设计。

(3) 有的系统可能采用行走式换刀机器人，在正式确定方案之前，应了解国内外研制及供货情况，如确证国内尚无承制单位，而用户单位经费能承受，可考虑国外订货或委托研制。对通信接口，控制方式应事先协调好。

(4) 关于系统所用刀具，目前国内市场产品质量不稳定，在经费允许的情况下，可国外订货解决，经费支持困难者，可在刀具刃磨技术方面采取措施，通过国内渠道订购高质量数控刃磨设备，以保持国内刀具有使用状况。

(5) 刀具流系统中其他辅助性设备，如刀具组装套、刀具存储库、手动刀具运送器，有的国内市场无产品，可自行研制，凡自行研制者应按本节所述完成技术设计。

FMS 生产场地比一般机加车间场地复杂，工艺布置设计中必须考虑到下述问题：

(1) 加工设备（加工中心、车削中心）与物料运送设备（有轨小车或无轨自行小车）之间空间位置的协调性。

(2) 工件运送系统与刀具运送系统在空间位置的协调和互容性（不撞车）。

(3) 加工设备地基及运输设备地基的承载能力及位置的稳定性。

(4) 无人导引小车（AGV）对地面不平度的要求，误差不大于 5 mm/m。

(5) 无人导引小车感应电缆的地理位置（决定小车运行轨迹）对所有停靠站在停靠面的位置一致性。

(6) 无人导引小车感应电缆的电磁干扰约束条件（导体周围 150 mm 内不得有无关的金属导体）。加工设备的切削液回收系统及切屑清除系统在空间上不得与工件及刀具运送系统有干涉。

(7) 生产场地的电力线管道、控制信号管道在地下或空中位置的合理布局，避免相互长距离的平行。

(8) 配置良好的地线，其接地电阻不大于 4 Ω。

(9) 在紧凑的生产设备平面布置中，应保留给安装及维修人员接近设备的安全通道。

(10) 计算机工作站合理的空间位置，避免和减少环境电磁干扰。

(11) 照明灯光及光电设备与红外发送接收器的空间位置适当分隔开，避免红外通讯产生干扰。

工艺布置设计人员需要综合考虑上述诸多因素，尽可能地合理布置设备的现场位置，保证系统有较优的运行环境。

7.3.3 FMS 的安装、调试与验收测试

安装、调试与验收测试是建造实施 FMS 的重要环节。这项工作的好坏直接影响着系统运

行效益和工件的加工质量。例如：其中的物料储运系统要把许多机床设备连结起来，要求达到高效、可靠地运行，其运送部件的公称定位精度应有一定要求。加上机、电、液各种分系统的自动控制，使信号与整个系统的协调动作非常复杂，往往使安装调试工作长达数月之久。

一、安装环境条件

1. FMS 的基础设计

FMS 的基础设计不同于单台机床，不仅要承受设备的静载以及加、减速的动载和交变载荷，而且存在着各种振源。因此地基要有足够的强度和抗弯刚度以及较高的稳定性。机床要有各自的地基，在有振源的情况下，应采用防震地基。并且在设备安装前很早就应准备好，以便有充分的时间，使其自然下沉和渐趋稳定。

在准备地基时，必须保证系统部件的固定和调整的可能性，在机床和物料系统周围要有足够的检修空间；还应考虑与机床相连接配套的冷却液和切屑输送子系统，以及良好的供电设施的安置装配空间。

在整个布局上要考虑安装现场的起重装置，如天车或移动式起重机的活动空间，这是安装和维修工作所必须的。

环境的热分布与温差对设备的精度与功能，对工件加工的精度和表面质量都有很大影响，要防止单向热源和阳光辐射，一般室温要保持在 20～30℃之间，日温差不允许超过 5℃。

FMS 对电源的要求是可观的。虽然 FMS 组成部分允许有适当的电压波动，但计算机对电源状态特别敏感，要保证有良好的供电措施。在我国特别要防止电压的干扰。

2. 起吊运输

所有机床和成套设备在起吊运输过程中，都必须悬挂在规定的位置上，任何情况下都不允许吊挂在非规定的裸露部件上。在吊运中临时停放时，都要支承好，使其重量分布均匀，防止弯曲和变形。同理在采用辊杠运输时，要有足够的辊筒以免偏载产生扭曲变形，在机床设备吊装中不允许钢丝绳在拉力作用下压到如开关盒、电机传送装置、安装管线或构件上。

在运输过程中防止设备移动用的固定器件，只有在机床与成套设备到达最终目的地，不需再运输时，才可将其卸掉。

CNC 控制装置和开关柜以及中央控制台，原则上应立着运输，如用叉车运输，则应垫入木质垫板。在没有悬挂吊运可能时，应用泡沫塑料包裹、麻绳缠绕抬起移动，要注意操作机构不受损伤。

通常半液压和辅助成套设备固定在底板上吊运。到目的地安装就位时，要注意安装图中规定的高度，保证通向机床的连接管道不会产生尺寸偏差。在运输过程中不应去掉管接头孔用的塑料栓塞封盖，以防止脏物进入管道。

3. 设备安装

机床安装是先将床身放在地基上的可调楔座上，一般可调楔座是随机床提供的。床身应用水平仪找平，最好采用电子水平仪，一般允许精度为 0.02 mm/m；然后在地脚螺栓的地基孔中浇注灰浆，灰浆必须在 24 h 内凝固，地基孔应能承受高负荷而无收缩。通常浇注孔在两天后可完全硬化，再将床身最后找平，均匀拧紧地脚螺母。

除机床和托盘交换装置外，所有成套设备都可以直接安装在混凝土地面上，用地脚螺栓加以固定。也可以采用膨胀螺栓，或安装后用浇注灰浆固定。

刀具和工件运送系统的导轨要与机床传送点保持平行，并用水平仪找平打孔；接着装上传送运输小车、换刀机器人，找平台，调试各运送点并对导轨进行微调。

安装中心刀库及刀具输入、输出工位，并和送刀机器人进行传送位置的测量与调整，最后打孔固定。

工件托盘站、装御站的安装，需用运输小车进行位置校正与调整，再打孔固定。

液压系统就位后，要去掉连接管口的塑料栓塞，注意管道的清洁，再连人系统。检查接头螺纹拧紧的固定拉力，检查液压马达的旋转方向，所有液压马达旋向都正确后，方可开动设备测试油压指标。检查蓄能器压力，并经压力调整后，将各种油量注人系统设备，如压力容器齿轮箱以及润滑系统，并检查系统有无泄露和密封性。

在各部件安装中应同时装好有关电线，待中央控制柜安装后，接通系统全部电缆。

最后装上系统防护围栏及监控报警系统。

二、试车调试

试车调试的目的是使 FMS 的组成设备和系统达到各项性能指标，形成规划设计时所要求的运行生产能力。通常先进行单台设备或子系统的调试，调试合格后，再进行全系统的联调。调试、测试工具除常备的机械、电气仪表外，还需要有调整安装位置用的准直仪和测量定位精度用的仪表。

1. 设备与子系统调试

(1) 机床设备的合格试验和切削试验：

在机床调试前，要检查所有电气连接导线和液压管道的连接、安装是否完全正确。在接通总开关之前，还必须有一名控制技术人员检查数控用的接线顺序。接通总开关后，要进行电机、液压系统运转和参数的检查，待调整正常后，方可试验。

机床的合格试验是按照设备说明书中的规定，验证机床的定位精度和重复定位精度。通过安装在机床主轴上的宝石测头或仪表表头，对标准测量件（如方箱）进行各个坐标方向的重复测量。或是将一个加工检验过的零件，夹紧在随行夹具上，用加工该零件编制的数控程序控制测头对其进行轮廓跟踪，测头偏移量就是机床定位误差的直接测量值。

测试调整主轴的转速和变速操作，测试进给速度及调速状况，检查各种操作功能及人机界面。

切削试验包括检查机床刚度的强力切削试验。并不要求加工实际的零件，可以选用形状简单的试件，但要把各种工序如铣面、铣槽、钻孔、镗孔和车削等包括进去，以试验机床的实际生产能力。

(2) AGV 运输小车：

AGV 运输小车是 FMS 中工件、物料等运送的重要工具。它按运行控制指令在机床、托盘站、装卸站、清洗站以及测量站之间穿梭运行。因此运行的定位精度、重复定位精度和速度的调试至关重要，往往要花费很长的时间，否则很难保证工件托盘准确取送转换。

单机操作是要求小车按指令停靠在任意指定的站点上。对于有轨小车要调整导轨的平行度，检查调整车轮与导轨的接触性能；无轨小车要调试转向时的加减速控制及站点精确定位销的定位。

小车的起、停、加、减速以及运行速度的调试考核，不仅要保证其定位精度和重复定位精度，而且要考核其运行平稳性和效率指标。

最后用小车将工件托盘输入系统，由系统输出到装卸站，送到机床等的工作台站做工件托盘取送交换调试。在托盘交换中要调整双向行程的定位精度和驱动定位销的位置，使托盘交换平稳、准确、灵活。

(3) 刀具系统：

在 FMS 中刀具的种类和数量繁多，对众多刀具的参数、编码与识别、抓取运送管理是复杂的，并且要根据线内加工设备的需求，控制管理刀具的流向。刀具系统是提高 FMS 效率和加工柔性的重要环节，也是加工质量和安全运行的保证因素之一。

调试时首先要用一组不同类型的刀具在对刀仪上测量出刀具的实际值，连同刀具类型码和刀具条纹编码，通过在线传输送入计算机内存。刀具进出制造系统要经过进出检验站，经条码阅读器扫描刀具条码，以便计算机识别刀具类型、数量和刀具参数。

通过计算机和刀库刀位号反复测试刀具安放位置的准确性，考核数据传输的可靠性，保证计算机对进入制造系统刀具的有效跟踪。

换刀机器人的离线调试，是通过示教功能控制机器人到指定的刀位进行抓刀、送刀的调试。控制机械手在中心刀库内（刀具换位）、中心刀库与刀具进出检测站之间、中心刀库与机床刀库间取送刀具，调整机器人的定位精度和运动速度。允许机器人有不同档次的速度选用和更换。

调试机械手的抓取重量，考核抓取量大允许重量刀具的安全可靠性。

联机调试应测试刀具系统的通信功能，通过系统计算机指令，完成取、送刀具操作，实现暂停、急停、复位等功能和故障报警。

所有抓刀、送刀操作要在 100%准确无误。

2. 系统联调

系统联调要求在规定的时间内，按系统运控生产方式，得到一批合格的商定的零件产品，验证系统的生产能力，有时是规定在整个系统的最小平均无故障碍时间内必须保证不发生任何故障。虽然机床和物料运储系统通常是标准的现成设备，但在每项安装中，在设备开始运行时会产生许多全新的问题，通过在线的系统联调去发现问题、解决问题，方可进行试生产验证。

在系统的计算机控制指令下完成以下工作：

(1) 将预定的工件托盘，从装卸站或托盘站运送到机床的托盘交换装置上，或从机床上将工件托盘退回到装卸站，如果装卸站已被占用，系统能自动将工件托盘暂存在托盘站的一个空位上，并作记录。

(2) 通过换刀机器人的运送，机床刀库从中心刀库装载所需要的刀具，并把刀具数据信息传递到机床数控系统中，把加工中不再需要的刀具从机床刀库中退回到中心刀库。

(3) 将预定 NC 程序传递到机床数控系统中，机床按 NC 程序加工零件。为获得恰当的刀具寿命，需要调整机床的切削参数，如切削速度、进给率等。

(4) 对冷却、润滑、排屑、清洗乃至密封门、安全门、防护围拦的控制与监控进行调试检验。

软件故障可能遍及整个计算机控制系统。如果在组成 FMS 之前缺少完整的检查调试，则往往要在某种条件下才会暴露出问题。需要编程人员、系统调试人员和操作人员共同工作来解决这些问题。诊断和管理信息系统（MIS）在 FMS 运行时有助于找到问题的部位，显示故障的性质和内容。在安装调试过程中，这两个系统对排除 FMS 故障极为有用。诊断系统能精确地判断出问题的部位，如被忽视的连接点、机械故障、不正确的启动、误操作以及系统停止运转等。管理信息系统（MIS）可以连续记录性能统计数据，能提供调试问题和进展的完整记录。

在调试期间应尽量少更换加工零件。用预定的一套零件学习操作 FMS 比更换零件程序要方便得多。最好在开始阶段不要给新的 FMS 加满负荷，因为用少量的零件检查所有的系统应该容易些，而且能暴露出主要问题的范围。

三、验收测试

FMS 由于投资风险大，技术复杂，为保证系统可靠运行和取得实效，验收测试是项非常严肃认真的工作，通常应按测试规程的要求与内容进行测试验收。

1. 验收的组织

FMS 承办单位（供货商或研制单位）在系统安装调试和试行生产正常后，应向交办单位（买方或上级部门）提交正式的验收申请报告。交办单位应按合同或任务书内容审查系统的设计要求、总体调试情况和全部资料，审查合格同意验收并组织专门的验收委员会。

（1）验收委员会　验收委员会由交办单位代表和邀请的专家组成，设主任一名，副主任两人（一般由知名专家担任），委员若干人（一般 8 人以上）。验收委员会下设技术测试组和资料审查组，各设组长一人，由验收委员会副主任担任。验收工作会议由主任主持，全体委员及 FMS 供货商或研制单位代表参加。

（2）验收委员会的任务和权限　验收委员会主持整个验收工作，包括：

审查验收材料，判定是否具备验收条件；审查验收测试大纲，组织、监督验收测试，进行评审，提出验收报告。

验收委员会有权要求承办单位和交办单位对系统有关问题进行说明；决定系统是否通过验收。但无权对系统的软件或硬设备进行改动和拆卸。

2. 验收资格审查

（1）资料审查　　资料审查组负责审查并向验收委员会提交资料审查报告。验收必须交付的文档资料有：

- 技术合同和任务书
- 系统体系结构及总体设计任务书
- 系统可靠性设计报告
- 仿真分析报告
- 电气控制原理图
- 全部机械图纸
- 软件框图及清单
- 总体调试报告
- 技术总结报告
- 分系统验收报告
- 操作报告
- 其他有关资料

（2）系统验收审查　验收委员会在审查文档资料合格后，接着进行总体设计合理性、系统联调的运行稳定性审查，明确是否符合验收条件，决定能否进行验收。

1）合理性审查：由供货商或研制单位提供仿真分析和可行性论证及可靠性设计。确保系统体系结构、设备造型、总体布局合理，加工能力和各项性能指标满足合同或任务书设计要求。

2）生产能力审查：提供系统试运行加工三种以上不同的零件，并向验收委员会演示加工过程，所加工零件应满足合同中规定的各项精度要求，加工过程中各分系统运行稳定协调，以证明具备生产能力。

3）加工数据审查：验收前必须提供三种以上零件的生产工艺、NC程序、托盘位置以及刀具参数等加工数据，供测试验收时使用。

4）测试条件审查：审查验收测试条件及人员准备情况。包括工艺工装、毛坯、刀、卡、量具及检测仪器，电、气、润滑、冷却、液压条件，各类操作、维护、使用人员以及有关技术人员定位定岗情况。

3. 制定验收大纲和工作计划

验收大纲由验收委员会和承办单位共同制定，经交办单位修改，提交验收委员会审定。大纲内容包括验收活动程序、测试要求、技术条件、日程安排、工作员组成等。

在系统验收前必须完成运行考核。运行考核和现场测试计划的时间，视系统规模的总体调试情况而定，一般在3～6个月之间，每天不少于4 h。其中空运行时间不能多于总考核时间的1/3；加载运行时间，包括单一工件进线加工时间和几种零件混合进线加工时间。对于多种零件及批量混合的加工测试，其测试时间不应少于总考核时间的1/3。

为保证良好的运行环境，考机、测试前应做好准备工作，系统初始化及全部设备处于正常状态，刀卡、量具有毛坯及加工数据齐全，电网电压、压缩空气压力与纯度、车间温度与湿度均应符合规定。

4. 运行考核

（1）运行故障统计分析　在运行考核过程中，因误操作造成的停机、午休和交接班的停车均不算故障；因车间停电、停液或停止压缩空气造成的停机也不算故障。操作人员利用机床备料、工具与附件的准备时间排除的短时故障，在一昼夜内修复时间累计不超过30 min者，不做故障统计。此外在运行中出现的停车故障，应作故障报告、故障分析报告以及纠正措施报告和加工设备情况记录表。

（2）可靠性分析　可靠性分析主要分析系统的$MTBF$、可用性（A）和可靠性。

1）平均故障间隔时间（$MTBF$），是指FMS总的有效寿命期除以在该时期内的故障总数。

$$MTBF=\frac{\text{系统稳定运行时间}}{\text{故障总数}}$$

2）可用性（A），指随时需要执行加工任务时，FMS在加工开始时处于可工作状态程度的一种度量。

$$A=\frac{MTBF}{MTBF+MTTR}$$

平均修复时间（$MTTR$），是设备维修性的一个参数，其度量方法为；在规定的时间和条件下，设备在任意规定的维修级别上，其修复性维修总时间与其故障总数之比。

3）可靠性，预计系统达到稳定运行前的累积工作时间，分析可靠性增长试验能否成功。

运行考核中，如发现重大的影响可靠性的故障，改进后系统可靠性有明显提高，经承办单位申请，验收委员会批准，可重新进行运行考核，此前的考核记录无效。

5. 现场测试

(1) 系统性能测试。

由测试组指定一种以上在 FMS 加工范围内的零件，由供货商或 FMS 研制单位制订工艺路线，提供 NC 程序、刀具表及生产调度计划等生产数据，进行系统性能测试。

1) 系统的柔性：包括完成指定零件加工的生产柔性；在模拟设备故障离线处理条件下，系统仍能正常运行由相同或相似设备完成故障设备的加工作业的路径柔性；在指定的多种零件组进线加工，系统能顺利完成零件混流加工任务，测量出设备和系统的相应时间，以判断系统的过程柔性。

2) 系统的生产能力：根据合同或任务书的要求，测量 FMS 在正常工作条件下自动化生产的能力。测定日产量并由此推算年产量、各加工设备的利用率、产品的合格率。

3) 系统的可靠性：系统可靠性测试阶段必须完成 48 h 以上的连续运行，考核控制程序应包括全部加工设备的所有功能指令。

检查的指标除系统的 $MTBF$ 和 A，还有检查系统一昼夜的技术利用系数 K_t 以及系数利用率、单台设备利用率等。

FMS 的技术利用系统 K_t 的关系表达式：

$$K_t = \frac{T_h}{(T_h + T_B + T_t)}$$

其中：

1) $T_h = \sum_{j=1}^{n} T_{hj}$ 为一昼夜 FMS 各加工设备的累积工作时间。加工设备的工作时间为控制工作程序时间、辅助时间以及准备和收尾时间之和。

T_{hj} 为 FMS 中第 j 个设备的工作时间；n 为 FMS 中加工设备数。

2) $T_b = \sum_{j=1}^{n} \sum_{i=1}^{N_j} T_{tji}$ 为 FMS 设备恢复工作能力的总有效时间，包括 FMS 各分系统恢复工作时间，但不应记入因组织而等待修复的时间。T_{bji} 为排除第 j 个加工设备，第 i 个故障所必需的时间；N_j 第 j 个制造设备应计算的故障次数。

3) $T_t = \sum_{j=1}^{n} \sum_{i=1}^{m_j} T_{tji}$ 为 FMS 设备及每昼夜额定技术维护工作中，属于设备停车部分的总时间。T_{tji} 用计时器记录下来的对第 j 个加工设备、第 i 个停工实施技术维护的实际时间。m_j 为第 j 个设备应计算的停车次数，即技术维护次数。

(2) 分系统测试。

分系统验收测试的项目和内容，取决于被测 FMS 的规模与配置。在测试前，承办单位应交付全套分系统软件及测试软件的源程序清单。验收委员会按 GJB437—88 中有关程序编制的标准和约定，检查所交付的源程序、测试程序数据以及相应的软件支持环境是否符合要求。

文件组对提交的分系统完整资料进行验收。

分系统测试完成后，必须填写系统测试验收报告，详尽地记录验收的各项内容及评价。

1) FMS 网络测试：

检查网络结构方案、配置、性能和要求，并测试硬件系统是否符合要求，安装是否到位。对网络服务器作出测试评估。演示测试一些信息报文服务，按网络协议要求，使用网络规程分析仪进行测试，并对网络的管理功能软件及性能进行测试。对网络检错纠错误码率及平均响应时间、可靠性、利用率等功能性能指标作出评估。

2）FMS 管理控制系统测试：

利用计算机系统性能测试的一系列软件，检查运行本软件所需要的硬件配置是否符合任务书或合同的规定。对安装调试进行确认，确保系统安全运行。测试验收单元控制器工作站控制器硬件。

承办单位应向测试组演示运行控制软件的所有功能，包括：

单元控制器的人机界面、实时控制、通信、作业计划调度、监控与故障诊断、动态数据管理、报表统计等功能。

工作站控制器的协议转换、数据刷新和通信功能。

在测试组指定下进行软件的强度测试，即在系统正常运行情况下，由测试组指定一个或多个设备故障，测试 FMS 降级处理能力。操作人员通过人机接口模块使故障设备离线，系统仍能恢复正常运行。在降级方式下，系统运行时间由委托单位和承办单位研究决定，对数据传输速率及存储容量要进行超额定值（设计允许的最大值）试验。

强度测试的最短时间必须是无停机故障连续运行 25 h。

此外，还要对内、外部接口以及软、硬件接口进行测试。

3）FMS 检测监视系统测试：

按照硬件系统配置图表，检查分系统的组成是否符合设计要求，对安装调整情况进行核实和确认，测试软件性能和设备、环境的安全运行监视能力。如：设备故障诊断的成功率、刀具磨、破损检测的有效率、零件编码的正确性与可靠性；零件识别装置的辨识率可达 10/10 000，刀具编码识别率达到 100%；AGV 运输小车、工业机器人等防撞功能。

通过改变电网参数，测试过压、交流、缺项、反相、断电等监测功能。

4）物料储运系统测试：

物料储运系统应按加工过程的要求，为加工设备提供材料、工具，如毛坯、半成品、刀具、夹具等，具有对物料的运送、存储和管理功能。

物料储运系统具有与上级计算机通信的功能，完成 FMS 控制器指定的动作。

应对立体仓库、有轨或无轨运输小车、零件装卸站、托盘和缓冲站的功能进行验收测试。其中托盘交换装置检测包括双向行程定位精度和驱动定位销的精度。托盘不仅是零件传送、存储的载体，而且要进入机床的加工空间，承受切削力、热变形、冷却液、震动、切屑等因素的作用与影响，应具有相当高的精度和刚度及良好的互换性。托盘的质量直接影响到零件的加工质量和测量精度。

5）加工系统：

加工系统的测试主要是以保证产品的加工精度为前提，对加工设备的功能和加工、刀具管理进行测试。

加工设备的验收按有关行业标准执行。测试其进线功能、NC 程序的下载和反馈、程序管理；对 FMS 控制器加工指令的响应时间以及刀库、换刀机器人的协调控制等。

刀具管理系统包括刀具预调仪、出入站、刀具以及换刀机器人等的对刀精度、识别、数据管理以及再现等功能测试以及协同动作和重复定位精度的测试。

清洗站的电、气、液控制系统检测应参见有关标准。

在加工系统测试过程中，所有设备、电气、液压、润滑冷却系统以及安全防护装置均应工作正常。

6）信息传递规范化测试：

信息传递规范化内容如下：

物理层的主要特性，如机械、电气及规程特性；接口连接器是否符合标准，能否满足任务书要求。

链路层主要是面向字符和面向位的数据链路控制协议，具有通信、同步、发送方式以及差错控制、校正、电码、速率、信息长度等协议所具有的特性。

数控信息规范主要是 NC 程序格式及信息的生成，包括 CAD/CAPP/CAM 集成的方法和手工编程方法。

集成接口结构，单元层与工作站层的接口主要是通过网卡等接口设备，在软件支持下实现。工作站与设备层一般通过接口来完成。对于开发 DNC 接口要对其功能及接口、通信协议标准化进行测试。

实时通信结构，要对虚拟终端协议与服务、作业转移与文件传输管理、报文、事务处理进行测试。

6. 系统验收评审

在验收测试的基础上，验收委员会对被验收（鉴定）的系统进行综合评审。除满足合同或任务书要求外，测试评审的内容为：

(1) 每个分系统测试的各项指标符合设计要求。

(2) 成功地完成运行考核及 48 h 连续考机。

(3) 各加工设备的利用率在 80%以上。

(4) 系统的无故障间隔时间（*MTBF*）在 48 h 以上。

(5) 系统可用性（*A*）大于 70%。

(6) 系统的技术利用系数大于 65%。

(7) 系统加工的成品率在 95%以上。

(8) 系统外观及安全防护符合规定。

在评审的基础上，给出系统的综合评价，包括系统所达到的技术水平、文档资料的完整性、一致性和标准性；各项指标满足合同或任务书要求的情况，最后由验收委员会表决，决定是否通过验收。

系统评审验收后，填写验收报告，应详尽地记录验收的各项内容及评价。验收委员会全体成员应在验收报告上签字。根据验收委员会表决情况，由验收委员会主任在验收报告上签署意见。

验收结论分两种：通过，表决同意超过 2/3；不通过，表决同意的委员不足 2/3。

7.4 FMS 的一个范例——SSI 型板材 FMS 的实现

7.4.1 概　述

制造业的刚性自动化仅适于大批量生产，企业为提高市场竞争力，特别关注中小批量加工。数控技术为提高中小批量加工的效率提高了有效的手段。柔性制造技术就是在数控技术和计算机技术的基础上发展起来的。

柔性制造系统（FMS）由物料储运系统把一组机床和其他机械设备连接起来，并由计算机进行计划管理，安排物料供应和实施加工过程监控，从而达到完全自动化的柔性生产。

20 世纪 80 年代国外柔性制造系统（FMS）迅速发展，特别是板材零件柔性制造系统(简称板材 FMS)，由于具有极为显著的经济效益，其发展尤为突出。

针对一个企业的实际情况，论证它的 FMS 计划的经济效益不是一件轻而易举的事。但是，对于占企业总生产量绝大部分的中小批量加工，柔性生产线比起单机使用的数控机床或者刚性生产具有无可比拟的优越性。对制造业传统的生产车间的统计和分析表明，各种零件产品滞留在工厂的全部时间中 95%以上是在等待，而加工时间低于 3%。这些等待时间无异于资金的积压，FMS 能出色地解决减少这种空闲时间的问题。概括起来，板材 FMS 的主要优点是：

(1) 由计算机监控保证的连续工作，大大提高了机床等生产设备的使用效率。

(2) 计算机控制提供的自动化生产，减少了人员配备。

(3) 计算机的合理调度与管理，减少了在制品存量和原材料库存量。

(4) 采用数控机床和计算机计划管理，缩短了生产周期，增强了柔性，大大提高了中小批量生产的效率。

进入 20 世纪 80 年代，我国从国外先后引进了不少钣金加工设备。仅数控冲床就有百台以上，这些设备基本上都是作为单机使用的。产生 NC 码的手段，一般通过数控机床控制柜面板上的操作键盘、纸带穿孔机的 NC 码编程机、串行通信设备的 NC 码编程机提供。不少进口数控冲床的企业仅配套购置了包含纸带穿孔机的编程机。可见，加工操作必定是编程产生 NC 码纸带——纸带阅读——手工装料——冲加工——手工卸料的循环。可想而知，机床利用率是较低的。个别企业进口了包含串行通信设备的编程机，配备了该设备后，其机床利用率要稍好一些。

在拥有进口钣金加工数控机床的单位中，天水长城开关厂和上海机床附件三厂与众不同，其上级部门的计划人员卓有远见地决定建设钣金加工柔性生产线并付诸实施。长城开关厂的柔性生产线在两年准备的基础上于 1989 年正式启动，历时三年，于 1991 年底正式建成投入运行。上海机床附件三厂在一年准备的基础上于 1990 年正式启动，历时两年零十个月，于 1992 年 10 月正式建成投入运行。成功的运行充分表明，它们均达到了预定的设计目标。两条生产线有相当的总体规模和技术成果，只不过富有特色的设计各自偏重在不同的方面。长城开关厂柔性生产线的机械设备有一定特色，上海机床附件三厂柔性生产线具有的新颖功能和性能则主要表现在中央控制单元和自动工艺编程。两条柔性生产线在相隔不到一年的时间里先后建成，代表了我国当前钣金加工技术的先进水平。

较多的文献资料对长城开关厂的柔性生产线做了较详细的介绍，个别文献仅简要地介绍了上海机床附近三厂柔性生产线（SSI 板材 FMS）的组成和运行仿真等内容。SSI 板材 FMS 由上海科技大学负责全部设计制造工作，下面对该系统做扼要介绍。

7.4.2 系统组成

SSI 板材 FMS 的总体布局如图 7-26 所示。从加工操作的内容和总体布局的角度，把

FMS 全线看成由 5 大部分组成，即自动仓库单元、冲加工单元、剪加工单元、中央控制单元和自动工艺编程单元。从递阶控制角度，把 FMS 分成上位部分和下位部分。中央控制单元和自动工艺编程单元处于上位；自动仓库单元、冲加工单元和剪加工单元处于下位。图 7－27 给出递阶系统的结构原理图，从另一个角度描述了系统的组成。各单元包含不同设备，有数控机床、物流设备、单元控制器、工业计算机、通信设备等，分别叙述如下。

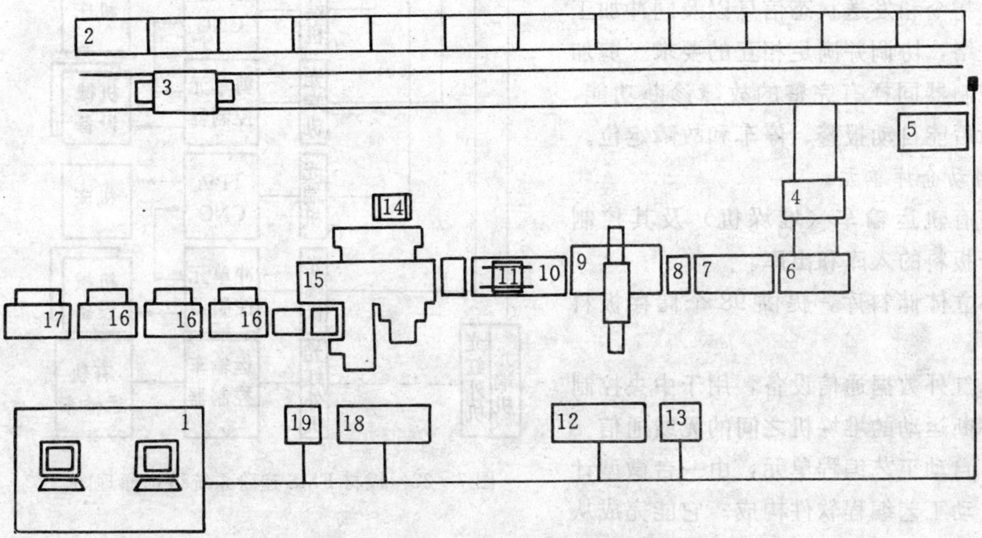

图 7－26　板材 FMS 总体布局

1—中央控制室；　2—立体储料库；　3—堆垛机；　4—进出料台车；
5—装料台；　6—装载机械手；　7—自动定位运输机；　8—工作台；
9—数据控回转头冲床；　10—中间滚柱台；　11—装卸料机械手；　12—TPP 数控箱；
13—冲加工单元控制器；　14—定位机械手；　15—数据控直角剪切机；　16—中小件自动分类运输机；
17—大件自动分类运输机；　18—RAS 数控箱；　19—剪加蓬单元控制器

1. 冲加工单元

(1) 进出料台车，用于自动仓库单元同冲加工单元之间输送板料。

(2) 板材装料机械手，是吸盘式板材上料装置。它的功能是：①从台车吸取一张板材，经弯曲抖动分离、测厚，确认吸取的只是一张板材时，才把该板材送到自动定位输送机；②将自动定位输送机上的板材推到数控回转头冲床。

(3) 板材自动定位输送机，用于板材初定位。

(4) 数控回转头冲床，是冲加工单元的主要加工设备。

(5) 板材装卸料机械手，用于将已冲孔的板件从冲床卸料至滚柱台。当剪加工单元允许进料时，也由装卸料机械手将已冲孔的板件拖至剪床。

(6) 冲加工单元控制器负责数控冲床的启停控制和上下料设备（进料台车、板材装料机械手、自动定位输送机、装卸料机械手）的控制以及它们之间的协调，负责同中央控制单元的通信、接收指令和发送状态信息以及同剪加工单元的联络，协调并满足相互的要求。冲加工单元控制器还具有完整的故障自诊断功能。发生故障时能自动报警、停车和故障定位。

2. 剪加工单元

(1) 数控直角剪切机，是剪加工单元的主要加工设备。

(2) 板材零件自动分类输送系统，由三台中小件分类输送机和一台大件分类输送机组成，用于将剪切后的零件分类输送至料箱。

(3) 剪加工单元控制器，负责数控剪床的启停控制和自动分类输送系统的控制以及它们之间的协调，负责同中央控制单元的通信、接收指令和发送状态信息以及同冲加工单元的联络，协调并满足相互的要求。剪加工单元控制器同样有完整的故障诊断功能，发生故障后能自动报警、停车和故障定位。

3. 自动仓库单元

(1) 有轨运输车（堆垛机）及其控制器，用于板料的入库和出库。

(2) 立体储料库，提供 98 个储存板料的库位。

(3) 红外数据通信设备，用于中央控制单元同不断运动的堆垛机之间的无线通信。

(4) 自动工艺编程单元，由一台微型计算机和自动工艺编程软件构成。它能完成从零件图形输入直到生成整张板材的 NC 码和分类信息，还能对 NC 码屏幕加工模拟。

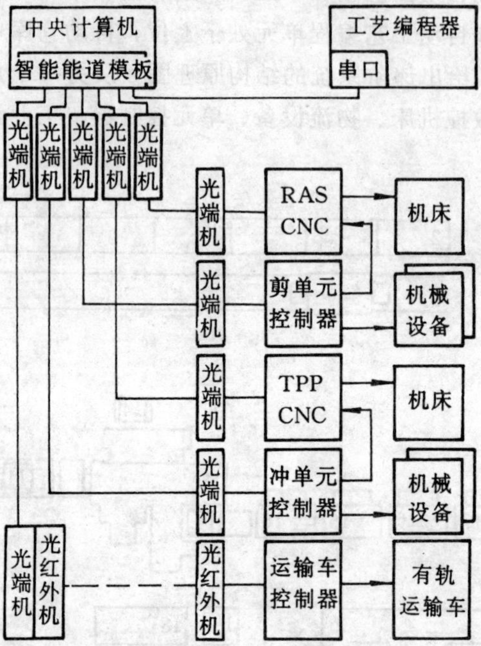

图 7-27　板材 FMS 递阶系统结构原理图

(5) 中央控制单元，由一台工业计算机、通信网络和软件系统构成，它实现板材零件 FMS 的系统级操作、控制、监测和管理，是板材零件 FMS 达到高度柔性和完全自动化的关键设备。

7.4.3 系统分析

7.4.2 节对系统组成和功能做了事实上的描述，但还没有把系统目标和功能表达清楚。清楚地表达这一点正是系统分析的任务。

系统分析是复杂系统设计的重要步骤，在设计的最初阶段进行，它的最基本的方法仍是结构化系统分析设计方法。该方法的核心思想是，一个复杂系统被分解成相对独立的较简单的子系统，每一个子系统又被分解成更简单的模块，如此自顶向下逐层进行模块化分解直到底层，而底层的每个模块则应是易于说明和执行的。IDEF 方法是较好地体现此核心思想的一种结构化系统分析设计工具。

美国空军首先在其项目中使用 IDEF 方法。该项目是集成计算机辅助制造 ICANM (Integrated Computer Aided Manufacturing)，而 IDEF 则是 ICANM Definition Method 的缩写。IDEF 方法分三个部分：

(1) IDEF0　通过建立模型来描述一个系统的功能有活动及其联系。

(2) IDEF1　描述系统信息及其联系，构造信息模型，据此进行数据库的设计。

(3) IDEF2　用于系统模似，建立动态模型。

在我国，国家 CIMS 实验工程研究中心在项目的设计中最早使用 IDEF 方法。鉴于他们成功的应用，IDEF 方法被推荐给高技术自动化领域作为复杂系统的设计规范。目前该方法已被普遍接受。

弄清对象是怎样的系统，是系统分析阶段应解决的主要问题。使用 IDEF0 建立功能模型是达到这一目的手段。在板材 FMS 项目研制中也使用 IDEF0 进行系统分析，建立系统的功能模型。使用 IDEF0 强调两点，其一，该方法是对功能活动的分析，而不是系统组成的分解；其二，按自顶层向下逐层分解的原则构造模型。IDEF0 是图形语言，它以带有箭头的方盒抽象地描述系统的某一部分的功能活动。模型的顶层以一个方盒代表全系统，是最抽象的描述。每一个方盒经分解由下层的一组方盒和箭头表达更详细的说明。自顶向下逐层分解的过程也就是功能活动由抽象描述逐渐细化的过程。底层方盒描述的功能活动不仅最详细和具体，而且也便于设计和执行。完整的模型包含较多的图形，这里只是部分分析结果。

系统分析是复杂系统开发过程的头一步。在建立模型的基础上顺序进入以后的各个步骤，如模块设计、定义系统的各个模块、接口和数据结构并建立各个子系统，集成各个子系统构成整体，进行全系统的调度、测试并进行试运行检验。各环节顺利开展和通过之后才达到最后的一步——交付使用。系统分析是开发工作的开端，它对整个开发工作的成功有重要的作用。一般估计，分析阶段的一个错误未被纠正，在设计阶段或测试阶段或运行维护阶段要花几倍至几十倍时间才能纠正。

7.4.4 控制逻辑结构

从图 7 - 27 和图 7 - 28 知道，板材 FMS 由若干子系统构成。中央控制单元和各个加工单元在板材 FMS 功能模型 AO 图中是板材 FMS 的子系统，有同等地位。但是，从控制功能的作用来看，这些子系统所处的地位却有很大差别。冲加工单元、剪加工单元接受中央控制单元的控制命令和加工数据，输出成品或半成品，自动仓库单元接受中央控制单元的命令，完成原材料或成品或半成品的出入库以及相应的库存管理。实现这些控制要求的控制系统有两种逻辑结构可以选择，一是中央控制单元——加工单元控制器——加工单元机械设备，另一是中央控制单元——加工单元机械设备，这是两种结构上不同的控制逻辑链。前者逻辑结构的特点是分散和分级，后者则是集中。

早期的柔性制造系统，采用集中式的控制结构。中央控制单元的计算机直接控制柔性生产线的各个机械设备，作业调度和控制都由它执行。在一台计算机中有多个任务并行运行，其工程实现有较大难度。分散型控制逻辑结构的情况就大不一样了，机械设备的控制由加工单元的计算机执行，而作业调度主要由中央控制单元的计算机执行。这实质上是将功能分散，由多台计算机去实现。恰当的分解可大大减少工程实施的复杂性，给开发维护带来极大的方便，也有利于优化计算机资源的配置和布局，降低工程费用。

图 7 - 29 给出板材 FMS 控制功能的一种合理的分解方案。它是具有三个级的控制逻辑链方案。这三个级是监控级、现场控制级和设备级，构成递阶式逻辑结构。数控机床（一台回转头冲床和一台直角剪板机）和装卸机械手以及堆垛机等机械设备处在设备级。加工单元控制器处在现场控制级，它对设备级的机械设备实施控制并采集设备状态信息。中央控制单元处在监控级，同现场控制级的加工单元控制器之间有通信网络连接。中央控制单元向下位的加工单元控制器发送调度命令和数据，从加工单元控制器采集命令执行情况和设备状态信息等，以便对整个板材 FMS 范围内的制造活动进行全面的管理、调度和控制。

将复杂系统的控制与管理问题分解成一组易于解决的子问题，其逻辑联系按递阶式结构

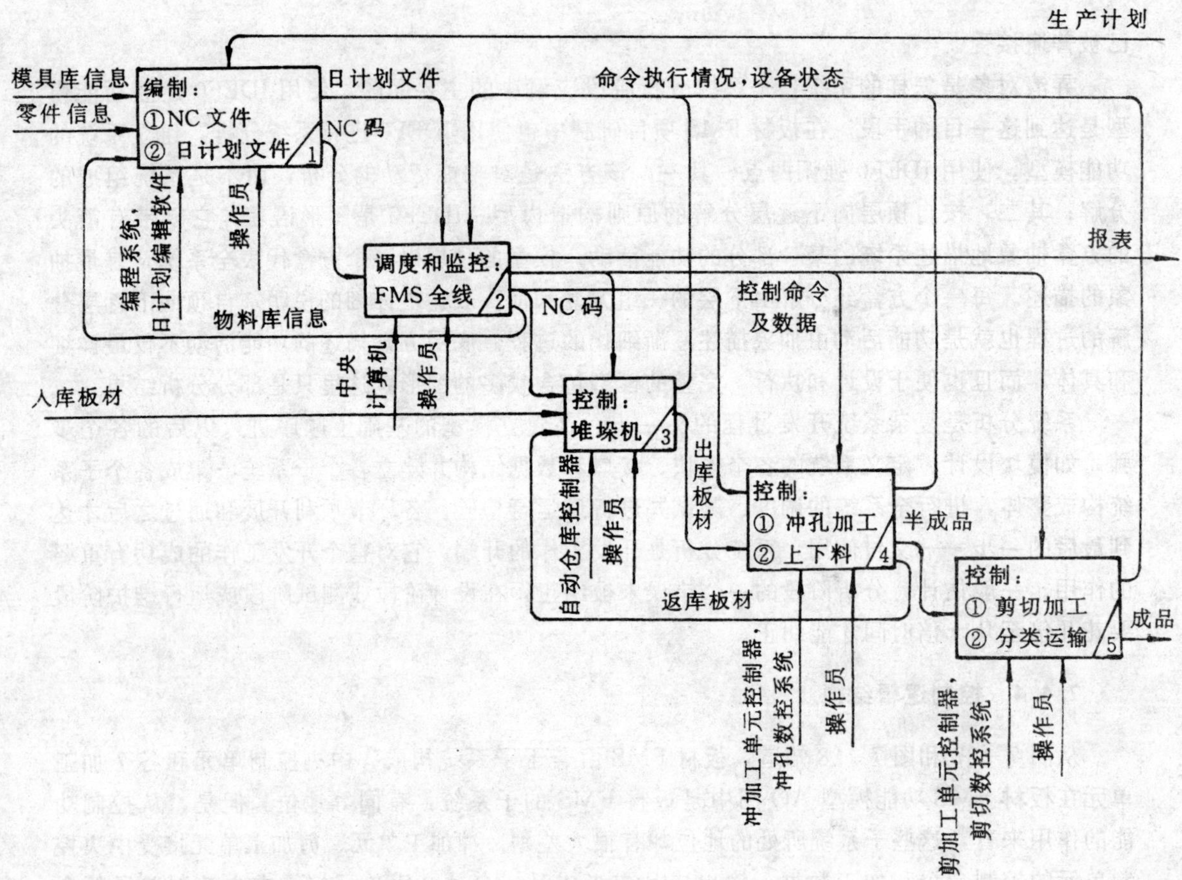

图7-28 板材FMS功能模型AO图

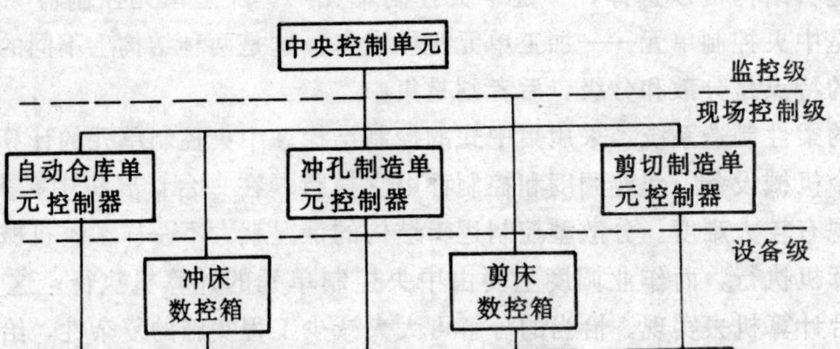

图7-29 递阶控制结构示意图

构成，是解决复杂问题的有效方法。结构中不同层次有各自的功能特点，各层之间有规范化的信息交换方法。按这样的递阶逻辑结构建立控制系统有很多优点，如模块性强、界面分明、可并行设计以及具备很好的可维护性和扩展性等。

7.4.5 通信系统

通信系统把板材 FMS 的各个分散的部分连接起来，实时地传送调度命令、作业进行情况、控制信号和设备状态等信息。通信连接的示意模型如图 7－30 所示。中央控制单元同三个加工单元控制器、数控编程系统、机床数控柜之间采用异步通信连接，各加工单元控制器同机械设备之间以及加工单元相互之间采用电平连接。

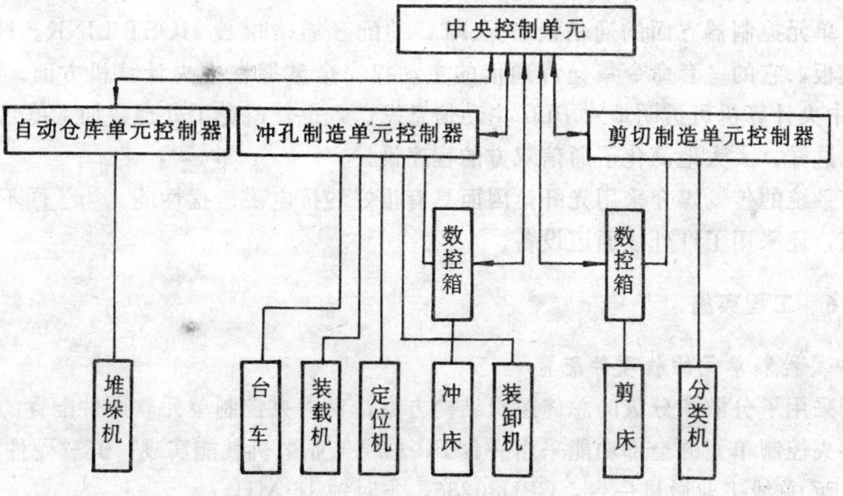

图 7－30　板材 FMS 的通信连接

基于异步通信技术建立板材 FMS 的通信系统是因为异步通信接口是板材 FMS 某些设备所支持的惟一的通信手段，如机床数控柜就只配备 RS232 接口，各加工单元控制器采用的可编程控制器提供的常规通信模板 HOST LINK 也只包含一个异步通信接口等。此外，考虑到异步通信技术有不少优点，对板材 FMS 是很有利的。这些优点可概括为：

（1）通信程序能适应中央控制单元实时调度的快速响应的需要。

（2）信息收发可作为后台处理，这是完全自动化的柔性加工所要求的。

（3）异步通信技术的应用极普遍，有关软硬件技术性能可靠，市场产品货源充足，价格便宜。

（4）工业微机和可编程控制器有配套的智能的异步信卡产品，这些物质条件大大增强了通信系统的性能。

中央控制单元/（中央计算机）方面的通信设备是在工业微机上安装的八串行智能通道模板及有关软件。随模板成套配备的软件是模板驱动程序、用户程序同驱动程序间的接口程序和一套命令集等。这些软硬件设备是中央计算机通信程序的开发环境和工具，也是板材 FMS 通信系统运行环境的组成部分。采用了智能通道模板，完全改变了中央计算机同通信对象间的通信过程。如果不采用智能通道模板，为了做到通信过程中允许其他程序并行工作，也可以使用“中断”来达到这一目的，“中断”是操作系统支持的功能。但是，操作系统仅支持为数极少的常规串行通信接口。扩充操作系统支持的通信接口数目是一件复杂的工作，要求具有相当的计算机专业知识和技能的人员担任。使用智能通道模板，中央计算机的调度程序首先同智能通道模板通信，以计算机指令执行速度向模板发出一个简短命令及有关数据。中央计算机不必等待信息发往加工单元控制器即可结束通信任务，转去进行其他的工作。各任务轮转一遍后，调度程序再向智能通道模板探询对方的反馈信息，以便判断这一次是否成功。智能通道模板在收到调度程序的信息后，由它执行信息的发送和接收回送的信息，再等待调度程序的探询。智能通道以自己的中断处理能力减轻了中央计算机的负担。中央计算机同各个 PLC 间的通信被安排在不同“任务”，它们运行时都只同智能通道模板打交道，占用很少的 CPU 时间。这就是说，从一个“任务”到下一个“任务”的转换是很快的，因而中央计算机对任一个通信对象发生的事件都能迅速作出反应，达到很好的实时调度效果。

加工单元控制器方面的通信设备是 PLC 的配套通信模板 HOST LINK。HOST LINK 是智能模板，它的一套命令集允许通信的主动权完全掌握在中央计算机方面。通过 HOST LINK，中央计算机可透明地对 PLC 主动信息发送，也就避免了处理各加工单元的并发的通信要求。这样，大大地简化了通信双方的程序设计。

通信系统的传输媒介采用光纤，因而具有很好的抗电磁干扰性能。为了同不断运动的堆垛机通信，还采用了红外线通道设备。

7.4.6 工程实施

1. 中央控制单元的软硬件配置

由于采用了分散和分级的总体逻辑结构方案，对中央控制单元软硬件配置的要求可大大降低。中央控制单元的全部功能采用一台 PC 总线工业微机就能实现，其软硬件配置如下：

(1) PC 总线工业微机一台，CPU80286，主时钟 16 MHz；

(2) 内存储器 1 MB，软磁盘机 1.2 MB，硬磁盘机 40 MB；

(3) VGA 彩色显示器，101 键盘；

(4) 八串行智能通道模板；

(5) MS DOS 操作系统，V3.3 以上版本；

(6) Microsoft 5.0 版本语言系统。

其中机型、通信模板和语言系统的选择合乎情理，惟独 MS—DOS3.3 操作系统是否适合板材 FMS 这样的工业系统，值得探讨。

一般来讲，FMS 要求实时多任务操作系统，有不少配备在各种型号工业微机上的实时多任务操作系统产品，如配备在 INTEL 工业微机上的 IRMNX，配备在 PC 总线工业微机上的 AMX 等。如果选择这些实时多任务操作系统中的任何一种，当然是合理的。研制人员做过一些试验，在试验基础上，尝试在设计中自行建立实时多任务环境。板材 FMS 情况下，多任务问题并不复杂。以通信对象划分任务，各通信任务以固定顺序轮转，不存在任何优先级的排队问题。变量设置、任务间通信、任务的状态转化等的实现也利用 C 语言的功能达到。按此方法进行实验，获得了满意的结果。此方法简化了 FMS 工作软件的运行环境，增强了实时性，系统可靠性也得到改善。

2. 制造单元控制器组成与配置

板材 FMS 的三个加工单元都包含有单元控制器，这些单元控制器又是分散型控制系统的组成部分。冲单元控制器和剪单元控制器有相同的硬件核心，即一台工业微机和一台可编程控制器 PLC。工业微机担任面板操作和状态显示等任务、PLC 执行设备控制以及同中央控制单元的联网通信等。冲、剪单元控制器的逻辑框图如图 7-31 所示。堆垛机控制器由一台可编程控制器构成，实现操作、控制和通信等全部功能。三个单元控制器都能自成体系，独立完成加工单元范围内的控制任务。这些控制器有多种工作方式，包括同中央控制单元组成的联运方式、单元范围内的自动运行方式和手动方式。各单元控制器个有自诊断、故障提示和报警等功能。

3. 仿真

在板材 FMS 的工程实施中，计算机仿真曾多次成功地使用。第一次，在总体方案设计时，对三种机械设备的配置和布局方案通过仿真进行比较，为优选提供依所。第二次，在分析加工过程的时候作为分析的辅助手段。借助仿真，了解各设备动作的条件，以便在动作的连贯性、并发性和合理性方面加以改进，达到最佳的作业调度方案和设备利用率。第三次，在调试阶段，把中央控制单元工作软件的 OBJ 文件同加工单元仿真器和通信仿真器的 OBJ 文件连接，构成一个仿真系统，在实验条件下进行仿真运行及功能检验，能把中央控制单元工作软件调试到很成熟的程度，从而缩短车间现场调试的时间。第四次，在 FMS 建成后，一个能逼真地演示板材 FMS 生产活动的仿真软件不仅可以检验工艺排料及作业编排的优劣，还起到宣传作用。

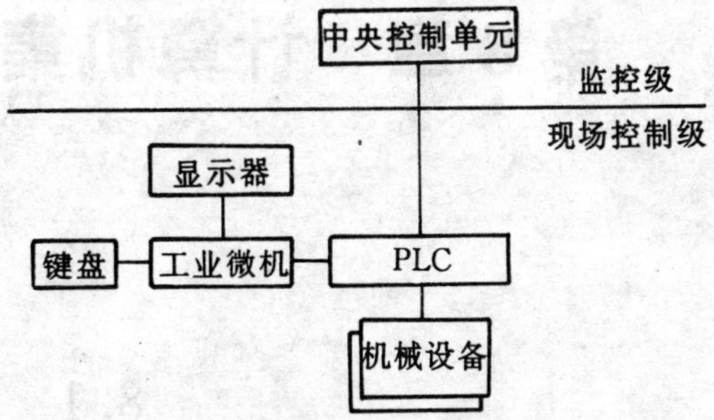

图 7－31　加工单元控制器逻辑框图

4. 系统监视

中央计算机随时接收加工单元发来的设备状态监测点的信息，这些反应作业进展情况的信息要显示在屏幕上，通常以表格形式展示，这是最一般的跟踪方法。图形跟踪则是新颖的方法。中央控制单元在忙于调度、控制、信息采集的同时抽出 CPU 时间去驱动屏幕图形，达到动画效果。这是在实时控制系统中实现的加工作业的动画跟踪。动画跟踪有赖于系统的实时性、构图方法和动画技巧等。板材 FMS 的系统监视已成功地实现了动画跟踪，达到很好的效果。

第 8 章　计算机集成制造系统（CIMS）

8.1　概　述

计算机集成制造 CIM（Computer Integrated Manufacturing）是 1974 年美国学者约瑟夫·哈林顿（Joseph Harrington）博士在其所著的《计算机集成制造》中首先提出的，它是一种组织、管理、运行企业生产的新哲理。计算机集成制造系统 CIMS（Computer Integrated Manufacturing System）是 CIM 哲理的具体体现。CIMS 代表着当今先进制造技术的发展趋势，它以实现企业信息集成为主要标志，以增强企业生产、经营能力为目标，最终达到提高企业参与市场竞争的综合实力。

8.1.1　CIMS 的产生

CIMS 的产生一方面是由于企业外部环境的变化，特别是全球市场的迅速形成引起企业对 CIMS 的强烈需求；另一方面是由于科学技术的长足发展，尤其是信息技术、计算机技术、系统技术的进步，为 CIMS 提供了技术可能性。

近 20 年来，世界制造业进入了一个巨大变化时期，主要表现在：第一，生产能力在世界范围内迅速提高和扩散已形成全球性的激烈竞争格局；第二，先进生产技术的出现正在急剧地改变着现代制造业的产品结构和生产过程；第三，传统的管理模式、劳动方式、组织机构和决策准则都在经历新的变化；第四，传统的相对稳定的市场已经变成动态多变的全球竞争市场。这些既为制造业带来了巨大的市场压力，同时又带来了新的发展机遇。制造企业为了适应这种变化，求得生存与发展，必须采取高柔性、高生产率相结合的生产战略，以实现多品种、小批量、质量好、成本低、交货期短的综合目标。

信息技术的迅速发展及其在制造业中日益广泛的应用，为企业提供了巨大的技术可能性，开阔了柔性自动化道路。自 1952 年世界上第一台数控机床（NC）诞生以来，标志着计算机辅助制造（CAM）的开始，计算机数字控制（CNC）及柔性制造系统（FMS）的出现与发展，更为制造业的零件加工、物料储运、刀具管理等功能实现计算机化提供了条件。20 世纪 70 年代，计算机辅助设计（CAD）技术进入实用阶段，不仅可以完成二维、三维几何图形设计，而且可以完成产品设计、运动学及动力学仿真、材料分析等功能。计算机辅助工艺设计（CAPP）技术为 CAD 与 CAM 系统集成提供了基础。计算机辅助生产管理技术从 20 世纪 50 年代后期就开始在制造业中获得了应用，到了 70 年代末期，逐步发展为包括物料管理、生产管理两大功能在内的制造资源计划（MRPⅡ）；近年来，又进一步发展成为计算机辅助生产计划与控制。

随着计算机应用的深入，在制造企业中出现了许多自动化“孤岛”，如由加工中心、机器人、物料储运系统组成的 FMS，CAD 和 CAM 通过 CAPP 集成的 CAD/CM 系统，以 MRPⅡ为核心发展起来的企业信息管理系统（MIS）等。虽然这些集成是有限的，但是却为企业创造了巨大的经济效益，促使企业把部门内部、部门之间孤立的、局部的集成发展成为综合的、大系统的集成，CIMS 成为企业必由之路。

8.1.2 CIMS 发展策略

由于 CIMS 对制造企业的生存与发展具有十分重大的战略意义，世界各国都先后制订了长期发展计划，旨在全球市场竞争中占据优势。

美国空军在 1976 年就制订了集成计算机辅助制造计划 ICAM（Integrated Computer Aided Manufacturing），该计划提出了著名的结构化分析设计方法 IDEF（ICAM Defination Method），并于 1990 年在道格拉斯飞机公司建立了 CIMS 工程。美国国家标准技术研究院 1986 年实施的自动化制造技术研究基地（AMRF）计划，提出了 CIMS 五层递阶控制结构，至今仍然是 CIMS 参考控制结构，获得广泛应用。

欧共体 1984 年开始的欧洲信息技术研究发展战略计划（ESPRIT），在 CIMS 发展方面制订了专门计划，提出的 CIMS 开放体系结构（CIM - OSA），为 CIMS 建模提供了统一描述框架和集成基础结构，已被采纳为国际标准草案，得到广泛应用。

日本从 1980 年起，实施包括订货、设计、加工、装配等功能在内的工厂自动化（FA）计划，建立了多个自动化程度较高的无人生产车间。日本政府于 1988 年提出了智能制造计划（IMS），该计划的目的在于融合日、美、欧各先进工业国家的技术优势和研究开发方法，致力于面向 21 世纪的生产系统研究，克服影响制造业生存的各种共性问题，使生产基础技术真正成为人类共同财富和国际公认标准，以推动世界制造业的发展。

我国 1986 年制订国家高技术发展计划（863 计划），CIMS 是其中一个主题。我国 863CIMS 主题发展战略目标是：根据我国制造业发展需求，首先建立 CIMS 工程研究中心及相应的单元技术研究实验基地，进行 CIMS 关键技术研究；同时选择有条件、有需求的若干个企业开展 CIMS 应用示范工程，并使之取得经济与社会效益；在上述基础上，逐步推广并实现 CIMS 产业化工程。

863CIMS 主题计划自实施以来，已经取得突出成果。1992 年建成 CIMS 实验工程研究中心（ERC），ERC 是我国建立的第一个 CIMS 实验研究应用基地，为我国实施 CIMS 解决了多项关键技术，提供了宝贵的实践经验，并且培养了一支 CIMS 研究开发队伍。先后建成了 7 个融研究、设计、开发、测试、验证、培训于一体的 CIMS 的单元技术开放研究实验室，促进了高技术研究成果向企业转移。

自 1990 年起，863CIMS 主题在全国范围内选择了一批技术基础好、对 CIMS 有迫切需求的企业作为 863CIMS 典型应用企业。截止 1995 年底，首批 CIMS 典型应用企业中，成都飞机工业公司 CIMS 工程，北京第一机床厂 CIMS 工程，沈阳鼓风机厂 CIMS 工程分别通过科技部验收和各部、委的成果鉴定，取得了显著的经济和社会效益。其中北京第一机床厂 CIMS 工程还荣获美国制造工程师协会（SME）颁发的 1995 年“CIMS 工业领先奖”，这是继 ERC 获 SME 颁发的 1994 年“CIMS 大学领先奖”后的又一荣誉，表明我国 CIMS 研究与应用已经获得世界同行的肯定与重视。

8.2 CIMS的基本概念及特点

CIMS自产生至今，在世界各工业发达国家推动下，历经了百家争鸣的概念演变已经进入蓬勃发展时期。目前，有关CIMS的定义已基本趋于一致。

8.2.1 CIMS的定义

CIMS是在计算机技术、信息处理技术、自动控制技术、现代管理技术、柔性制造技术基础上，将企业的全部生产、经营活动所需的各种分散的自动化系统，经过新的生产管理模式，把企业生产全部生产过程中有关的人、技术、经营管理三要素及其信息流与物料流有机地集成起来，以获得适用于多品种、中小批量生产的高效益、高柔性、高质量的制造系统。CIMS将是下个世纪占主导地位的新型生产方式。

从上述CIMS定义可以看出，第一，CIMS强调企业生产的各个环节，即市场分析、经营决策、管理、产品设计、工艺规划、加工制造、销售、售后服务等全部活动过程是一个不可分割的整体，要从系统的观点进行协调，进而实现全局优化。第二，企业生产的要素包括人、技术及经营管理，尤其要继续重视发挥人在现代化企业生产中的主导作用。第三，企业生产活动包括信息流及物料流两大部分，信息流的管理尤其重要，而且要重视信息流与物料流之间的集成。第四，CIMS是一门综合性技术，它综合并发展了与企业生产各环节有关的各种计算机辅助技术。

CIMS的主要特征是集成化和智能化。集成化反映了自动化的广度，把系统空间扩展到市场、设计、加工、检验、销售、用户服务等全过程；而智能化则体现了自动化的深度，即不仅涉及物料流的自动化，还包括了信息流自动化。

8.2.2 CIMS的组成

CIMS是以计算机为工具，以集成为主要特征的自动化系统。通常认为，CIMS由管理信息系统（MIS）、工程设计自动化系统（CAD/CAM）、制造自动化系统（柔性自动化系统，FMS）、质量保 证系统（CAQ）以及计算机网络（NET）和数据库（DB）系统6个部分有机集成起来的，其中，MIS，CAD/CAM，FMS和CAQ称为功能分系统，NET和DB称为支撑分系统。图8-1所示为CIMS组成框图。

但是，这并不意味着任何企业实施CIMS都要实现这6个分系统，而是应该根据企业具体需求及条件，在CIM思想指导下，有计划、分步骤实现。

1. 管理信息系统

管理信息系统是CIMS的神经中枢，它以MRPⅡ为核心，从制造资源出发，考虑了企业进行决策的战略层、中短期生产计划编制的战术层、车间作业计划与生产活动的操作层，其功能覆盖了市场销售、物料供应、生产计划、生产控制、财务管理、成本控制、库存管理、技术管理等活动，以营销计划、主生产计划、物料需求计划、能力需求计划、车间计划、车间调度与控制为主体形成闭环的一体化生产经营与管理信息系统。

2. 工程设计自动化系统

工程设计自动化系统由CAD，CAPP，CAM三大部分组成，它在包括产品的概念设计、工程与结构分析、详细设计、工艺设计与数控编程等产品开发过程中引入计算机技术，使产品开发高效、优质、自动地进行。

CAD系统包括产品结构设计、定型产品的变型设计、模块化结构的产品设计。目前在计算机绘图、有限元分析、计算机造型及图形显示、优化设计、动态分析与仿真、物料清单生成等方面的CAD软件应用较成功。

CAPP完成毛坯设计、加工方法选择、工序设计、工艺路线制订、工时定额计算等。其中，工序设计又包括工装夹具选择或设计、加工余量分配、切削用量选择以及机床、刀具的选择，必要的工序图生成等功能。CAPP是工程设计自动化系统内部信息集成的关键环节，它是CIMS中设计信息与物料信息的交汇点，与生产计划、车间控制有着紧密联系，是工程设计自动化系统与其他系统交换信息的主要信息源和信息处理核心。

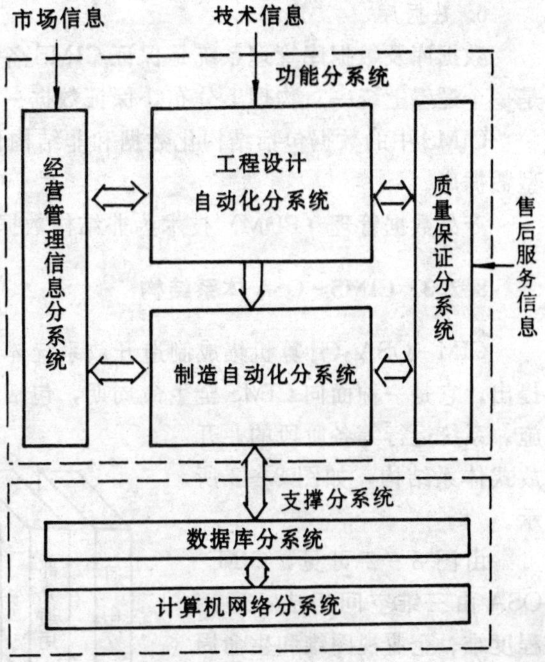

图8-1　CIMS组成框图

CAM完成刀具路径的规划、刀位文件的生成、刀具轨迹仿真、NC代码生成等，许多商品化的CAM软件都具有这些功能。

工程设计自动化系统是CIMS主要信息源头之一，它为管理信息系统和制造自动化系统提供物料清单和工艺规程等信息。

3. 制造自动化系统

制造自动化系统是CIMS中信息流与物料流的结合点，它以柔性制造系统FMS为基础，是CIMS最终产生效益的集聚地，其功能包括生成作业计划，进行优化作业调度控制，生成工件、刀具、夹具需求计划，进行系统状态监控和故障诊断处理。

制造自动化系统的目标是实现多品种、中小批量产品生产的柔性化、自动化，实现高质量、短周期、低成本、高效率生产，为生产人员创造舒适而安全的劳动环境。

4. 质量保证系统

质量保证系统主要是采集、存储、评价、处理存在于设计、制造过程中与质量有关的大量数据，构成一系列控制环，并通过这些控制环有效促进产品质量的提高，提高产品在市场中的竞争能力。

5. 计算机网络

计算机网络提供CIMS各功能分系统信息互通的硬件支撑，它是CIMS信息集成关键技术之一。采用国际标准和工业标准规定的网络协议，可以保证实现异种机、异构网络之间的互联，从而为企业不同历史阶段或从不同供应厂商购买的硬件设备、软件产品实现信息集成提供了基础。

6. 数据库

数据库及数据库管理系统是保证 CIMS 各功能应用系统之间信息交换和共享的基础，它是一个逻辑上统一、物理上分布，保证数据一致性、安全性、易维护性的数据管理系统。

CIMS 中的数据包括结构化数据和非结构化数据。目前，结构化数据管理广泛使用关系型数据库。

产品数据管理（PDM）技术为非结构数据管理提供了一个有效途径。

8.2.3 CIMS-OSA 体系结构

CIM-OSA（计算机集成制造开放系统体系结构）由欧共体 ESPRIT 计划 AMICE 专题提出，它是一种面向 CIMS 全生命周期，包括系统需求分析、系统定义、系统设计、系统实施、系统运行等各阶段的，开放式体系结构，如图 8-2 所示。

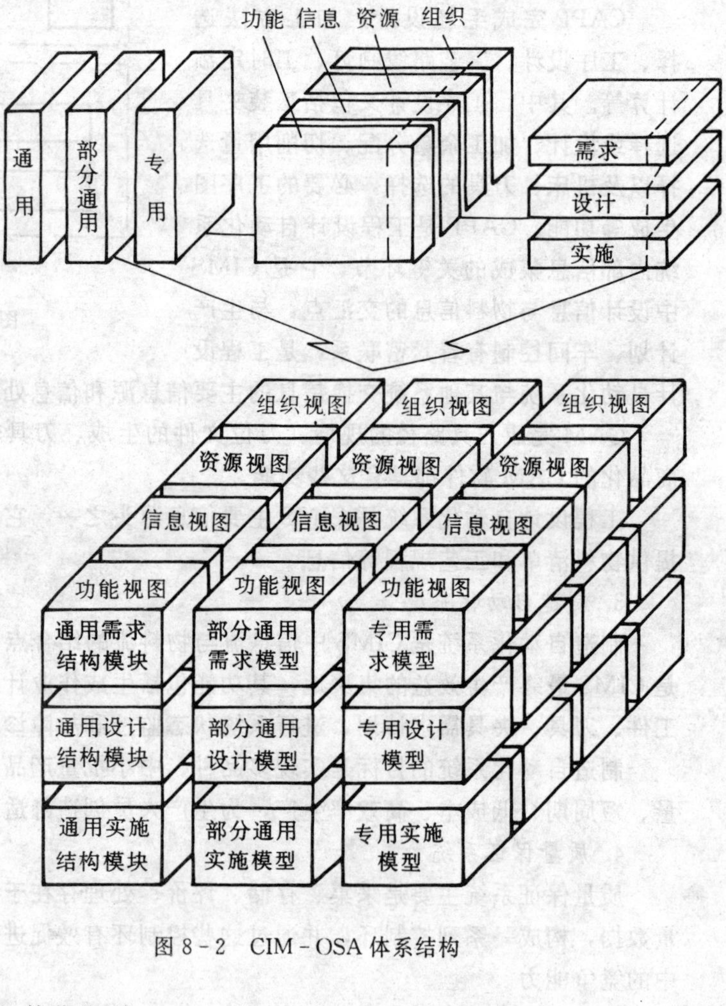

图 8-2 CIM-OSA 体系结构

由图 8-2 可见，CIM-OSA 由三维空间组成：通用程度维、企业视图维和生命周期维。一个具体企业的 CIMS 体系结构则是对相应的通用程度维、企业视图维和生命周期维的逐步具体、逐步生成和逐步推导的创建过程。

CIM-OSA 的通用程度维分为通用层、部分通用层和专用层。通用层由 CIM-OSA 的基本结构构成，包括通用的 CIMS 元件集、约束规则、术语、服务功能和协议等。部分通用层包括适用于不同类别工业，如航空、汽车、电子、机床行业等；不同企业规模、不同企业加工产品类型的 CIMS 参考结构及其选择的方法。专用层指适用于一个特定企业的专门结构，该专门结构从通用层和部分通用层结构逐步具体化得到。

企业视图维分为 4 个视图：功能视图、信息视图、资源视图和组织视图。其中，功能视图是企业 CIMS 运行状态和功能结构的规范化描述，它反映 CIMS 系统的基本活动规律，指导用户选用或开发相应的功能模块。信息视图是企业 CIMS 活动有关产品信息、计划信息、控制信息等有关信息的规范化描述，它反映了企业的信息需求，指导用户建立 CIMS 系统基本的信息关系、确定数据库结构。资源视图是企业 CIMS 活动所需资源集的规范化描述，它用于帮助企业确定其资源需求，建立优化的资源结构。组织视图是对企业 CIMS 组织结构的规范化描述，它用于确定企业内部多级多维职责体系，建立 CIMS 多级组织结构。

生命周期维分为系统需求定义层、设计说明层和实施描述层。需求定义层按照用户给定的准则，根据四个视图来描述一个企业的需求定义模型。设计说明层是设计者根据企业经营业务的需求和系统的有限能力，从四个视图角度出发，对用户需求进行重构和优化。实施描述层在设计说明视图基础上，从四个视图角度对企业活动实际过程及系统物理元件进行描述。物理元件包括制造技术元件和信息技术元件两类。制造技术元件是指转换、运输、存储、检验原材料、零部件、产品所需要的元件，包括 CAD，CAE，CAPP，CAM，DNC，FMS，机器人等。信息技术元件是用于转换、输送、存储、检验企业各项活动有关的数据的元件，包括计算机硬件、通讯网络、系统软件、数据管理系统等基本数据处理元件和各类专门用途的应用软件。

8.3 CIMS 中的集成技术

集成是将原来没有联系或联系不紧密的单元组成为一个有一定功能的、紧密联系的新系统。CIMS 的集成是在 CIMS 网络和数据库支撑下，把人/机构、生产经营系统和技术系统三者紧密结合起来，组成一个统一的整体，使整个企业范围内的工作流、物料流、信息流都保持通顺流畅和相互有机联系，如图 8-3 所示。

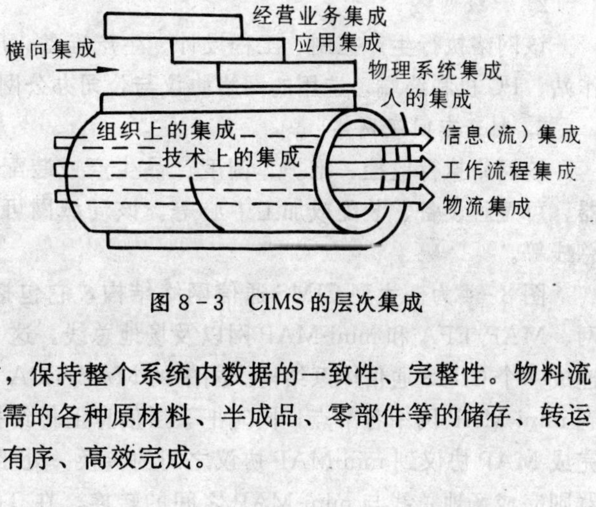

图 8-3 CIMS 的层次集成

工作流集成是指从企业的组织上对企业的工作流程进行优化、协调，消除多余环节，以达到高效的目的。信息流集成将消除企业信息流各环节上人工重复输入信息以及输出数据的泛滥，使得正确的信息在需要的时刻到达需要的地方，保持整个系统内数据的一致性、完整性。物料流集成是指从优化角度出发，对企业生产所需的各种原材料、半成品、零部件等的储存、转运等环节进行合理的调配，以保证企业生产有序、高效完成。

8.3.1 CIMS 网络

CIMS 通信具有下述特点：第一，通信距离短，通常在几公里之内；第二，通信实时性强，尤其是低层设备之间的通信通常是毫秒级；第三，异构环境下通信，这是由于 CIMS 的设备如计算机、数控设备等来自于不同生产厂家，各厂家采用的通信协议、标准不同，形成异构环境；第四，通信系统的可扩展性，这是由于企业常常处于发展、变化之中，对通信的要求也会随之而变，因此，通信系统具有良好可扩展性，才能满足这种变化需求；第五，异种机进程间报文通信，报文是信息的一个逻辑单位，CIMS 中报文通信很频繁，如经常要求把加工命令报文从上级控制计算机传送到设备控制器。由于报文通信是在计算机系统之间或设备之间在加工运行过程中进行的，因此称为进程间通信。

为了适应CIMS通信特点，CIMS网络应具有开放性、实时性，符合标准化，并能提供丰富的网络服务功能以及适应企业物理环境与地理环境。

CIMS网络标准主要是国际标准化组织制订的开放系统互连参考模型SIO/OSI，工业标准TCP/IP，以及制造自动化协议MAP和办公自动化协议TOP。

由于CIMS各部分对通信要求的差别很大，采用单一的ISO/OSI模型目前难以做到，应根据不同的要求选择不同的网络，通过网络互连构成一个综合的通信网络，以达到优化的结果。CIMS中通信系统由各种通信机制组成，主要有局域网络、场地总线和点-点通信等。

场地总线用于互连低层工业设备，它是利用串行数通信的一种工业低层总线局域网。与一般网络相比，它具有成本低、易于安装等优点，适用于对通信服务要求低的设备层互连。由于低层设备量大，往往有几十、上百台，采用场地总线代替局域网可以节省大量投资。点-点通信是另一种低成本的设备之间通信方式，它适用于设备不具有网络接口的情况。但是，由于场地总线和点-点通信协议都是由厂家或用户自行规定的，兼容性差。

CIMS网络按职责可分为下列几种：

1. 公司办公网络

该网络执行产品统计、市场销售、宏观管理、决策等。通常是通过基于主机的局域网来互连工作站、PC机和终端，并与企业外的公共数据网和广域网相连接。该局域网常选用TOP或以太网和TCP/IP协议。

2. 厂级网络

该网络执行生产控制、工程设计、生产准备、质量保证等。它以局域网为基础，连接工作站、PC机和终端。选用的网络协议与公司办公网络类似。

3. 制造车间级网络

该网络执行监控、维护、调度产品生产或装配等工作。它以局域网为基础，连接控制器、可编程设备、装配或加工中心等。该局域网可以是MAP网、以太网、TCP/IP、场地总线等。

图8-4为一大型CIMS通信网络结构，它包括广域网（WAN）、TOP网、MAP主干网、MAP/EPA和mini-MAP网以及场地总线。这5类网可通过桥、路由器和网间连接器互连成一个CIMS通信体系结构。图中的MAP/EPA节点把处于MAP网中控制器的信息传送到mini-MAP网中各节点，同时把下层信息上传给控制器，因此它可看作一个协议转换器，完成MAP协议到min-MAP协议之间的转换。处于场地总线与mini-MAP之间的网间连接器则完成场地总线与mini-MAP之间的转换。在TOP和MAP之间的桥完成低层协议转换和路由选择。

由于采用了工业标准协议，因此图8-4所示的通信结构具有良好的开放性和可扩展性。但是，这种结构造价高，适用于大型企业的CIMS工程。在中小企业的CIMS工程中，常采用价格较低、容易实现的TCP/IP和以太网络。

8.3.2 CIMS数据库

CIMS数据库采集CIMS中各种数据，以合理的结构存储，以最佳的方式、最少的冗余、最快的存取响应为多种应用服务，使得从产品设计、制造到经营整个生产环节中的数据融为一体，实现CIMS信息集成。

CIMS 中数据具有下述特点，首先，由于涉及大量工程数据，其数据类型复杂，如表示图形和加工工艺过程的矩阵、向量、有序集，以及表示加工时间的日期等。其次，数据结构复杂，有结构化和非结构化数据。其中结构化数据指可以用确定格式的表格表示的数据，如各种管理信息等；而非结构化数据目前只能以文件方式表示，如图形、工艺规程、NC 代码等。第三，数据间存在着复杂的语义联系，数据对象间具有继承和递归的特征。第四，对工程类数据的操作，应具有长事务操作和版本管理等特殊功能。第五，数据载体可能有多种形式，如声音、图像等多媒体信息。第六，数据赖以存在的软硬件环境很复杂，如不同型号、不同类型的计算机硬件系统、操作系统等，是一个异构环境；同时，它们往往处于物理上不同的场地，又是一个分布环境。

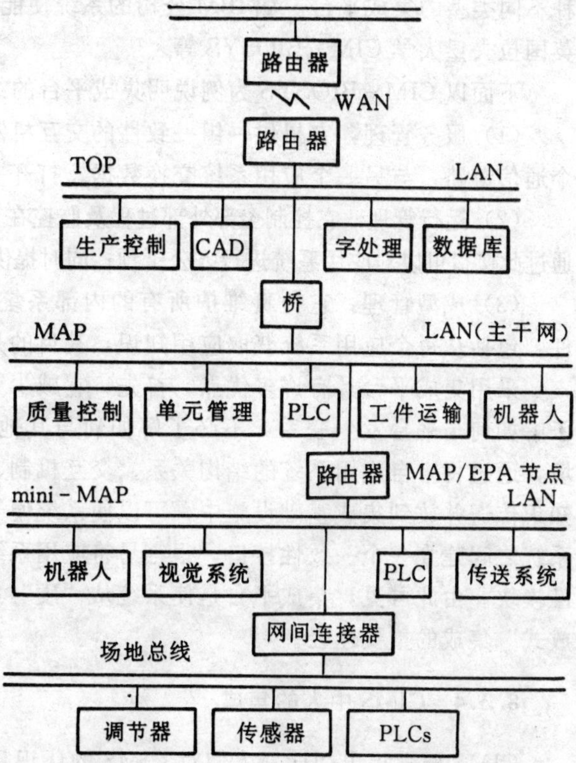

图 8 - 4　大型企业 CIMS 工程综合通信系统

CIMS 数据库通常采用集中与分布相结合的三层递阶控制体系结构，以保证数据的安全性、一致性、易维护性。这三层递阶控制体系结构包括：第一层，主数据管理系统，其功能是统一全企业关键字及编码标准，建立全局数据字典，统一用户界面，建立全局数据模型和语言，提供全局数据查询与服务；第二层，分布数据管理系统，其功能是建立分布数据字典，进行分布数据查询优化，建立局部数据库和文件系统及网络进程通信；第三层，数据控制系统，其功能是控制数据更新及存取权限，进行并发控制、版本控制、故障恢复、维护数据一致性。

8.3.3 CIMS 集成平台

CIMS 中存在大量应用软件，这些应用软件可能来自不同厂家，也可能由用户自行开发，因此，应用软件之间及应用软件与系统软件之间的集成存在许多问题。过去，人们习惯于开发接口，但是，当应用软件数量较大时，开发接口的工作量很大。于是，转向开发一种标准化的统一平台。

集成平台是一组集成的基础设施及集成服务器，包括信息服务器、通信服务器、前端服务器、经营过程服务器等，它也是系统建立过程中的开发环境。理想的集成平台应具有如下性能：实现全企业范围内的信息集成和功能集成；适用于各种不同的计算机系统；实现应用软件与 CIMS 系统支撑软件之间的隔离，便于应用软件从一种计算机环境转到另一种计算环境；符合各种软件标准。

目前，尚未有这种理想的集成平台，但许多研究开发单位都在做不懈的努力，提出了各种不同类型的集成平台。如 IBM 公司的系统使能器和应用使能器，DEC 公司的 BASEStar，英国拉夫堡大学 CIM - BIOSYS 等。

下面以 CIM - BIOSYS 为例说明集成平台的结构，该平台由三部分组成：

(1) 服务管理，它提供一组一致性的交互机制。典型的服务包括与其他应用系统建立一个通信链路，与另一个应用系统交换数据，打开一个远程文件或数据库。

(2) 运行管理，它控制全部外部过程及监控在系统中可能发生的故障，提供一个人工接口，通过此接口可以对应用系统进行人公干预；同时提供一个窗口，操作者可以监视系统状态。

(3) 成型管理，它负责维护所有的内部系统的成型（体系）结构及外部的成型结构文件，包括从每个应用系统获取应用知识，其目的是当对系统进行修改时能将它孤立起来。

采用集成平台具有许多优点，首先，它减少了集成的复杂程度，作为应用系统，仅要求了解如何与平台发生联系，不必了解如何与其他应用系统发生联系。其次，改变了支持环境，通过将来自应用系统的结构关系、交互机制、信息形式、数据结构、通信协议等方面的知识传送并放到集成基础设施中，可以使系统便于修改。第三，促进标准化，在平台与应用系统之间建立一个一致性接口，很容易将应用系统处理成开放系统，使之成为一个系统的标准模块。由此可见，集成平台是使系统从“硬”集成、“封闭式”集成通向“软”集成、“开放式”集成的重要途径。

8.3.4 CIMS 中人的集成

CIMS 概念提出初期，人们对 CIMS 的认识局限在理想化、完美化、“无人化”上，然而，几十年的实践，尤其是 20 世纪 80 年代中期以来 CIMS 在工业领域的大范围应用，使人们对 CIMS 的认识回到着重实效，讲究解决实际问题，注重发挥人的主观能动性上来。现在，人们充分认识到 CIMS 是人、管理、技术三者的集成，尤以人的集成为关键。

1991 年美国先进制造研究公司（AMRC）提出，影响 CIMS 的主要障碍 70%来自于人，11%来自于成本的评估，9%是技术原因，还有其他原因如资金限制等。工业实践的经验也证明，企业的高度柔性最终不是由机器完成，而是由人来完成的。欧共体 ESPRIT 计划还专门设置了一个：“以人为中心的 CIM”（Human - centered CIM）研究课题，着重研究 CIMS 中人的作用、地位、人-机之间的协调问题。

人机合作应根据实际情况，确定在信息的输入、传送、处理、输出中，哪些工作由计算机完成，哪些由人工完成；在制造过程中的物料输送、中间储运、加工处理、产品检验等诸项工作中，哪些地方、哪些工作必须由人完成。划清人、机工作范围，建立友好的人机接口，发挥“人件”在信息集成、物理集成中的作用。

对于理想的人件集成模式，可以将极为复杂的企业、及其众多的工作在不同地点的员工，看成在同一地点，相互间能做什么、不能做什么一清二楚，彼此间能交互意见、商量工作中的变动。当市场有新需求或新定单到来时，要实现从修改设计、生产计划、加工制造等的变更，除了有必要的技术支撑条件外，更重要的是激发起员工对工作的理解、责任心、协作精神、开拓进取精神，有一套行之有效的有关组织机构、运行机制、奖惩制度、激励方式等方面的综合管理体制。

只有充分发挥、调动企业内全体员工的积极性、创造性、进取性、协作性的 CIMS，才是成功的 CIMS，才能最大限度的获取整体效益。

正确处理人在CIMS的集成作用，需要做好下面三方面的工作：

(1) 企业领导对人在CIMS中的重要作用有深入的理解，愿意正视和适应CIMS提出的变化要求。

(2) 组织机构和运行体制的改革是发挥人在CIMS中的集成作用的基本保障，为此，必须及早动手、下大决心进行机构和体制的改革，以适应CIMS运行环境的要求。

(3) 作好企业职工的教育与培训。CIMS要引入大量新技术，企业职工只有不断更新自己的知识，才能满足CIMS的新需求。但是，更重要的是要创建一种适应集成的企业文化，使职工对本职工作高度负责，与小组尽心协作，对企业的生产经营活动有一种强烈的全局观念。

CIMS集成需要企业员工全力以赴地投入，同时，CIMS也给企业员工的素质提出了更高的要求，改造人和组织以适应这个要求，才能真正发挥CIMS的潜力。

8.4 企业CIMS实施方法

CIMS是一个复杂巨系统，为了降低其实施难度，企业在实施CIMS过程中通常采用分步或分阶段实施方法。一般分为可行性论证、初步设计、详细设计、工程实施和运行与维护5个阶段。

8.4.1 可行性论证

可行性论证主要解决企业实施CIMS的必要性及可能性问题。为此，首先需要了解企业的战略目标及其需求：其次，确定企业CIMS的总体目标和主要功能；第三，拟定总体方案和技术路线，从技术、经济和环境条件等方面论证方案的可行性，制订相应的投资规划和开发计划；最后，编写可行性论证报告。

1. 工作内容

(1) 了解企业的市场环境、经营目标和采取的策略。

(2) 调查和分析企业当前的生产经营活动流程、信息流程、生产设备及计算机资源情况、计算机应用情况、组织机构及人员状况。

(3) 明确企业的需求，确定CIMS的目标及主要功能。

(4) 拟定CIMS的技术方案和技术路线。

(5) 提出开发CIMS的关键技术和解决途径。

(6) 明确CIMS对组织变化的需求及其可能造成的影响。

(7) 拟定系统开发计划。

(8) 完成投资概算和初步效益分析。

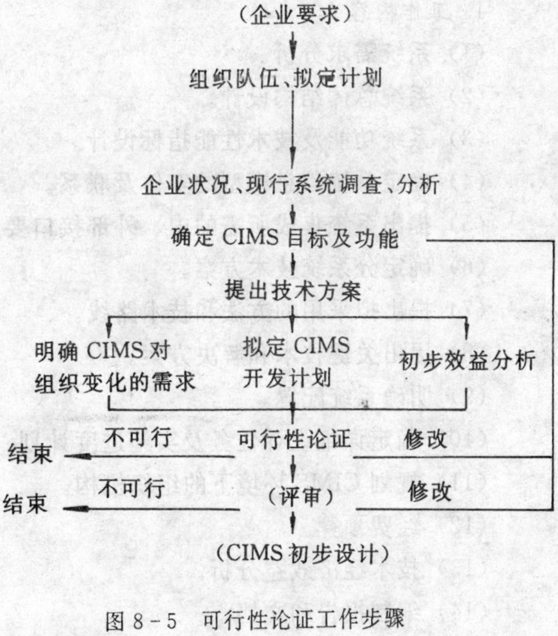

图8-5 可行性论证工作步骤

(9) 编写可行性论证报告。

2. 工作步骤

可行性论证的工作步骤如图 8-5 所示。

3. 可行性论证报告

可行性论证报告一般包括下述内容：

(1) 企业生产经营基本情况、资源和产品特点。

(2) 市场分析和企业经营战略目标。

(3) 企业实施 CIMS 的需求分析。

(4) 企业 CIMS 系统体系结构、集成方案和运行环境。

(5) 各分系统的技术方案、软硬设备配置及实施技术路线。

(6) 关键技术和解决途径。

(7) 实施 CIMS 组织机构及人员配备。

(8) 投资概算和资金筹措途径。

(9) 效益分析。

(10) 实施计划。

8.4.2 初步设计

初步设计主要确定企业实施 CIMS 的系统需求，建立目标系统的功能模型，确定信息模型的实体和联系，提出 CIMS 实施的主要技术方案。

初步设计是对可行性论证的进一步深化和具体化，在系统需求分析和主要技术方案设计方面应深入到各子系统，进一步明确各子系统的功能需求，产生相应的系统需求说明。

1. 工作内容

(1) 系统需求分析。

(2) 系统总体结构设计。

(3) 系统功能及技术性能指标设计。

(4) 确定系统信息模型的实体及联系。

(5) 提出系统集成所需的内、外部接口要求。

(6) 确定分系统技术方案。

(7) 提出拟采用的方法和技术路线。

(8) 提出关键技术和解决方案。

(9) 明确系统配置。

(10) 确定详细设计任务及实施进度计划。

(11) 规划 CIMS 环境下的组织机构。

(12) 经费预算。

(13) 技术经济效益分析。

(14) 编制报告和文档。

2. 工作步骤

初步设计的工作步骤如图 8-6 所示。

3. 初步设计报告

初步设计报告一般包括下述内容：

(1) 需求分析。

(2) 系统体系结构与功能设计。

(3) 分系统技术方案。

(4) 系统信息模型。

(5) 系统集成接口要求。

(6) 关键技术和解决方案。

(7) 系统配置。

(8) 组织机构及人员配备。

(9) 实施进度计划。

(10) 投资预算。

(11) 效益分析。

除此之外，初步设计还应包括下述附件：

(1) 系统功能模型图册。

(2) 系统信息模型图册。

(3) 分系统的初步设计报告。

(4) 详细设计任务书。

(5) 关键设备引进报告。

(6) 关键技术研制任务书。

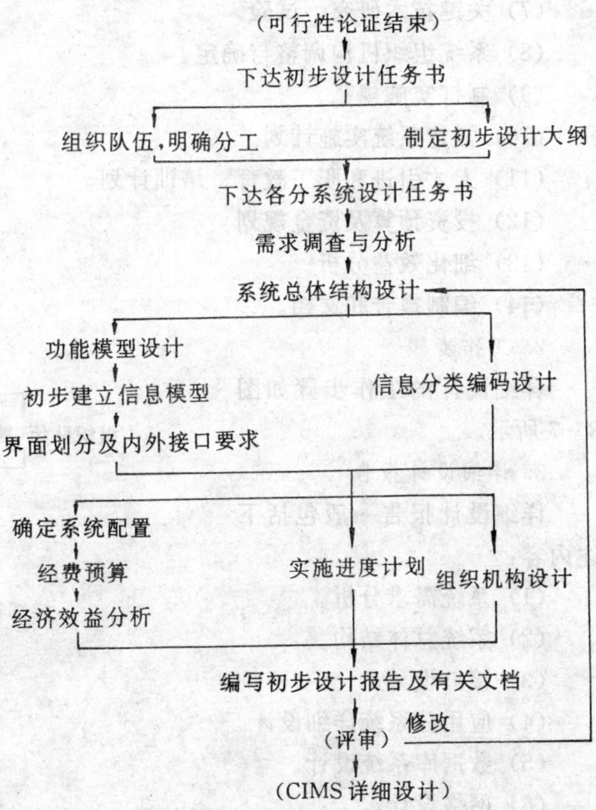

图 8-6 初步设计工作步骤

初步设计完成后，需要组织专家委员会对设计方案进行评审，以确保项目的成功。为了规范初步设计工作，便于评审，设计中应尽量采用标准模式和辅助工具，建议采用 IDEF0 建立系统功能模型，IDEF1X 建立系统信息模型。

8.4.3 详细设计

详细设计主要解决目标系统的逻辑层次和物理层次的功能、信息、资源和组织等结构的实现途径，它是对初步设计方案的进一步完善和细化。主要完成关键技术研究、试验，数据库系统的概念、逻辑和物理结构设计，应用系统的软件结构、算法、代码编写说明，硬件安装施工设计，系统实施组织机构、人员配置和培训计划。设计结果应该达到可分步实施的程度。

1. 工作内容

(1) 确定系统的详细需求。

(2) 细化功能模型。

(3) 应用软件系统设计。

(4) 接口设计。

(5) 数据库系统设计。

(6) 系统资源配置设计。

(7) 关键技术研究、试验。

(8) 系统组织机构调整与确定。

(9) 制订实施规范。

(10) 拟定系统实施计划。

(11) 人才引进和职工教育、培训计划。

(12) 投资预算及资金规划。

(13) 细化效益分析。

(14) 编制报告和文档。

2. 工作步骤

详细设计的工作步骤如图8-7所示。

3. 详细设计报告

详细设计报告一般包括下述内容：

(1) 系统需求分析。

(2) 系统总体结构。

(3) 接口设计。

(4) 应用分系统详细设计。

(5) 数据库系统设计。

(6) 网络设计。

(7) 信息编码。

(8) 关键技术和解决方案。

(9) 软、硬件资源配置。

(10) 组织机构及人员配备。

(11) 实施计划。

(12) 投资预算。

(13) 效益分析。

除此之外，详细设计还应包括下述附件：

(1) 改进后的系统功能模型图册。

(2) 完整的系统信息模型图册。

(3) 分系统详细设计报告。

(4) 施工设计说明及图册。

(5) 应用软件测试设计说明。

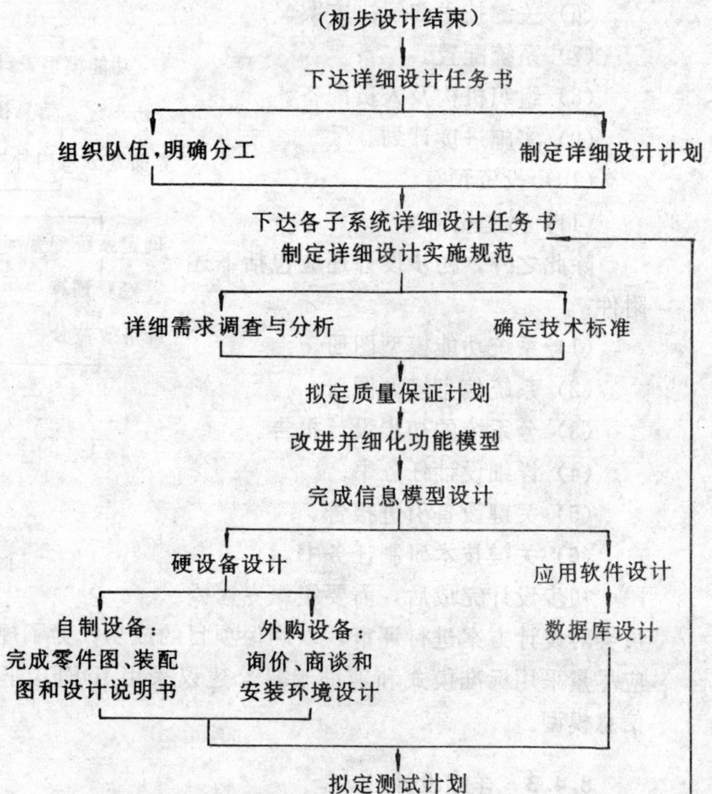

图 8-7　详细设计工作步骤

详细设计主要是在子系统水平上进行的，可由总设计师主持评审。为了节省时间，详细设计往往与系统实施交错进行。

8.4.4 工程实施

工程实施是将详细设计的内容物理实现，产生一个可运行系统。主要完成数据库、网络及生产设备的安装调试，应用软件编码、安装、调试，组织机构的落实，人员定岗，并通过用户验收，交付用户使用。

1. 工作内容

(1) 数据库系统实施：

1) 系统软、硬件安装。

2) 建立试验数据库，用典型数据加载。

3) 调试数据库。

4) 数据库加载。

5) 与应用系统联调。

6) 数据库系统测试、验收。

(2) 应用系统实施：

1) 制定编程约定。

2) 建立数据文件和临时试验数据库。

3) 编制程序。

4) 程序调试和自测试。

5) 子系统和分系统的联调和测试，完成分系统测试报告。

6) 总系统联调和测试，完成总测试报告。

7) 编写、完善各类文档。

(3) 生产设备计算机系统实施：

1) 计算机系统安装、测试、验收。

2) 生产设备安装、测试、验收。

3) 网络布线施工、系统安装、测试、验收。

(4) 组织机构实施：

1) 组织机构调整。

2) 人员定岗。

3) 维护、应用人员培训。

2. 工作步骤

实施阶段的工作步骤如图 8-8 所示。

3. 实施阶段提交的文档

(1) 项目合同书。

(2) 各项测试、验收报告。

(3) 用户使用手册。

(4) CIMS 工程开发总结报告。

8.4.5 系统运行与维护

系统运行与维护是对投入运行的 CIMS 系统进行调整和修改，改正系统运行阶段出现的错误，并使系统适应外界环境的变化，实现功能的扩充和性能的改善。对系统的运行效果进行评价。

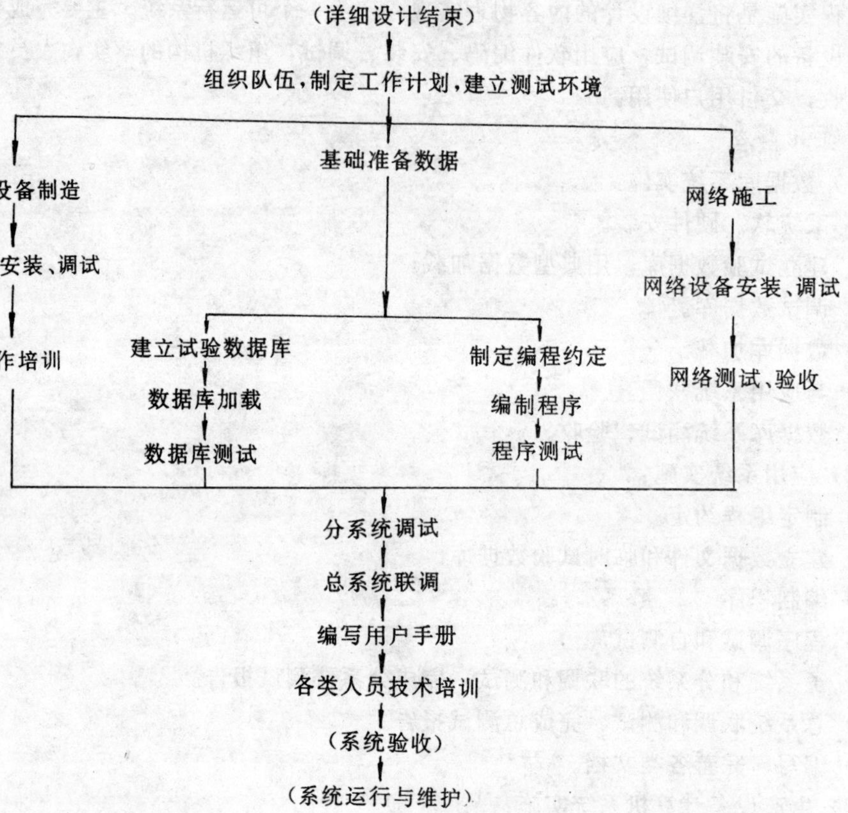

图 8-8　实施阶段工作步骤

1. 工作内容

(1) 制定操作规程。

(2) 制定维护手册。

(3) 系统运行状况记录。

(4) 软、硬件系统维护。

(5) 数据库维护。

(6) 系统评价。

2. 工作步骤

系统运行与维护阶段的工作步骤如图 8-9所示。

3. 运行与维护阶段提交的文档

(1) 系统运行报告。

(2) 软件问题报告。

(3) 软件修改报告。

(4) 系统评价报告。

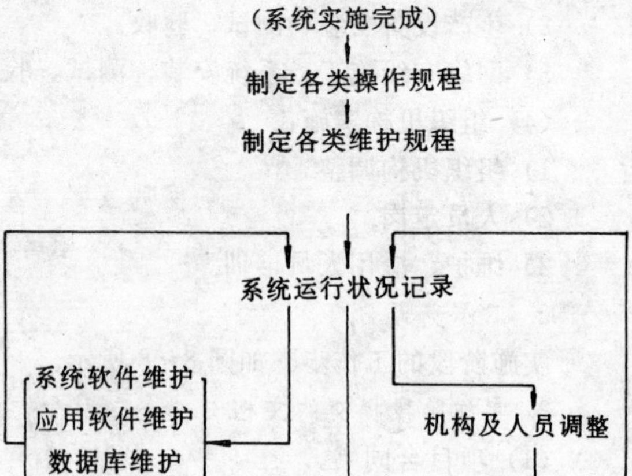

图 8-9　系统运行与维护阶段工作步骤

(5) 评审意见书及意见处理汇总表。

8.5 CIMS研究的新特点

CIMS作为一种新型生产模式，本身处于不断的发展变化之中，各种新思想、新概念不断提出。而且，CIMS具有非常强的应用背景，制造业的实际需求也推动着CIMS向前发展。

从概念上看，我国科研人员在经过10余年CIMS研究、应用与实施后，提出了现代集成制造CIMS（Contemporary Integrated Manufacturing System）的新思想。从方法上看，先后出现了并行工程CE（Concurrent Engineering）、敏捷制造AM（Agile Manufacturing）、智能制造IM（Intelligent Manufacturing）、合弄制造HM（Holonic Manufacturing）、绿色制造GM（Green Manufacturing）等许多先进制造模式。上述新概念、新方法促进了CIMS的发展与更新，也使得CIMS更加适合于新时期制造业的需求，能够更充分地发挥其作用。

8.5.1 并行工程

并行工程是一种提高企业竞争能力，并使其获得巨大效益的哲理，它是对产品及其相关过程（包括制造过程和支持过程）进行并行、一体化设计的一种系统化的工作模式，这种工作模式力图使开发者从一开始就考虑到产品全生命周期中的所有因素，包括质量、成本、进度与用户需求。

长期以来，产品开发工作一直采用顺序工作方法，由于不能在设计阶段及早考虑工艺设计与制造过程的质量保证问题，造成前后脱节，使设计改动量大、产品开发周期长、产品成本高。与此相反，并行工程是对产品开发流程的一种改变，它将传统模式中开发各阶段相对独立、按照顺序逐段开发的流程。变成各阶段相互关联、并行或搭接进行，使一切不符合用户要求的活动消除在萌芽状态。

1. 并行工程与CIMS的关系

并行工程以CIMS为基础，与CIMS有着共同的目标，它们相互促进、共同发展。首先，CIMS的信息集成将为并行工程的实现提供强有力的技术支持和保障；其次，CIMS中的计算机网络将为并行工程提供所需的通信功能，包括企业内部各部门之间、企业与用户之间的通信要求；第三，CIMS的产品数据交换技术将为并行工程的协同工作小组提供基本工作环境，使协同真正可实现；第四，CIMS的仿真技术可以提早发现并行工程协同工作小组不易察觉的潜在问题，保证并行工程的设计是成功的、并有助于流程优化；第五，CIMS的质量保证系统将为并行工程的实施提供质量控制方法与手段。

并行工程与CIMS之间的区别主要表现在：

第一，CIMS以企业信息集成为中心，并行工程以企业过程改进、优化作为实施重点，并以过程集成作为实施目标。

第二，并行工程突出人的作用，强调人们以协同工作小组方式（Team Work）完成任务。小组工作中，要有称职的领导，领导者的素质包括熟悉业务、驾驭全局、有预见性、办事果断、善于鼓励、开拓创新、不断进取、脚踏实地、知人善任；协同工作小组由与产品全生命周期有关的设计、工艺、制造、质量、销售、采购、服务等部门的业务人员，以及用户代表共同组成；协同工作小组人员要接受教育，以改变过去的串行工作习惯并提高效率。

第三，并行工程着重一体化，并行地进行产品及其相关过程的设计，尤其注重早期概念设计阶段的协调，这是因为统计结果显示，虽然概念设计阶段本身花费较低，但是它的结果却可以对产品成本的70%以上产生影响。

第四，并行工程重视满足客户要求。从产品设计角度看，并行工程中的客户分为两类，内部客户和外部客户。内部客户指负责产品制造和各支持部门的代表，外部客户包括最终用户及产品报废部门代表。

第五，并行工程认为产品质量的提高是改进过程的结果，包括尽早交换、协调、完善关于产品有关制造、支持过程的约定和定义，而且，这种过程的改进是持续不断、永无止境的。

2. 并行工程实施阶段

并行工程的实施周期可分为四个阶段，需求确定阶段、方案评估阶段、产品和工艺的详细设计阶段、安装和开始运行阶段，如图 8－10 所示。

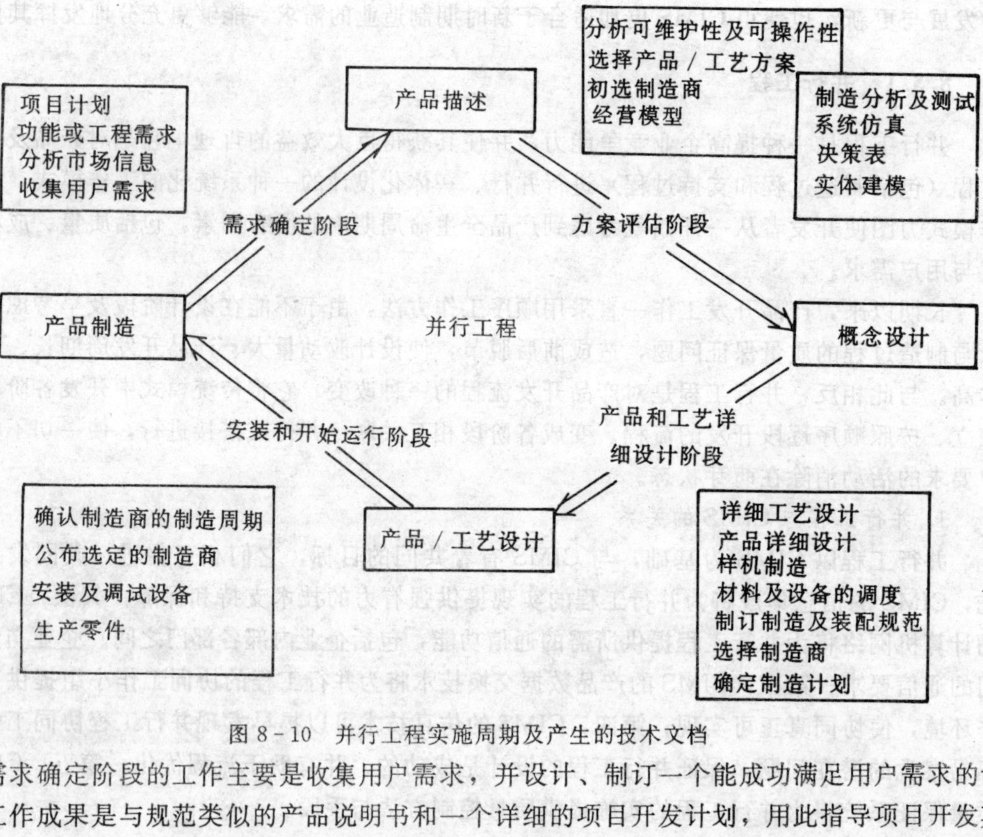

图 8－10　并行工程实施周期及产生的技术文档

需求确定阶段的工作主要是收集用户需求，并设计、制订一个能成功满足用户需求的计划，工作成果是与规范类似的产品说明书和一个详细的项目开发计划，用此指导项目开发其余活动。方案评估阶段采用各种方法制订出满足用户需求的各种可行方案，并对这种方案进行评估，该阶段是并行工程实施关键阶段，也是交叉职能小组成员集思广益、获取产品最大效益的关键点。产品和工艺详细设计阶段完成产品技术细节设计和大部分工程工作，执行并完成方案评估阶段所做出的许多决策。安装和开始运行阶段完成材料订购、设备安装、系统调试等工作，并收集与当前项目有关的经验，以便改进今后的工作。

8.5.2　敏捷制造

敏捷制造是将先进制造技术，熟练掌握生产技能、有知识的劳动力，以及促进企业内部和企业之间的灵活管理技术三者集成起来，对千变万化的市场机会作出快速反应，最大限度满足顾客需求的一种新的经营管理模式。

敏捷制造包含了许多新思想，如可重构的、不断改变的生产系统；以信息为主和与批量无关的制造系统；充分调动人的积极因素和发挥人的创造性；向基层下放权力，简化领导层次和组织机构；利用信息高速公路，建立全国乃至全球工厂网络；独立自主的、模块化的、分布式的制造单元。这些新思想、新概念，将会使现在的制造业发生根本性的改变。事实上，我们所能预见到的敏捷制造的每一种特性，在今天的制造业中都可以找到，所不同的是，今天的特例将会成为明天的常规，今天看来不寻常的事，明天将极为普及。

1. 敏捷制造与 CIMS 的关系

首先，CIMS 的信息集成和并行工程的过程集成，均为敏捷制造的企业集成提供了坚实的基础。

其次，在敏捷制造中管理决策权是分散的，而不像 CIMS 系统中，决策权层次分明、集中的指挥链上。

第三，敏捷制造企业不是采用以职能部门为基础的静态结构，而是采用协同工作小组方式，构成一种快速响应外界变化的动态组织结构。

第四，敏捷制造把以最佳方式利用企业职工作为解决问题的主体，而把采用一些新技术仅仅看作是手段和方法。

第五，敏捷制造采取“双赢”策略，强调在全国、全球范围内选择最佳合作伙伴，而不仅仅局限在优化企业内部的生产流程。

2. 敏捷制造的实现方式

理想的敏捷制造企业目前并不存在，但这已经成为众多企业追求的目标。这是因为，首先，敏捷制造企业能够迅速推出全新的产品。随着需求的变化和产品的改进，用户很容易得到想要购买的、可重新组合的或更新换代的产品，而不是简单的用新产品取代旧产品。其次，将一些可重新编程、可重新组合、可不断更新的生产系统结合成新的、信息密集型制造系统，使生产成本与批量无关。第三，企业的工作人员是企业最宝贵的财富。为保持员工的技术基础，企业要不断进行智力投资。高素质的工程技术人员能够对产品做出重大创新，对制造过程进行改进，使制造成本能够在企业内部得到消化，而不导致产品成本的提高。事实上，新型的管理体制、先进的制造技术和有知识的员工构成了敏捷制造的三大基石。

动态联盟企业（又称虚似企业）是实现敏捷制造的主要形式，它是一种没有围墙的、超越空间约束的、靠通信网络联系的、统一指挥的新型经营实体，是利用不同地区的现有资源获得高质量、低成本的新产品的最快方法。虚拟企业的特点是功能上的不完整性、地域上的分散性和组织结构上的非永久性。

在虚拟制造的组织形态下，一个企业虽然具有制造企业所有必须的功能，如产品设计、制造、装配、营销、财务等，但是，在企业内部中却没有执行这些功能的机构，这称为功能虚拟。在此情况下，企业仅具有实现其市场目标的最关键功能，其他功能由于资源有限，无法达到足以满足竞争的要求，因此将它虚拟化，以各种形式借助外力来进行组合和集成，以形成足够的竞争优势。这是一种分散风险、争取时间的敏捷制造策略，它与“大而全、小而全”的策略是完全不同的。

如果一旦借助信息技术将分配在不同企业间的人力资源和某些物质资源结合，即把它们组织起来去完成特定的任务，就有可能通过信息联网来运作现代化的企业，实现全社会资源的优化，这将是一项划时代的伟大变革。

虚拟企业的另一特点是组织的动态化。虚拟企业是市场多变的产物，为了适应市场环境的变化，企业的组织机构不再是固定不变的，而是要做到能够及时反映市场的动态、紧跟市场变化。

传统制造系统是按照递阶层次构造的，生产指令自上而下的下达，呈“金字塔”式；因此，生产柔性低、市场响应速度慢。虚拟企业可以根据目标和环境的变化进行组合，动态的调整组织机构，企业组织机构将从“金字塔”式向更适合市场竞争的“动态联盟式”转变，成为扁平的多元化的网络形式。

未来企业之间的竞争，除了资源和技术具有关键性外，对虚拟企业来说，另一个关键点就是组织柔性。在变化多端的市场经济中，谁的组织柔性高，谁就掌握主动权。虚拟企业注重短期效益，当企业的策略目标改变、产品方向改变或利益不再相同时，随即解散现有的虚拟组织，重新组合成另外的虚拟企业。

组织的虚拟化还表现在企业的共生和联盟策略上。企业的共生是指将几家企业中有共同需要，但出于技术保密或成本的考虑，不外包的生产任务，共同出资建立专业化生产厂，分享利益。策略联盟是指几家公司拥有不同的关键技术和资源，而彼此的市场又有一定程度的区别和差异，为了彼此的利益，交换相互的资源以创造竞争优势。

地域虚拟化是虚拟公司的又一特点。通过信息高速公路和工厂网络，可以把综合性工业数据库与提供服务结合，能够创建地域上相距万里的虚拟企业集团，排除传统的多企业合作和建立集团公司的各种障碍。

图 8-11 表示了一个由远程网络连接构成的跨国虚拟企业示例。该虚拟公司的产品开发、市场营销、加工制造、装配调试等均分布在不同地点，彼此间通过计算机网络加以连接与控制。

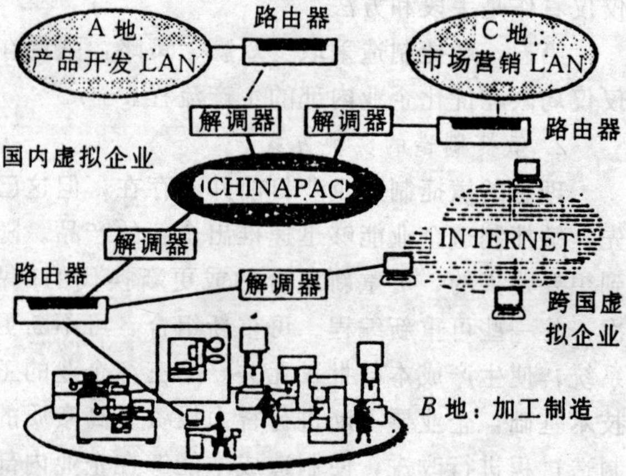

图 8-11　一个跨国虚拟企业的结构

第 9 章　先进制造技术发展趋势

9.1　概　　述

9.1.1　什么是先进制造技术

先进制造技术是当代信息技术、自动化技术、现代企业管理技术和通用制造技术的有机结合；是传统制造技术不断吸收机械、电子、信息、材料、能源及现代管理技术成果，将其综合应用于制造全过程，实现优质、高效、低耗、清洁、灵活生产，获得理想技术经济效果的制造技术的总称。包括计算机技术、自动控制理论、数控技术、机器人、CAD/CAM 技术、CIM 技术以及网络通信技术等在内的信息自动化技术的迅猛发展，为先进制造技术的发展和应用提供了日益增多的高效能手段。

先进制造技术主要包括三个技术群：主体技术群、支撑技术群和制造技术基础设施群。其具体内容主要有：现代设计技术、精密及超精密加工技术、精密快速成型技术、特种加工技术、制造业综合自动化、过程工业综合自动化、系统管理技术等。

1. 先进制造技术中的主体技术群

主体技术群包括面向制造的设计技术群与制造工艺技术群。

(1) 设计技术群。指用于生产准备的工具群与技术群。包括产品、工艺过程和工厂设计，如计算机辅助设计（CAD）及工艺过程建模和仿真、系统工程集成技术、快速样件成型技术、并行工程技术（CE）、面向环境的设计（DFE）。

(2) 制造工艺技术群。指用于产品制造的过程及设备，包括材料生产工艺、加工工艺，连接和装配、测试和检验技术。

2. 先进制造技术中的支撑技术群

支撑技术群是使主体技术群发挥作用的基础和核心，是实现先进制造系统的工具、手段和系统集成的基础技术，包括信息技术、传感器技术和控制技术。信息技术中包括网络和数据库技术、集成平台和集成框架技术、接口和通信、基于知识的决策支持系统以及软件工程方面的技术。先进制造系统中的控制技术将向智能控制方面发展。智能控制系统具有根据过程和环境模型以及传感器数据实时决策的能力。这方面具有潜力的领域是人工神经网络和模糊逻辑的研究。网络和数据库技术是先进制造技术中的关键技术。通过全球网络实现信息的快速传递和共享，使企业之间的联合成为可能。

3. 先进制造技术中的制造技术基础设施群

这是指为了管理好各种适当技术群的开发，促进技术在整个国家工业企业内推广应用而采用的各种方案和机制；是使先进的制造技术与企业组织管理体制，以及使用技术的人员协调工作的系统工程。它主要包括质量管理、用户/供应商交互作用、人员培训和教育、全局监督和基准评测、技术获取和利用。

在利用先进制造技术的未来企业中，继续教育和培训已变得日益重要。未来的企业面临的是多变的市场和激烈竞争的环境。聘用职员的关键是看他能否多专、多能地、能动地迅速适应产品变化、工作岗位变化、所需技能变化以及促进这些变化的知识能力。显然，教育和培训是抵消环境不断变化所带来的潜在打击和忧虑的要素。所以，对于企业而言，要想有效提高其竞争能力，综合教育和培训计划是基础。

9.1.2 先进制造技术的特点

21世纪的市场竞争，就是先进制造技术的竞争。先进制造技术贯穿了从产品设计、加工制造到产品销售及使用维修等全过程，因此，21世纪的先进制造技术应具有下列特点：

1. 以低消耗创造高效益、高劳动生产率

低消耗意味着低成本，从而可以创造高效益。降低能源的消耗和有效地利用能源成为未来制造业十分关心的问题。工业生产消耗了发达国家大量能源。人们希望不断提高生活水准，但也会带来全球能源的高消耗，从而引起人们对节能的关注。改进原有生产过程可以有效地降低工业过程的能耗。例如：大范围内实现质量控制，不仅在其他方面受益，而且也节省了用于生产不合格产品而消耗的能源。

2. 提供有竞争力的优质可售产品

先进制造企业提出了产品终身质量保证。“质量”一词的含义已不仅仅是“零缺陷”了。由于越来越多的公司都能有效地保证产品无缺陷，因此，人们把“质量”重新定义为“零缺陷”与“用户满意”。产品的工程设计过程也不仅仅是为保证其无缺陷，而且还要从许多方面使用户满意。这样的产品才有竞争力。

3. 采用适用、先进的工艺装备

计算机技术、自动化技术、新材料技术、传感技术、管理技术等的引入，使制造技术成为一个能驾驭生产过程的物质流、能量流和信息流的系统工程。适用、先进的工艺和装备能快速生产出产品，并保证质量。

4. 具有迅捷响应市场的能力

当前，工业正进入市场和经济因素高度分散、快速变化、不可预测的时代。企业为了求得生存就必须对付这些频繁的变化，要想在不断变化的环境中做到迅速响应，就必须重视技术与管理的结合；重视制造过程组织和管理体制的简化与合理化，使硬件、软件和人集成的大系统的组成和体系结构具备前所未有的柔性。这体现了未来制造系统的先进性。

5. 满足环境保护和生态平衡的要求

现今，环境问题已成为企业运行的关键因素。随着社会对环境问题越来越关注，要求企业工艺系统以及设备向“环境安全型”组织转化。面对环境的日益破坏，世界范围内环保热潮不断高涨。政府及民间组织对制造业提出更严格的要求。于是，人们提出了面向环境的设计（DFE）。美国IBM，DEC及AT&T等大公司率先采用了DFE思想。DFE节约了材料和能源的消耗，提高产品的重新利用率，增强了企业的经济效益。

9.1.3 先进制造技术的产生背景

先进制造技术的产生和发展是与现代高新技术的飞速发展及制造业所面临的市场竞争环境密不可分的。随着“冷战”时代的结束及世界市场的发展，市场竞争日趋激烈，TQCS（T：Time to market，Q：Quality，C：Cost，S：Service）成为企业共同追求的目标。早期的市场竞争主要是围绕如何降低成本，特别是劳动力成本，于是刚性大规模生产线就应运而生。进入20世纪70年代后，随着电子信息技术的发展，产品成本因素的组成发生了根本变化，降低成本的焦点转到了如何提高企业的整体效率。美国从20世纪70年代开始提出CIM哲理；日本采用准时生产JIT（Just-In-Time）准则压缩库存，提高资金周转率；采用精良生产（Lean Production）方法，去掉生产过程中一切不产生价值的环节。这些都获得了一定的成功。20世纪80年代，工厂的一切活动转到以满足用户要求为核心，为了赢得市场，必须提高新产品的上市速度，于是产生了并行工程CE（Concurrent Engineering）的思想，在20世纪90年代初，欧洲制造业出现了一个新现象，人们开始把注意力集中在以CIMS为基础的“以人为中心的生产系统APS（Anthropocentric Production System）”，APS是组织管理、人、技术三者的集成，其中人是核心。新的竞争环境要求企业具有极大的柔性，能快速响应市场。为了夺回在制造业的领先地位，美国在CIM和CE的基础上，又认真研究了日本的JIT和精良生产，于1991年进一步提出了敏捷制造（Agile Manufacturing）的新概念。与APS相似，如何提高制造系统的智能，如何把人更有效地集成到CIM中，人们又提出了智能制造（Intelligent Manufacturing）的思想。而敏捷制造被认为是全面提高企业竞争能力的21世纪制造策略，是在CIM和CE基础上更大范围内企业之间的集成。在这种策略下的虚拟公司（Virtual Company）通过信息高速公路和其他公司进行合作，以对市场机遇作出敏捷的响应。虚拟制造（VM）则是在计算机上模拟产品的制造和装配全过程，以期尽早发现可能发生的问题。

9.2 几种典型先进制造技术简介

9.2.1 智能制造

一、智能制造研究的背景

近年来，由于市场竞争的冲击和信息技术的推动，传统的制造产业正经历着一场重大的变革，围绕提高制造业水平这一中心的新概念、新技术层出不穷，智能制造正是在这一背景下孕育而生的。

从市场竞争方面来看，当前和未来企业面临的是一个多变的市场和激烈竞争的环境。社会的需求正从大批量产品转向小批量、甚至单件产品上。企业要在这样的市场环境中立于不败之地，必须从产品的时间、质量、成本和服务（TQCS）等方面提高自身的竞争力，以快速响应市场频繁的变化。企业在生产活动中的机敏性和智能就显得尤为重要。

从制造系统自身来看，它是一个信息系统。制造过程是对市场信息、开发信息、制造信息、服务信息和管理信息等获取、加工和处理的过程。制造所得的产品实质上是物质、能量和信息三者的统一体。因此，制造水平提高的关键在于系统处理制造信息能力的提高。由于市场的竞争、产品性能的完善、结构的复杂和需求的个性化，导致现代制造过程中信息量的激增，信息种类多样化和信息质量的复杂化（残缺和冗余信息），要求未来制造系统具有更强的信息加工能力，特别是信息的智能加工能力。

尽管对企业和制造系统有这样的要求，但是，由于过去人们对制造技术的注意力多集中在制造过程的自动化上，从而导致在制造过程中自动化水平不断提高的同时，产品设计及生产管理效率提高缓慢。生产过程中人们的体力劳动虽然得到了极大解放，但脑力劳动的自动化程度（即决策自动化程度）却很低，各种问题求解的最终决策在很大程度上仍依赖于人的智慧。并且，随着竞争的加剧和制造信息量的增加，这种依赖程度将越来越大。另一方面，从 20 世纪 70 年代开始，发达国家为了追求廉价的劳动力，逐渐将制造业移向了发展中国家，从而引起本国技术力量向其他行业的转移，同时发展中国家专业人才严重短缺，其结果制约了制造业的发展。因此，制造产业企盼着自身的智能，以减小对人类智慧的依赖，解决人才供求的矛盾。智能制造技术 IMT（Intelligent Manufacturing Technology）和智能制造系统 IMS（Intelligent Manufacturing System）正是顺应上述情况而得以发展。

二、智能制造的含义

智能制造技术（IMT）是指在制造工业的各个环节，以一种高度柔性与高度集成的方式，通过计算机模拟人类专家的智能活动，进行分析、判断、推理、构思和决策，旨在取代或延伸制造环境中人的部分脑力劳动，并对人类专家的制造智能进行收集、存储、完善、共享、继承与发展的技术。基于 IMT 的制造系统（IMS）则是一种借助计算机，综合应用人工智能技术、并行工程、现代管理技术、制造技术、信息技术、自动化技术和系统工程技术，在国际标准化和互换性的基础上，使得制造系统中的经营决策、生产规划、作业调度、制造加工和质量保证等各个子系统分别智能化，成为网络集成的高度自动化制造系统。

智能制造系统的特点突出表现在：

1. 制造系统的自组织能力

自组织能力是指 IMS 中的各种智能设备，能够按照工作任务的要求，自行集结成一种最合适的结构，并按照最优的方式运行。完成任务后，该结构随即自行解散，以备在下一个任务中集结成新的结构。自组织能力是 IMS 的一个重要标志。

2. 制造系统的自律能力

IMS 能根据周围环境对自身作业状况的信息进行监测和处理，并根据处理结果自行调整控制策略，以采用最佳行动方案。这种自律能力使整个制造系统具备抗干扰、自适应和容错等能力。

3. 自学习和自维护能力

IMS 能以原有的专家知识为基础，在实践中不断进行学习，完善系统知识库，并删除库中有误的知识，使知识库趋向最优。同时，还能对系统故障进行自我诊断、排除和修复。

4. 整个制造环境的智能集成

IMS 在强调各生产环节智能化的同时，更注重整个制造环境的智能集成。这是 IMS 与面向制造过程中的特定环节、特定问题的"智能化孤岛"的根本区别。IMS 覆盖了产品的市场、开发、制造、服务与管理整个过程，把它们集成为一个整体，系统地加以研究，实现整体的智能化。

IMS 的研究是从人工智能在制造中的应用 AIM（Artificial Intelligent in Manufacturing）开始的，但又有所不同。人工智能在制造领域的应用，是面向制造过程中特定对象的，研究结果导致了“自动化孤岛”的出现，人工智能在其中起辅助和支持的作用。而IMS是以部分取代制造中人的脑力劳动为研究目标的，并且要求系统能在一定范围内独立地适应周围环境，开展工作。

同时，IMS不同于计算机集成制造系统CIMS，CIMS强调的是企业内部物流料的集成和信息流的集成；而IMS强调的则是更大范围的整个制造过程的自组织能力。但两者又是密切相关的，CIMS中众多研究内容是IMS发展的基础，而IMS又将对CIMS提出更高的要求。集成是智能的基础，而智能又推动集成达到更高水平，即智能集成。因此，有人预言，下一世纪的制造工业将以双I（Intelligent和Integration）为标志。

三、智能制造研究的支撑技术

1. 人工智能技术

IMT的目标是用计算机模拟制造业人类专家的智能活动，取代或延伸人的部分脑力劳动，而这些正是人工智能技术研究的内容。因此，IMS离不开人工智能技术（专家系统、人工神经网络、模糊逻辑）。IMS智能水平的提高依赖着人工智能技术的发展。同时，人工智能技术是解决制造业人才短缺的一种有效方法。当然，由于人类大脑活动的复杂性，人们对其认识还很片面，人工智能技术目前尚处于低级阶段，此时IMS中的智能主要是人（各领域专家）的智能。但随着人们对生命科学研究的深入，人工智能技术一定会有新的突破，最终在IMS中取代人脑进行智能活动，将IMS推向更高阶段。

2. 并行工程

针对制造业而言，并行工程的含义是指产品概念的形成和设计，与其生产和服务系统的实现相并行，即在制造过程的设计阶段就考虑到产品全生命周期的各环节，集成并共享各环节和各方面的制造智能，并行地开展产品制造各环节的设计工作。并行工程作为一种重要的技术方法学，应用于IMS中，将最大限度地减少产品设计的盲目性和设计的重复性。

3. 虚拟制造技术

虚拟制造技术是随着计算机多媒体技术的发展而发展起来的一项新兴技术。它是以计算机支持的仿真技术为前提，对设计、制造等生产过程进行统一建模，在产品设计阶段，实时地、并行地以多媒体的方式模拟出产品未来制造的全过程，以及制造过程对产品设计的影响，并预测产品性能和产品的制造技术，即在产品设计阶段就模拟出该产品的整个生命周期，从而更有效、更经济、更灵活地组织生产。同时，使工厂和车间的设计与布局更加合理。以此达到产品开发周期最短，产品成本最低，产品质量最优，生产效率最高。虚拟制造技术应用于IMS，为并行工程的实施提供了必要的保证。

4. 信息网络技术

信息网络技术是制造过程的系统和各个环节“智能集成”化的支撑。信息网络是制造信息及知识流动的通道。因此，此项技术在IMS研究和实施中占有重要地位。

四、智能制造研究的内容

1. 智能制造理论和系统设计技术

智能制造概念的正式提出至今时间还不长，其理论基础与技术体系仍在形成过程中，它的精确内涵和关键设计技术仍需进一步研究，其内容包括：智能制造的概念体系、智能制造系统的开发环境与设计方法、以及制造过程中的各种评价技术等。

2. 智能制造单元技术的集成

人们在过去的工作中，以研究人工智能在制造领域中的应用为出发点，开发出了众多的面向制造过程中特定环节特定问题的智能单元，形成了一个个“智能化孤岛”。它们是智能制造研究的基础。为使这些“智能化孤岛”面向智能制造，使其成为智能制造的单元技术，必须研究它们在 IMS 中的集成，同时进一步完善和发展这些智能单元。它们包括：

(1) 智能设计。应用并行工程和虚拟制造技术，实现产品的并行智能设计。

(2) 生产过程的智能规划。在现有的检索式、半创成式 CAPP 系统的基础上，研究和开发创成式 CAPP 系统，使之面向 IMS。

(3) 生产过程的智能调度。

(4) 智能监测、诊断和补偿。

(5) 生产过程的智能控制。

(6) 智能质量控制。

(7) 生产与经营的智能决策。

3. 智能机器的设计

智能机器是 IMS 中模拟人类专家智能活动的工具之一。因此，对智能机器的研究在 IMS 研究中占有重要的地位。IMS 常用的智能机器包括智能机器人、智能加工中心、智能数控机床和自动引导小车 AGV（Automated Guided Vehicle）等。

五、智能制造系统的构成及典型结构

由于 IMS 结构体系尚处于研究阶段，在此只作简单探讨。

从智能组成方面考虑，IMS 是一个复杂的智能系统，它是由各种智能子系统按层次递阶组成，构成智能递阶层次模型。该模型最基本的结构称为元智能系统 M－IS（Meta－Intelligent System）。其结构如图所示，大致分为三级：学习维护级、决策组织级和调度执行级。学习维护级，通过对环境的识别和感知，实现对 M－IS 进行更新和维护，包括更新知识库、更新知识源，更新推理规则以及更新规则可信度因子等；决策组织级，主要接受上层 M－IS 下达的任务，根据自身的作业和环境状况，进行规划和决策，提出控制策略。

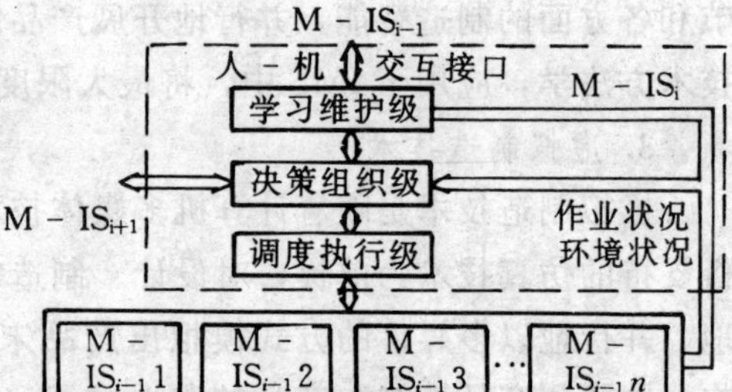

图 9－1 M－IS 结构图

在 IMS 中的每个 M－IS 的行为都是上层 M－IS 的规划调度与自身自律共同作用的结果，上层 M－IS 的规划调度是为了确保整个系统能有机协同地工作，而 M－IS 自身的自律控制则是为了根据自身状况和复杂多变的环境，寻求最佳途径完成工作任务。因此，决策组织级要求有较强的推理决策能力；调度执行级，完成由决策组织级下达的任务，并调度下一层的若干个 M－IS 并行协同作业。

M－IS 是智能系统的基本框架，各种具体的智能系统是在此 M－IS 基础之上，对其扩充。具备这种框架的智能系统具有以下特点：①决策智能化；②可构成分布式并行智能系统；③具有参与集成的能力；④具有可组织性和自学习、自维护能力。

从智能制造的系统结构方面来考虑，未来智能制造系统应为分布式自主制造系统

(Distributed Autonomous Manufacturing Sytem)。该系统由若干个智能施主（Intelligent Agent）组成。根据生产任务细化层次的不同，智能施主可以分为不同的级别。如一个智能车间可称为一个施主，它调度管理车间的加工设备，它以车间级施主身份参与整个生产活动；同时对于一个智能车间而言，其间的智能加工设备也可称为智能施主，它们直接承担加工任务。无论哪一级别的施主，它与上层控制系统之间通过网络实现信息的联接，各智能加工设备之间通过自动引导小车（AGV）实现物质传递。在这样的制造环境中，产品的生产过程为：通过并行智能设计出的产品，经过 IMS 智能规划，将产品的加工任务分解成一个个子任务，控制系统将子任务通过网络向相关施主“广播”。若某个施主具有完成此子任务的能力，而且当前空闲，则该施主通过网络向控制系统投出一份“标书”。“标书”中包含了该施主完成此任务的有关技术指标，如加工所需时间，加工所能达到精度等内容。如果同时有多个施主投出“标书”，那么，控制系统将对各个投标者从加工效率、加工质量等方面加以仲裁，以决定“中标”施主。“中标”施主若为底层施主（加工设备），则施主申请，由 AGV 将被加工工件送向“中标”的加工设备，否则，“中标”施主还将子任务进一步细分，重复以上过程，直至任务到达底层施主。这样，整个加工过程，通过任务广播、投标、仲裁、中标，实现生产结构的自组织。

六、智能制造研究的发展情况

“智能制造”是人们在研究“人工智能在制造业中的应用”的过程中发展起来的。

美国是“智能制造”的发祥地。Purdue 大学智能制造国家工程中心（IMS-ERC）最早正式提出“智能制造”，并付诸实施。目前已开发出 40 多个机械制造方面的制造智能化单元系统。该中心今后的目标是研究各智能单元系统的集成和开发分布式智能制造系统。“智能制造”的研究正在美国多所大学蓬勃开展。

欧洲对智能制造同样重视。自 1987 年以来，每两年召开一届智能制造研讨会，并将论文汇编成书出版。同时，欧共体的跨国研究计划 ESPRIT（欧洲信息技术研究发展战略计划）和 EUREKA（欧洲高技术发展计划）中有多个项目是关于智能制造基础问题的研究。

日本则凭借其雄厚的技术力量涉足智能制造领域。并倡导国际合作。1989 年 10 月，由日本当时的国际贸易和工业大臣，现任东京大学校长的 Hiroyuki yoshikawa 教授提出了智能制造国际合作计划。该计划于 1993 年 2 月正式实施，由日本、美国、加拿大、欧盟各国、澳大利亚参加。

我国对智能制造的研究业已展开。“八五”期间，华中理工大学、清华大学、南京航空学院、西安交通大学四所高等院校在国家自然科学基金委员会的资助下，对智能制造系统基础理论、智能化单元技术、智能机器等方面进行了研究，并已取得阶段性成果。

9.2.2 敏捷制造

一、敏捷制造企业的产生及其特点

目前，各方面的发展都在驱使制造业中大规模生产系统的转变。随着市场竞争的加剧和用户要求不断提高，大批大量的生产方式正朝单件、多品种方向转化。于是美国于 1991 年提出敏捷制造的设想。大规模生产系统是通过大量生产同样产品来降低成本，而采用新的生产系统能获得敏捷性生产用户定做的数量很少的高质量产品，并使单件成本最低。

在敏捷制造企业中，可以迅速改变生产设备和程序，生产多品种的新型产品。在大规模生产系统中，即使提高及时生产（JIT）能力和采用精良生产，各企业仍主张独立进行生产。企业间的竞争促使各企业不得不进行规模综合生产。而敏捷制造系统促使企业采用较小规模的模块化生产设施，促使企业间的合作。每一个企业都将对新的生产能力做出部分贡献。在敏捷制造系统中，竞争和合作是相辅相成的。在这种系统中，竞争的优势取决于产品投放市场的速度，满足各个用户需要的能力以及对公众给予制造业的社会和环境关心的响应能力。

敏捷制造将一些可重新编程、重新组合、连续更换的生产系统结合成一个新的、信息密集的制造系统，以使生产成本与批量无关。对于一种产品，生产10万件同一型号产品和生产10万件不同型号的产品，其成本应无明显差异，敏捷制造企业不是采用以固定的专业部门为基础的静态结构，而是采用动态结构。其敏捷性是通过将技术、管理和人员三种资源集成为一个协调的、相互关联的系统来实现。

敏捷制造企业的特点就是多企业在信息集成的基础上的合作与竞争。信息技术是支持敏捷制造的一个有力的关键技术。所以，基于开放式计算机网络的信息集成框架是敏捷制造的重要研究内容。在计算机网络和信息集成基础结构之上构成的虚拟制造环境，根据客户需要和社会经济效益组成虚拟公司或动态联合公司。这是未来企业组织的最高形式，它完全是由市场机遇驱动而组织起来的。这样使企业的组成和体系结构具备前所未有的柔性。

二、敏捷制造的特征

与传统的大量生产方式相比，敏捷制造主要具有以下特征：

(1) 全新的企业合作关系——虚拟企业（Virtual Enterprise）或动态联盟。

什么是虚拟企业？虚拟并非没有。推出高质量、低成本的新产品的最快的办法是利用不同地区的现有资源，把它们迅速组合成为一种没有围墙的、超越空间约束的、靠电子手段联系的、统一指挥的经营实体——虚拟企业。虚拟企业的特点是：

1）功能的虚拟化　在虚拟制造的组织形态下，一个企业虽具有制造、装配、营销、财务等，但在企业内部却没有执行这些功能的机构，所以称之为功能虚拟。在这种情况下，企业仅具有实现其市场目标的最关键的功能，其他的功能，在有限的资源下，无法达到足以竞争的要求，因此将它虚拟化，以各种方式借助外力来进行组合和集成，以形成足够的竞争优势。这是一种分散风险的、争取时间的敏捷制造策略，它与“大而全、小而全”策略是完全对立的。

2）组织的虚拟化　虚拟企业的另一特点是组织的虚拟化。虚拟企业是市场多变的产物，为了适应市场环境的变化，企业的组织结构也要做到能够及时反映市场的动态。企业的结构不再是固定不变的，已经逐步倾向于分布化，讲究轻薄和柔性，呈扁平网络结构。虚拟企业可以根据目标和环境的变化进行组合，动态地调整组织结构。

3）地域的虚拟化　运用信息高速公路和全国工厂网络，把综合性工业数据库与提供服务结合起来，还能够创建地域上相距万里的虚拟企业集团，运作控股虚拟公司，排除传统的多企业合作和建立集团公司的各种障碍。

(2) 大范围的通讯基础结构。在信息交换和通讯联系方面，必须有一个能将正确的信息在正确的时间送给正确的人“准时信息系统”（Just - In - Time - Information System），作为灵活的管理系统的基础，通过信息高速公路与国际互联网络将全球范围的企业相联。

(3) 为订单而设计、为订单而制造的生产方式。

（4）高度柔性的、模块化的、可伸缩的生产制造系统。这种柔性生产系统往往规模有限，但成本与批量无关，在同一系统内可生产出的产品品种是无限的。

（5）柔性化、模块化的产品设计方法。

（6）“高质量”的产品。敏捷制造的质量观念已变成整个产品生命周期内的用户满意，企业的这种质量跟踪将持续到产品报废为止。

（7）有知识、有技术的人是企业成功的关键因素。在敏捷企业中，认为解决问题靠的是人，不是单纯的技术，敏捷制造系统的能力将不是受限制于设备，而只受限于劳动者的想像力、创造性和技能。

（8）基于信任的雇佣关系。雇员与雇主之间将建立一种新型的“社会合同”的关系，大家能意识到为了长远利益而和睦相处。

（9）基于任务的组织与管理。敏捷制造企业的基层单位是“多学科群体”（Multi-Discipline Team）的项目组，是以任务为中心的一种动态组合，敏捷企业强调权力分散，把职权下放到项目，提倡“基于统观全局的管理”模式，要求各个项目组都能了解全局的远景，胸怀企业全局，明确工作的目标和任务的时间要求，而完成任务的中间过程则完全可以自主。

（10）对社会的正效应。大量生产方式通常只关心企业本身效益，不关心对社会的影响，所以通常会带来不同程度的环境污染、能源浪费及失业等社会问题。而敏捷制造则要全面消除企业生产给社会造成的不利影响，企业必须完全服务于社会。

三、敏捷制造研究的内容。

敏捷制造被认为是21世纪的先进制造策略，目前研究的主要内容为：

（1）分布式数据库子系统。

（2）分布式群决策软件子系统。

（3）智能控制子系统。

（4）智能传感器子系统。

（5）基于知识的人工智能研究。

（6）快速合作子系统。

（7）工厂网络子系统。

（8）企业集成子系统。

（9）用户交互子系统。

（10）人与技术接口子系统。

（11）教育培训子系统。

（12）模块化可重构的硬件子系统。

（13）仿真与建模子系统。

（14）废物处理和消除子系统。

（15）零故障方法学子系统。

（16）节能子系统。

（17）动态合作子系统。

（18）性能测量与评价子系统。

9.2.3 并行工程

一、什么是“并行工程”

并行工程CE（Concurrent Engineerimg），是近年来国际制造业中兴起的一种新型企业组织管理哲理，旨在提高产品质量，降低产品成本和缩短开发周期。目前，人们普遍采用R. I. Winner在国防分析研究所（IDA）R—338研究报告中的定义：“并行工程是对产品及其相关过程（包括制造过程和支持过程）进行并行，一体化设计的一种系统化的工作模式。这种工作模式力图使开发者们从一开始就考虑到产品全生命周期（从概念形成到产品报废）中的所有因素，包括质量、成本、进度与用户要求。”CE包括四方面的内容，称为CE的四“C”性：并行性、约束性、协调性和一致性。

并行工程与传统生产方式之间的本质区别在于并行工程把产品开发的各个活动看成是一个集成的过程，并从全局优化的角度出发，对集成过程进行管理与控制，同时对已有产品开发过程进行不断的改进与提高，以克服传统串行产品开发过程大反馈造成的长周期与高成本等缺点，增强企业产品的竞争能力。从经营方面考虑，并行工程意味着产品开发过程重组(Reengineering)，以便并行地组织作业。

二、并行工程的特点

与传统设计方法相比，并行工程主要特点为：设计的出发点是产品的整个生命周期的技术要求；并行设计组织是一个包括设计、制造、装配、市场销售、安装及维修等各方面专业人员在内的多功能设计组，其设计手段是一套具有CAD，CAM，仿真、测试功能的计算机系统，它既能实现信息集成，又能实现功能集成，可在计算机系统内建立一个统一的模型来实现以上功能。并行设计能与用户保持密切的对话，可以充分满足用户要求，可缩短新产品投放市场的周期，实现最优的产品质量、成本和可靠性。

传统的工程设计是按阶段顺序进行的，对一个新产品的开发大多采用所谓“抛过墙式”的序列化设计开发过程，见图9-2。产品从上一部门递交给下一部门（例如，设计开发部→工艺部→制造加工部→总装测试部等），各部门都按自己的需求修改，很少考虑到下一部门的需求（可制造性、可装配性、可测试性、可维修性等）。即使有所考虑（如很有经验的设计人员），也不可能把下一个后续过程的要求详尽地反映出来。由于这种传统的序列化研制过程不能在设计的早期反映产品在整个生命周期内的各种需求，使所制造的产品存在较多的缺陷，也就导致从概念设计到工艺过程设计的多次修改，而且在不同的环节重复这一过程，造成了对原设计的大量改动，甚至是产品的返工，延长了产品的开发周期。据统计，产品成本的70%是在概念设计阶段确定的，但概念设计的修改费用占总费用的比例很小，而产品序列化研制过程的设计修改费用将大大增加，详细设计修改的费用是概念设计修改的10倍；生产工艺制造阶段修改的费用是详细设计修改的10倍，所以序列化研制方法难以适应激烈的市场竞争。

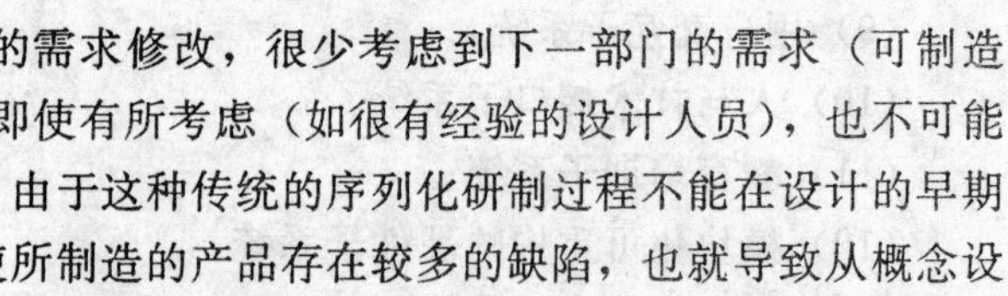

图9-2　传统序列化研制过程

并行工程是一种用来综合、协调产品的设计及其相关过程——包括制造和保障过程——的系统化方法。这种方法使研制人员从一开始就考虑从方案设计直到产品报废整个周期的所有要素。这种设计开发过程允许不同的研制阶段并行进行，且有一段搭接时间，见图 9-3。

其特点是：

(1) 在每一后续阶段开始时，前一阶段尚未结束。

(2) 在后续阶段刚开始时，绝大多数信息是单向传输的（由上向下流动），但经过一段时间后就变成双向的了，亦即在两个阶段的人员之间有了信息交流。

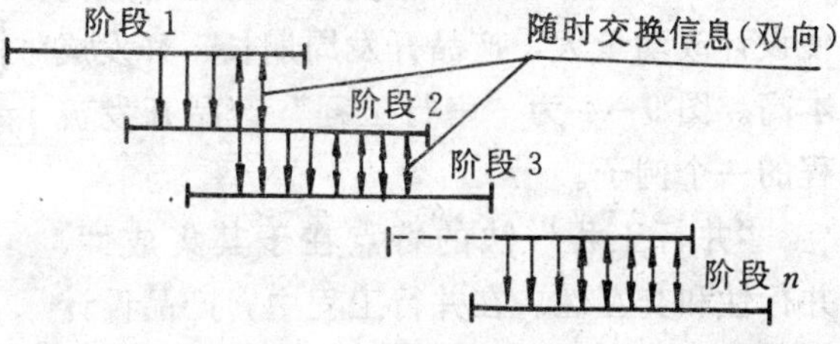

图 9-3　并行研制过程

(3) 当后续阶段发现以前的阶段存在问题时，可及时反馈信息，以便对上一阶段的设计进行修改。同时，前一阶段应将现行方案提交给后一阶段的工作人员，以便观察是否会产生矛盾和不协调的问题。

因此，采用并行的研制过程必须要求不同研制阶段的所有成员都能了解所研制产品的总目标和技术要求。

并行工程同 CIM 一样，是一种经营哲理、一种工作模式。这不仅体现在产品开发的技术方面，也体现在管理方面。CE 对信息管理技术提出了更高要求，不仅要求对产品信息进行统一管理与控制，而且要求能支持多学科领域专家群体的协同工作（Teamwork），并要求把产品信息与开发过程有机地集成起来，做到把正确的信息在正确的时间以正确的方式传递给正确的人。

并行工程的基础技术研究目前主要集中在以下 6 方面：

(1) 面向并行工程的组织机构研究。

(2) 面向并行工程的管理决策支持系统。

(3) 面向并行工程的新设计学科。

(4) 面向并行工程机理的 CAD/CAPP/CAM/CAE。

(5) 建模与仿真技术。

(6) 基于计算机的知识信息、工具集成技术。

三、并行工程（CE）的理论基础与运行机理

1. CE 的理论基础

从本质上讲，CE 是一种以空间换取时间、处理系统复杂的系统化方法（Systematic Approach），它以信息论、控制论和系统论为理论基础，在数据共享、人-机交互等工具及集成上述工具的智能技术支持下，按多学科、多层次协同（Synergy）一致的组织方式工作。与传统串行工作模式相比，它大大地扩大了系统状态空间，大大地缩短了复杂问题交互式求解进程的迭代次数，促使最终目标一次成功（Do Right First），以非线性的管理机制和整体性（Holism）思想，赢得集成附加的协同效益。

2. CE 的运行机理

(1)“并行工程”法与“串行工程”法的比较：

“串行工程”法的特点是：方案设计与制造过程设计两大进程的集合性、序列性和反复性。这种方法的不足之处在于方案设计过程中不能及早考虑制造过程以及质量保证等问题，必然造成设计与制造脱节。若开发的产品不能满足需求，必然要求再设计，使整个产品开发

过程变成设计、加工、测试、评价、修改的大循环，而且可能多次重复这一过程，从而使设计改动量大，产品开发周期长、开发成本高。图 9-4 为“串行工程”产品开发流程的一个例子。

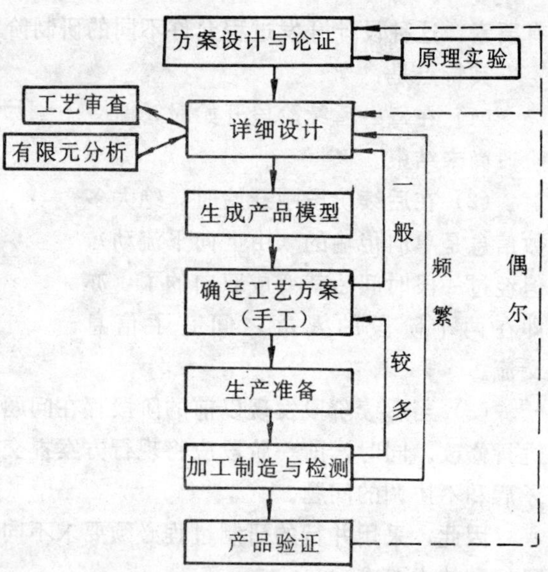

图 9-4 “串行工程”的产品开发流程实例

“并行工程”法的特点在于其集成性、并行性和交互性。在并行工程中，产品设计与制造两大过程不再脱节。产品生命周期中的所有因素在产品开发过程中均加以考虑。例如，初始设计方案可立即作为生产过程设计的依据；而制造可行性论证结果又可返回至产品设计阶段，使设计方案和设计图纸及时得到修正。因而可大大缩短产品开发周期，提高产品质量，降低成本，减少返工率及废品率。“并行工程”产品开发流程见图 9-5。

（2）CE 的运行机理：

CE 不是某种现成的系统或结构，不能像软件或硬件产品一样买来安装即可运行。它是一种自顶向下进行规划、自底向上进行实施的哲理。

企业在 CE 环境中进行产品开发设计、分析、制造等一系列活动，这些活动的完成由 CE 目标和 CE 原则来进行控制。

这里 CE 的目标为：提高全过程中全面的质量；降低产品生命周期中的成本；缩短产品的研制开发周期。为实现 CE 目标，需遵循 CE 规则，即：有效的领导方法；不断地进行过程的改善；开发并管理信息和知识财富；通过长期计划和决策来获得效益。

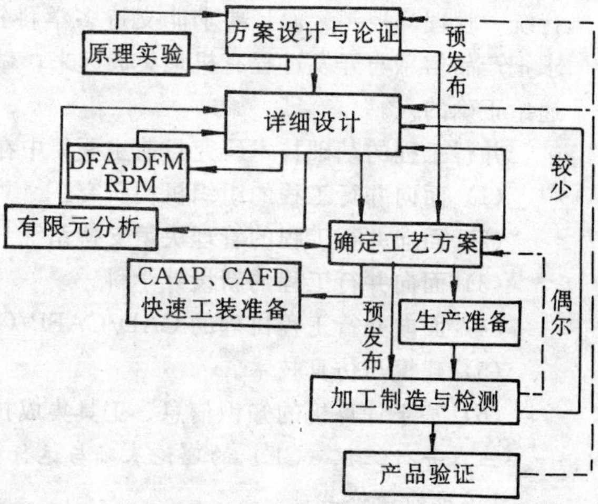

图 9-5 “并行工程”产品开发流程实例

将 CE 思想贯穿于产品开发过程中，需要管理、设计、制造、支持等知识源的有机协调。它不仅依靠各知识源之间有效的通信，同时要求有良好的决策支持结构，其运行机理的要点为：①突出人的作用、强调人的协同工作；②一体化、并行地进行产品及其有关过程的设计，其中，尤其要注意早期概念设计阶段的并行协调；③重视满足客户的要求；④持续地改善产品有关的过程，CE 的工程模式中要注意持续、尽早地交换、协调、完善关于产品有关的制造/支持等各种过程的约定和定义，从而有助于CE 三个目标的实现；⑤注意 CE 中信息与知识财富的开发与管理；⑥注重目标的不变性；⑦5 个“不”：CE 不是不费力就能成功的“魔术方法”，CE 不能省去产品串行工程中的任一环节，CE 不是使设计与生产重叠或同时进行，CE 不同于“保守设计”，CE 不需保守测试策略。

四、并行工程的工程实现

采用CE后取得的成效要通过工程实现来体现。实施CE必须要有合适的CE环境与条件、实施策略与步骤、实施框架及相应的工具与技术。

1. CE环境

在产品的整个生命周期中，特别是对于产品的设计，CE环境主要包括：

(1) 统一的产品模型。保证了产品信息的惟一性，并必须有统一的企业知识库，使小组人员能以同一种“语言”进行协同工作。

(2) 一套高性能的计算机网络。小组人员能在各自的工作站或微机上进行仿真，或利用各自的CAD，CAM，CAPP系统。

(3) 一个交互式的、良好的用户界面，实现CAD，CAM，CAE的系统集成，有统一的数据库和知识库，使小组人员能同时以不同角度参与或解决各自的设计问题。

在CE环境中，企业要采用计算机仿真技术模拟生产过程，实现优化设计，省去了传统的从设计到制作样品的过程，既缩短了时间，降低了成本，又保证了设计质量。

2. 实施CE的必要条件与步骤

实施CE必须具备下列条件：①上层管理部门的切实支持；②建立多学科小组；③计算机技术的支持；④应用工具的支持。

CE实施过程可分为三个阶段，即：①规划阶段，对集成CE的信息系统进行自顶向下的分析；②开发阶段，采集和开发由现有的设计、开发和生产方法到CE方法所需的技术和手段；③实施阶段，包括采购和安装所需的硬件，调整相应业务系统以适应新的设计方法和管理，训练人员以适应新的岗位。

3. CE的实施框架

当企业具备实施CE的必备条件后，为实现CE目标，要构成一个能协调地支持企业中管理、设计、制造、技术等活动的、由人、方法、工具等组成的、完整的一体化系统框架——“CE实施框架”。框架实质上是对CE实施过程中所涉及诸要素的一种结构化描述.

(1) 框架的主要性能　能及时、尽早、完整、持续地掌握客户的要求与优先考虑的问题；并行、一体化地将要求转化成最优的产品定义制造过程及支持过程；持续地评价和完善产品过程和支持。这些性能通过下面的三个子框架协调完成。

(2) 以人为主导的组织管理子框架　该子框架包括：组成一个一体化的、分层次的行政指挥系统；建立多学科、多功能小组/小组群；企业组织和文化作相应改变。

(3) 计算机辅助工具子框架　该子框架可分为7类：①信息管理类，包括信息获取、信息表示、信息操作和信息源管理系统；②集成技术类，包括CE集成支持环境、工程设计与特性的描述语言、网络技术、数据库集成技术、知识处理技术、软件工程技术；③建模/仿真/实验分析类，包括建模技术、仿真技术、实验分析技术；④设计技术类，包括公理化设计、面向制造的设计（DFM)、设计科学概念、面向装配的设计（DFA)、制造工艺设计规则、成组技术、故障模式与效应分析、价值工程等；⑤计算机辅助生产制造技术类，包括计算机辅助工艺设计、测试、检测、车间/单元控制管理、数据库、机器人、柔性制造单元/系统、CAD/CAPP/CAM集成技术等技术工具；⑥全面质量管理/控制技术类，主要包括建立CE使用的质量模型，质量系统与其他过程子系统的集成与协助控制等；⑦决策支持技术类，CE过程中存在大量半结构/非结构的决策、多目标综合平衡、突发事件决策和群决策等，其中，冲突处理是一个难点，组成以人为中心的智能辅助决策系统是一个重要的研究课题。

(4) 方法集子框架　该子框架用于协助解决CE实施中遇到的下列三项任务：①了解客户要求。②建立过程控制。③改进过程。

企业在具备实施CE的必备条件后，可利用CE实施框架，按CE实施步骤，构成CE环境，从而实现高质量、低成本、周期短的CE目标。

9.2.4　虚拟制造系统

一、虚拟制造技术 (Virtual Manufacturing Technology)

虚拟制造技术 (VMT) 可以通俗而形象地理解为：在计算机上模拟产品的制造和装配全过程。换句话说，借助建模和仿真技术，在产品设计时，就可以把产品的制造过程、工艺设计、作业计划、生产调度、库存管理以及成本核算和零部件采购等生产活动在计算机屏幕上显示出来，以便全面确定产品设计和生产过程的合理性。

虚拟制造技术是一种软件技术，它填补了CAD/CAM技术与生产过程和企业管理之间的技术鸿沟，把企业的生产和管理活动在产品投入生产之前就在计算机屏幕上加以显示和评价，使工程师能够预见可能发生的问题和后果。

采用虚拟制造技术可以给企业带来下列效益：①提供关键的设计和管理决策对生产成本、周期和能力的影响信息，以便正确处理产品性能与制造成本、生产进度和风险之间的平衡，做出正确的决策；②提高生产过程开发的效率，可以按照产品的特点优化生产系统的设计；③通过生产计划的仿真，优化资源的利用，缩短生产周期，实现柔性制造和敏捷制造；④可以根据用户的要求修改产品设计，及时作出报价和保证交货期。

引入虚拟制造技术应该是一个渐进的过程，它的首要前提是已经掌握CAD/CAM技术并积累了一定的经验。其次是已经初步建立了企业的管理信息系统，基础数据齐全，工时定额和成本核算比较科学，在计算机管理方面具有较好的基础和条件。

二、虚拟制造系统 (Virtual Manufacturing System)

虚拟制造系统 (VMS) 是基于虚拟制造技术 (VMT) 实现的制造系统，是现实制造系统RMS (Real Manufacturing System) 在虚拟环境下的映射，而现实制造系统是物质流、信息流、能量流在控制机的协调与控制下在各个层次上进行相应的决策，实现从投入到输出的有效的转变，而其中物质流及信息流协调工作是其主体。为简化起见可将现实制造系统划分为两个子系统：现实信息系统RIS (Real Information System) 和现实物理系统RPS (Real Physical System)。

RPS由存在于现实中的物质实体组成，这些物质实体可以是材料、零部件、产品、机床、夹具、机器人、传感器、控制器等。当制造系统运行时，这些实体有特定的行为和相互作用，如运动、变换、传递等，制造系统本身也与环境以物质和能量的方式发生作用。

RIS由许多信息、信息处理和决策活动组成，如设计、规划、调度、控制、评估信息，它不仅包括设计制造过程的静态信息，而且还包括制造过程的动态信息。

假设有一个计算机系统能够接受来自RIS的信息和控制命令，执行所接受的控制命令，并将执行状态返回到RIS。如果所返回的状态报告与RPS返回的状态报告一致，那么，这种模拟RPS响应的计算机系统称为虚拟物理系统VPS (Virtual Physical System)。VPS是RPS在虚拟空间的映射，组成VPS的虚拟实体是RPS中的真实实体在虚拟空间的映射，是

RPS中真实实体的抽象模型。这些抽象模型与真实实体一一对应，并具有与真实实体相同的性能、行为和功能。

同样，如果一个计算机系统能模拟RIS的功能，那RPS中的机器就不能区分控制命令是来自RIS还是来自计算机系统。这种能够模拟RIS并为RPS产生控制命令的计算机系统就称为虚拟信息系统VIS（Virtual Information System）。

由VPS和VIS构成的制造系统称为虚拟制造系统VMS。VMS不消耗现实资源和能量，所生产的产品是可视的虚拟产品，具有真实产品所必须具有的特征，它是一个数字产品。

三、VMS的功能及其体系结构

虚拟制造系统是在虚拟制造思想指导下的一种基于计算机技术的集成的、虚拟的制造系统。在信息集成的基础上，通过组织管理、技术、资源和人机集成实现产品开发过程的集成。在整个产品开发过程中，在基于虚拟现实、科学可视化和多媒体等技术的虚拟使用环境、虚拟性能测试环境以及虚拟制造环境等虚拟环境下，在各种人工智能技术和方法的支持下，通过集成地应用各种建模、仿真分析技术和工具，实现集成的、并行的产品和过程开发，以及对产品设计、制造过程、生产规划、调度和管理的测试，利用分布式协同求解，以提高制造企业内各级决策和控制能力，使企业能够实现自我调节、自我完善、自我改造和自我发展，达到提高整体的动作效能、实现全局最优决策和提高市场竞争力的目的。基于虚拟制造系统的全面集成如图9－6所示。虚拟制造系统提供以下功能：

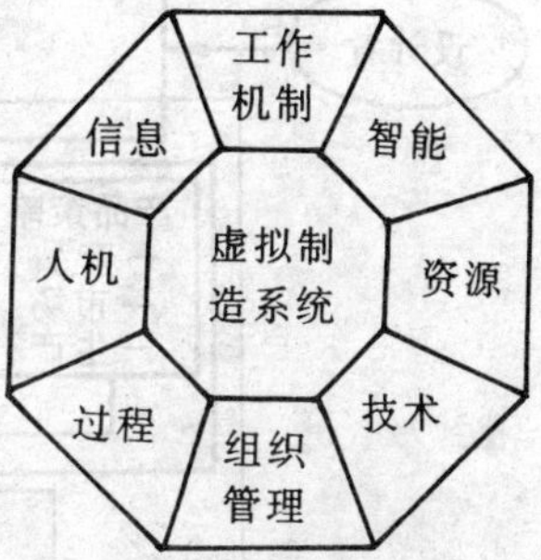

图9－6　基于虚拟制造系统的全面集成

（1）通过虚拟制造系统实现制造企业产品开发过程的集成。

根据制造企业策略，基于虚拟制造系统，在信息集成和功能集成的基础上，实现产品开发过程的集成。通过对整个产品开发过程的建模、管理、控制和协调，对企业资源、技术、人员进行合理组织和配置，面向产品整个生命周期，实现制造企业策略与企业经营、工程设计和生产活动的集成（纵向集成）以及在产品开发的各个阶段分布式并行处理虚拟环境下多学科小组的协同工作（横向集成），快速适应市场和用户需求的变化，以最快的速度向市场和用户提供优质低价产品。

（2）实现虚拟产品设计/虚拟制造仿真闭环产品开发模式。

各种建模、仿真和分析技术和工具的大量使用，使产品开发从过去的经验方法跨到预测方法，实现虚拟产品设计/虚拟制造仿真闭环产品开发模式。虚拟制造系统能够在产品开发的各个阶段，根据用户对产品的要求，对虚拟产品原型的结构、功能、性能、加工、装配制造过程以及生产过程在虚拟环境下进行仿真，并根据产品评价体系提供的方法、规范和指标，为设计修改和优化提供指导和依据。由于以上开发过程都是在虚拟环境下针对虚拟产品原型进行的，所以大大缩短了开发时间，节约了研制经费，并能在产品开发的早期阶段发现可能存在的问题，使其在成为事实之前予以解决。又由于开发进程的加快，能够实现对多个解决方案的比较和选择。

（3）提高产品开发过程中的决策和控制能力。

（4）提高企业自我调节、自我完善、自我改造和自我发展的能力。

基于企业建模的虚拟制造系统，通过信息集成、组织管理集成、智能集成、资源集成、技术集成、串并行工作机制集成、过程集成和人机集成等，实现企业的全面集成，为使其能够根据复杂多变的竞争环境，不断调整组织结构，优化运营过程，合理配置人、财、物力资源，革新技术和提高人员素质等提供了一种系统的方法和途径，使企业的自我调节、自我完善、自我改造和自我发展的能力大为提高。

根据对虚拟制造系统功能的讨论，我们提出了一种虚拟制造系统体系结构，如图 9-7 所示。

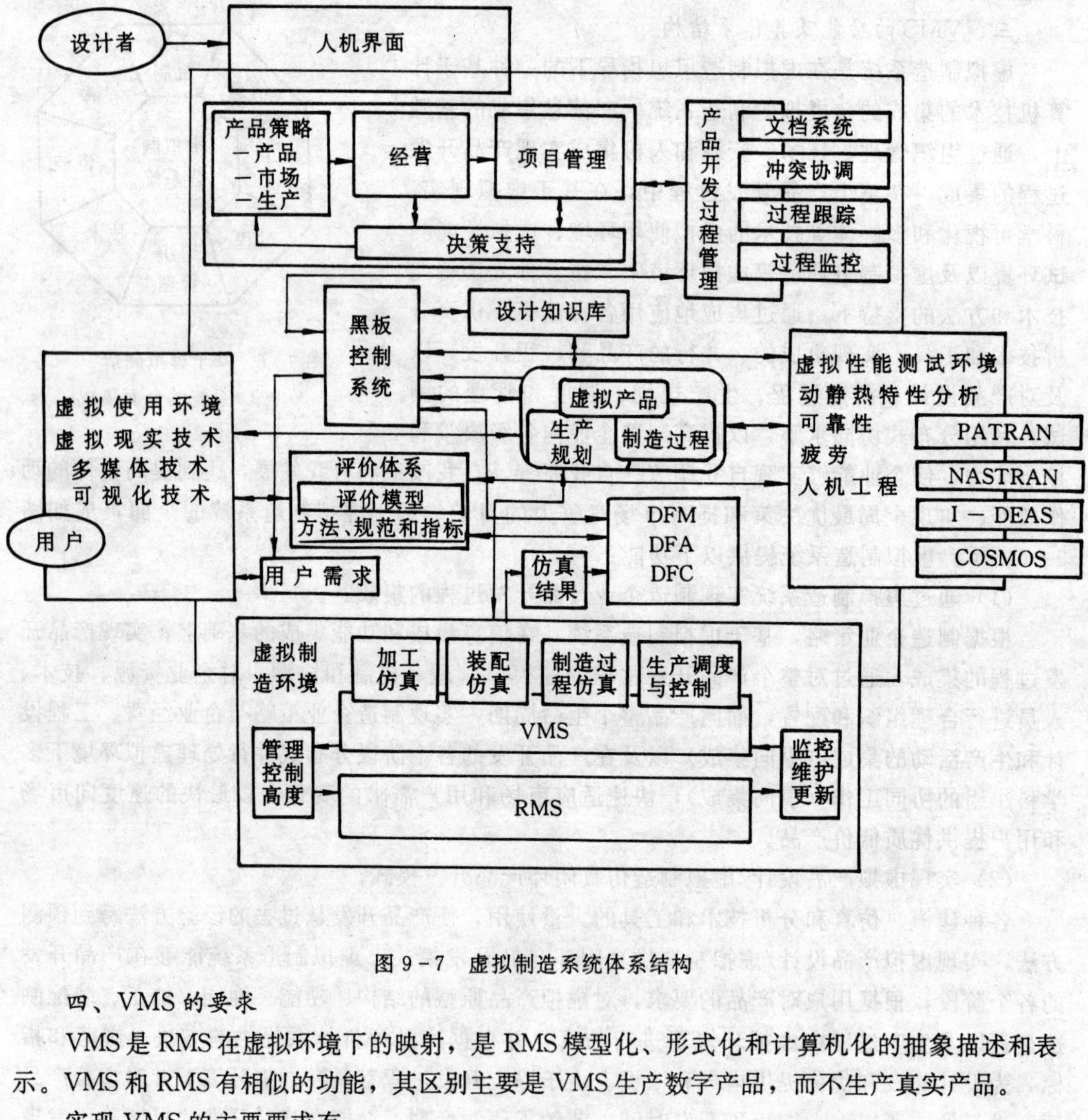

图 9-7　虚拟制造系统体系结构

四、VMS 的要求

VMS 是 RMS 在虚拟环境下的映射，是 RMS 模型化、形式化和计算机化的抽象描述和表示。VMS 和 RMS 有相似的功能，其区别主要是 VMS 生产数字产品，而不生产真实产品。

实现 VMS 的主要要求有：

(1) 功能一致性　VMS 的功能应该与相应的 RMS 是一致的，VIS 产生并发送的信息和控制命令在功能上应与相应的 RIS 一致，VPS 响应控制命令并返回状态报告在功能上应与相应的 RPS 一致，在 VIS 内部、VIS 与其他 VIS/RIS 之间，以及 VIS 与 VPS/RPS 之间的信息通讯与交换应能正常进行。

(2) 结构相似性　VMS 的结构应与相应的 RMS 在结构上是相似的，结构相似性可提供给用户一种直观方式进行定义、组织和修改等。

(3) 组织的柔性　VMS 是面向未来制造系统的，是面向市场、面向用户需求的，因此 VMS 的组织与实现应具有非常高的柔性。在建立制造系统的各种抽象模型时，应采用模块化方法或面向对象技术，注重各种模型与模块的重用性和重组性，注重各种模块之间的组合能力。

(4) 集成化　VMS 涉及的内容很多，应注意采用系统工程、知识工程、并行工程、人机工程等多学科先进技术，实现"全集成"，即信息集成、智能集成、串并行工作机制集成和人机集成。

(5) 智能化　实现虚拟制造系统中各个环节的智能化，着重实现虚拟环境下分布式并行处理的智能协同求解和虚拟环境下系统全局的最优决策。

五、VMS 的开发环境

由于产品、制造环境和工厂业务活动的不同，制造活动的总体结构可能是不同的，所以，为适应不同的情况，必须提供能够灵活、方便地建立、组织、装配 VMS 的开发环境。开发环境分为三个层次：目标系统层、虚拟制造模型层和模型构造层。

(1) 模型构造层　提供用于描述制造活动及其对象的基本建模结构。有两种通用模型：产品/过程模型和活动模型。活动模型描述人和系统的各种活动。

产品/过程模型按自然规律描述可实现每一物品及其特征，如物体的干涉、重力的影响等。产品模型描述出现在制造过程中的每一物品，不仅包括目标产品，而且包括制造资源，如机床、材料等。过程模型描述产品属性、功能及每一制造工艺的执行，过程模型包括像牛顿动力学这种很有规律的过程也包括像金属切削、成形这种很复杂的工艺过程。

(2) 虚拟制造模型层　通过使用产品/过程模型和活动模型定义有关制造活动与过程的各种模型，这些模型包括各种工程活动，如产品设计、生产设备、生产管理、生产过程以及相应的目标产品、材料、半成品、工具和其他制造资源。这些模型应该根据产品类型、工业和国家的不同而不同，但是通过使用低层的模型构造层容易实现各种模型的建立与扩展。任务组织与管理模型用来实现制造活动的灵活组织与管理，以便构造各种 VMS。

(3) 目标系统层　根据市场变化、用户需求，通过低层的虚拟制造模型层来组成各种专用的 VMS。

六、VMS 研究内容

VMT 和 VMS 是国际上 20 世纪 90 年代初提出的概念，其理论基础与体系尚未完全形成，正处在研究探索阶段。研究工作所面对的是多学科的交叉、多种高新技术的融合，需要研究和解决的问题很多。我们认为，应充分利用国内外 CIMS 和 IMS 的研究成果，根据 VMS 的特点，重点研究 VMS 基础理论与其关键技术。主要内容有：

(1) 虚拟制造系统的理论体系。　VMS 是一个全新的概念，其理论体系尚未形成，其范畴与内涵还不十分清楚，因此，首要任务是必须搞清 VM，VMT，VMS 的概念及其理论基础，弄清其范畴及内涵，建立其理论体系。

(2) 基于分布式并行处理环境下的虚拟制造系统的开放式体系结构（VMS—OSA）的研究。

(3) 虚拟环境下的产品主模型技术。主模型像一座立交桥，能以此为中心通向设计、制造、生产管理等各个环节并为其提供服务。主模型有统一的数据结构和分布式数据管理系统，主模型所建立的产品模型是虚拟产品模型，它是一个数字产品模型，具有所代表的对象所具有的各种性能和特征，虚拟产品在它投入生产以前就已存在，它具有明显的可视性，且能并行处理设计分析、加工制造、生产组织与调度等各种生产环节所面临的诸多问题，并能在供销之间建立信息系统。

(4) 虚拟环境下分布式并行处理的分布式智能协同求解技术与系统。

(5) 虚拟环境下系统全局最优决策理论与技术。

(6) RMS和VMS之间的映射，虚拟设备、虚拟传感器、虚拟单元、虚拟生产线、虚拟车间及虚拟工厂（公司）的建立，以及各种虚拟设备的重用性和重组性技术。

(7) 基于真实动画感的虚拟产品的装配仿真、生产制造过程及生产调度仿真、数控加工过程仿真等技术与系统。

(8) 应用虚拟现实技术实现虚拟环境及虚拟制造过程中的人机协同求解。

(9) VMS集成开发平台的体系结构、构件库及用户开发界面管理系统。

(10) 虚拟公司的组织、调度及控制策略与技术。

9.3 先进制造技术发展趋势

9.3.1 制造战略的变迁

近年来，由于市场竞争的冲击和信息技术的推动，制造企业正经历着一场重大变革，制造企业的战略也发生了很大的变化。图9-8描绘了美国制造企业的经营战略从20世纪50年代和60年代的“规模效益第一”，经过70年代和80年代“价格竞争第一”和“质量竞争第一”，发展到90年代的“市场响应速度第一”。

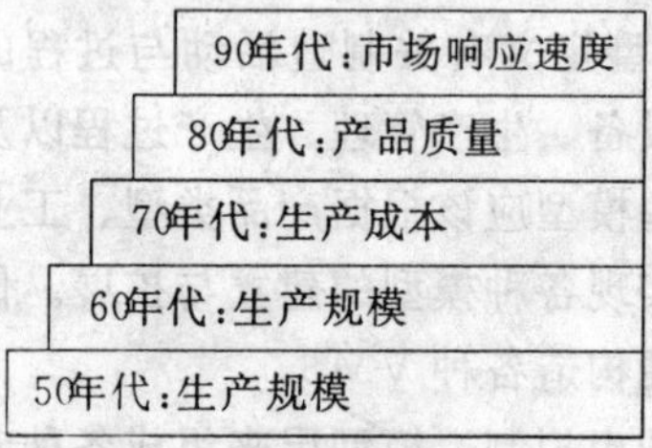

图 9-8 美国制造战略的变迁

今天，每一个企业都企图以高科技含量、高质量和快速开发能力使自己的产品具有竞争能力。在激烈的市场竞争中，任何一个企业要想获胜，取得较大的市场占有率，必须具备以下4种能力：①时间竞争能力（Time-T)，产品上市快，生产周期短，交货及时；②质量竞争能力（Quality-Q）产品不仅可靠，而且使用户在各方面都满意；③价格竞争能力（Cost-C)，产品的生产成本低，价格适中；④创新竞争能力（Creation-C)，产品有特点，生产有柔性，竞争有策略。

其中最重要的能力是创新能力，企业创新不仅是指产品设计上的创新，更重要的是制造观念的更新、组织的重构，经营方式的重组才能保证产品的创新得以很快地实现，迅速进入市场。目前市场的特点是“瞬息万变，很难预测”，这将是未来惟一不变的法则。一种产品、一种工艺方法沿用十几年的时代已经一去不复返了。为了适应市场的多变，企业不仅要具备技术上的柔性，还要具备管理上的柔性以及人员和组织上的柔性。

现阶段成功企业的制造战略特征可归纳为：

同时注意提高产品的质量、降低生产成本和及时交货；与消费者保持密切的联系，及时获得市场信息，对市场作出快速响应；与供应商建立更密切的联系，以压缩产品库存，降低生产成本；为质量利益而利用先进制造技术；在组织上纵向减少层次，横向减少部门；新的人力资源政策，要让工人理解全部生产过程，意识到自己与企业利益相关，命运与共，应吸收职工参与决策，分享利润，并给予职工保障；先进制造技术系统的设计和运行充分考虑到了人的特点，从而使企业中各类人员都有机会充分展示自己的才华。

未来企业制造战略的发展趋势，主要将从下面一些方面表现出来：

(1) 产品价格进一步降低。

(2) 边际成本减少。

(3) 调整费用降低。

(4) 生产调整时间缩短。

(5) 发货速度加快。

(6) 更频繁的产品改进。

(7) 产品设计成本减少。

(8) 与客户的联系更迅速，定单处理更快。

(9) 产品制造周期缩短。

(10) 并行工作时间增加。

(11) 调整次数增加，批量减少，成本和在制品库存水平降低，待发货定单减少。

9.3.2 21世纪对先进制造技术的挑战

制造技术要适应21世纪社会发展的需求，面临以下挑战：

(1) 信息时代的挑战　人类社会自20世纪90年代已开始进入信息时代，信息产业成为21世纪全球经济中最宠大、最具活力的产业。信息将给21世纪世界经济和社会带来革命性的变化。

21世纪的制造业正在从以机器为特征的传统技术时代向着以信息为特征的系统技术时代迈进。制造技术的发展也必然与信息技术的发展密不可分。

(2) 有限的资源与日益增长的环保压力的挑战　地球作为宇宙中的一个村落已日益变得更小，环境污染正威胁着人类的生存，而有限的资源正威胁着人类的继续发展。因而如何实现可持续发展已是21世纪人类的一个重要课题。绿色制造是21世纪制造技术的一个重要特征。绿色设计技术、汽车的拆卸与回收技术、生态工厂的循环式制造技术将得到迅速发展。

(3) 制造全球化和贸易自由化的挑战　随着世界自由贸易体制的进一步完善以及全球交通运输体系和通信网络的建立，国际经济合作与交往日趋紧密，全球产业界进入结构大调整的重要时期，世界正在形成一个统一的大市场。制造业的全球化与一体化的格局已经初步形成。制造技术的发展必须与此适应，新的先进制造生产模式必将是全球化的生产模式。

(4) 消费观念变革的挑战　21世纪消费者的行为更加具有选择性，“客户化、小批量、快速交货”的要求不断增加，批量生产的产品逐渐为个性化、多样化的产品所取代，产品的生产和服务的界限越来越模糊，市场的动态多变性迫使制造业改变策略。

9.3.3 先进制造技术发展趋势

为适应21世纪对制造技术的需要，未来先进制造技术的总趋势是向系统化、集成化、智能化方向发展。

1. 设计技术不断现代化

产品设计是制造业的灵魂。现代设计技术的主要发展趋势是：

(1) 设计方法和手段的现代化，它突出反映在数值仿真或虚拟现实技术的发展，以及现代产品建模理论的发展上。

(2) 新的设计思想和方法不断出现，如并行设计，面向“X”的设计 DFX (Design For X)，健壮设计 (Robust Design)；优化设计 (Optimal Design)，反求工程技术 (Reverse Engineering)。

(3) 由简单的、具体的、细节的设计转向复杂的总体设计和决策，要通盘考虑包括设计、制造、检测、销售、使用、维修、报废等阶段的产品的整个生命周期。

(4) 由单纯考虑技术因素转向综合考虑技术、经济和社会因素。设计时不单纯追求某项性能指标的先进和高低，而注意考虑市场、价格、安全、美学、资源、环境等方面影响。

2. 成形制造技术向精密成形或称净成形的方向发展

成形制造技术是铸造、塑性加工、连接、热处理、粉末冶金等单元技术的总称。展望21世纪，成形制造技术正在从接近零件形状 (Near Net Shape Process) 向直接制成工件即精密成形或称净成形 (Net Shape Process) 的方向发展。有代表性的精密成形制造技术是：

(1) 精密铸造技术。

(2) 精密塑性成形技术。

(3) 精密连接技术。

3. 加工制造技术向着超精密、超高速以及发展新一代制造装备的方向发展

(1) 超精密加工技术　一般认为加工精度为3～0.3 μm的加工称为精密加工，加工精度达0.3～0.03 μm时就称为超精密加工，而加精度高于0.03 μm (30纳米) 称之为纳米加工。

(2) 超高速切削　目前认为超高速切削的范围是：车削速度700～7 000 m/min；铣削为300～6 000 m/min；磨削为5 000～10 000 m/min。

(3) 新一代制造装备的发展　市场竞争和新产品、新技术、新材料的发展推动着新型加工设备的研究与开发，其中典型的例子是“并联桁架结构式数控机床”(或俗称“六腿”机床) 的发展。它突破了传统机床结构方案，采用6个轴长短的变化以实现刀具相对于工件的加工位置的变化。

4. 制造技术专业、学科的界限逐步淡化、消失，新型制造技术不断得到发展

先进制造技术的不断发展，在制造技术内部，冷热加工之间，加工、检测、物流、装配过程之间，设计、材料应用、加工制造之间，其界限均逐步淡化、逐步走向一体化。如CAD，CAPP，CAM的出现，使设计、制造成为一体。

一个典型的例子是快速原型/零件制造 (RP) 技术的产生，是近20年制造领域的一个重大突破，它可以自动而迅速地将设计思想物化为具有一定结构的功能的原型或直接制造零件，淡化了设计、制造的界限。RP技术突破了传统加工技术采用材料“去除的”原则，而采用“添加、累积”的原理。目前的主要方法有：立体印刷 (SLA)，采用紫外线光源逐层对光敏树脂扫描而成形；分层实体制造 (LOM)，对纸进行逐层切割并粘接而成形；选择性激光烧结 (SLS)；熔化沉积制造 (FDM)，采用蜡丝等材料逐层喷射并凝固成形。

5. 虚拟现实技术在制造业中获得越来越多的应用

虚拟现实技术 (Virtual Reality Technology) 是20世纪90年代才提出的新概念，虚拟

现实技术已开始在制造业中得到应用，主要包括虚拟制造技术和虚拟企业两个部分。

虚拟制造技术将在产品真正制造出之前，首先在虚拟制造环境中生成软产品原型（Softprototype）代替传统的硬样品（Hardprototype）进行试验，对其性能和可制造性进行预测和评价，从而缩短产品的设计与制造周期，降低产品的开发成本，提高系统快速响应市场变化能力。

虚拟企业、动态联盟、虚拟组织机构或虚拟公司（Virtual Company）是相同的概念。其含义是：为了快速响应某一市场需求，通过信息高速公路，将产品涉及到不同公司临时组建成为一个没有围墙、超越空间的约束、靠计算机网络联系、统一指挥的合作经济实体。

目前正在着手组织的“分散网络化制造”（DNM），就是虚拟企业的一种模式，它的目标是在中国内地和香港的 2 000 家制造企业之间，采用国际互联网建立制造资源信息网络实施敏捷制造。DNM 既比较符合我国国情，又比笼统地称虚拟企业更加切合实际，为人们理解和接受。

6. 信息技术、管理技术与工艺技术紧密结合，先进制造生产模式获得不断发展

先进的制造技术必须在与之相匹配的制造模式里才能充分发挥作用。21 世纪先进制造技术发展的重要趋势是先进制造生产模式获得不断发展。

制造业在经历了少品种小批量—少品种大批量—多品种小批量生产模式的过渡后，20 世纪七八十年代开始了以采用计算机集成制造系统（CIMS）进行制造的柔性生产模式。初期的 CIMS 以较高的自动化程度为特征，在实验过程遇到困难。CIMS 的第二阶段是并行工程，它强调的不仅是信息集成，而是人的集成问题。预计 21 世纪的 CIMS 将是智能制造系统，它体现了制造系统化、自动化、智能化综合发展。

精益生产（LP）是 1990 年提出的制造生产模式。它的基本原则是“消灭一切浪费”和“不断改善”，其主要支柱是准时制作业（JIT）、全面质量管理（TQC）、成组技术（GT）、弹性作业人数和尊重人性。日本丰田公司采用这种方式，使自动化程度不高的工厂取得了良好的效益。

敏捷制造（AM）是 1991 年提出的，1992 年美国政府将其作为“21 世纪制造企业的战略”。敏捷制造通过虚拟公司予以实现。敏捷制造将成为 21 世纪制造企业的主导模式。

上述种种先进制造生产模式的进展，其特点主要是体现了以下 5 个转变：

(1) 从以技术为中心向以人为中心转变。

(2) 从金字塔式的多层次生产结构向扁平的网络结构转变。

(3) 从传统的顺序工作方式向并行工作方式转变。

(4) 从按功能划分部门的固定组织形式向动态的、自主管理的小组工作组织形式转变。

(5) 从质量第一的竞争策略向快速响应市场的竞争策略转变。

习题与思考题

第1章

1. 制造系统的特征有哪些?

2. 在制造系统中，能量流、信息流、物料流各指什么，各有何作用?

3. 现代制造业的目标是什么?

第2章

1. CAD/CAM 系统一般有几种类型? 各有什么作用?

2. 为什么要使用计算机辅助技术? 有什么好处?

3. 图2-6和2-7表示了二个三维立体物体的线框图。但这个图可能有几种解释，列出你能想到的几种解释。

4. 为什么要把 CAD 和 CAM 集成起来? 它有什么好处?

5. 数控机床分为哪几类? 各有何特点?

6. 在数控机床的加工中为何需要刀具补偿功能?

7. 数控编程分为哪几类? 它们各有什么优缺点?

8. 请你谈谈如何有效地利用数控机床?

第3章

1. 成组技术的基本原理是什么?

2. 举例说明零件的相似性及其应用。

3. 如何增加零件分类编码系统的信息容量?

4. 简述 OPITZ 和 JLBM—1 零件编码系统的特点。

5. 举例说明什么是零件特征矩阵和零件族特征阵。

6. 简述用计算机进行零件分类编码的方法和步骤。

7. 简述成组技术在产品设计、制造工艺与生产管理中的应用。

8. 试分析成组技术在 FMS，CIMS 等选进制系统中的作用。

第4章

1. 发展 CAPP 的重要意义何在?

2. CAPP 系统常用的零件描述方法有哪些? 分述其特点。

3. 简述修订式工艺决策的原理及修订式 CAPP 系统结构。

4. 简述生成式工艺决策的原理。

5. 简述决策表和决策树两种逻辑表达方法的特点。

6. 简述专家系统的基本原理、组成与特点。

7. 举例说明常用的知识表示方法在 CAPP 中的应用。

8. 简述 CAD/CAPP 集成方法。
9. 简述 CAPP 的主要发展趋势。
10. 对比讨论修订式 CAPP 系统、生成式 CAPP 系统的开发与应用。
11. 简述 CAPPFramework 的组成、功能。
12. 简述 CAPPFramework 的实施开发过程。

第 5 章

1. 试述 MIS 的一般组成结构及各部分的作用。
2. MRP 系统的输入、输出信息有哪些?
3. 简述 MRP 的工作原理。
4. MRP 有哪些缺陷?
5. 简述 MRPⅡ 的工作原理。
6. 何为能力需求计划? 简述完成能力需求计划要做的主要工作。

第 6 章

1. 你认为质量是什么?
2. 你所知道的质量管理的基本方法有哪些?
3. 什么是质量体系? 质量体系主要有哪些文件?
4. 质量体系基本要素有哪些?
5. 简述质量体系认证的步骤及其作用。

第 7 章

1. 柔性制造的概念是在什么样的技术背景下出现的?
2. 柔性制造系统的主要特点是什么?
3. 柔性制造系统主要由哪几部分构成? 各部分的功能是什么?
4. 设计和建造一个柔性制造系统的主要步骤是什么?

第 8 章

1. 什么是 CIMS?
2. CIMS 由哪几个部分组成? 各部分之间的关系是什么?
3. CIMS 在我国发展现状如何? 我国应采取什么样的 CIMS 发展策略?
4. 并行工程与 CIMS 有何关系?
5. CIMS 今后将如何发展?

第 9 章

1. 先进制造技术有何特点?
2. 什么是智能制造? 智能制造的特点是什么?
3. 敏捷制造有何特征?
4. 何为“并行工程”? 何为“串行工程”? 两者各有何特点?
5. 企业实施 CE 的必要条件有哪些?
6. 什么是虚拟制造? 虚拟企业有何特点?
7. 未来先进制造技术的发展趋势是什么?

参考文献

1 张国雄．重新认识机械制造业．制造技术与机床，1995.4
2 罗振壁等．灵捷制造—21世纪制造企业的战略．机械工程学报，1994.4
3 Rick Dove，Agile Bengits．Viability and Leadership．Production Magazine，1995
4 王润孝等．先进制造系统的特征及关键技术．航空科学技术，1997.1
5 王润孝等．机械制造业的发展趋势及对策．机械制造，1998.5
6 李建康，翟存荣，丁宗红等．成组技术．航空工业部第三零一研究所，1983
7 航空制造工程手册总编委会．航空制造工程手册——计算机辅助制造工程．北京：航空工业出版社，1995
8 杜裴，黄乃康．计算机辅助工艺过程设计原理．北京：北京航空航天大学出版社，1990
9 孙文焕，张铁昌，黄乃康等．机械CAD/CAM技术概论．西安：西安电子科技大学出版社，1996
10 王永庆．人工智能原理、方法与应用．西安：西安交通大学出版社，1994
11 田盛丰．人工智能原理与应用．北京：北京理工大学出版社，1993
12 陈宏钧，马素敏．机械制造工艺技术管理手册．北京：机械工业出版社，1998
13 何卫平，莫蓉，张振明等．计算机辅助技术基础．西安：西北工业大学出版社，1998
14 严新民，孙树栋，张振明等．计算机集成制造系统．西安：西北工业大学出版社，1999
15 唐荣锡编著．CAD/CAM技术．北京：北京航空航天大学出版社，1994
16 范炳炎．数控加工程序编制（第二版）．北京：航空工业出版社，1994
17 林洁主编．数控加工程序编制．北京：航空工业出版社，1993
18 高奇微，莫欣农．产品数据管理（PDM）及其实施．北京：机械工业出版社，1998
19 温永棠等．MRPⅡ制造资源规划．北京：机械工业出版社，1994
20 李芳芸，柴跃廷．CIM环境下——集成化管理信息系统的分析、设计与实施．北京：清华大学出版社，1996
21 刘大明．ISO9000与质量改进——质量改进的理论、工具与应用。广州：广东人民出版社，1998
22 梁乃刚主编．质量管理与可靠性．北京：机械工业出版社，1995
23 刘广第主编．质量管理学．北京：清华大学出版社，1997
24 郝廷玺主编．质量保证与质量控制．北京：航空工业出版社，1989
25 蒋鸿章．ISO9000质量管理和质量保证系列国际标准应用指南．北京：国防工业出版社，1998
26 欧阳明德．产品质量管理．北京：企业管理出版社，1989
27 何汉武等．先进制造技术与系统简介．机械与电子，1996.1
28 唐立新等．智能制造——21世纪的制造技术．机械与电子，1996.2
29 江汉红等．并行工程的运行机理与工程实现．机械与电子，1996.3
30 吴祚宝等．并行工程管理系统研究．高技术通讯，1996.5
31 张曙．以独立制造岛为基础的虚拟制造．中国机械工程，1996.5
32 李敏贤．面向21世纪的先进制造技术．机械工业自动化，1998.8

33 袁清珂等. 虚拟制造系统. 中国机械工程，1995.4
34 Chen FF, Sagi SR. Concurrent Design of Manufacturing Cell and Control Functions. Int. J. Adv. Manuf. Technol.，1995. 10
35 冯勇等编. 现代计算机数控系统. 北京：机械工业出版社，1996
36 白彩英，唐治文，余巍编. 计算机集成制造系统. 北京：清华大学出版社，1997
37 柔性制造系统编委会编. 柔性制造系统. 北京：兵器工业出版社，1995
38 宁汝新，徐弘山编. 机械制造中的 CAD/CAM. 北京：北京理工大学出版社，1991
39 徐兰如等译. 柔性制造系统手册. 北京：宇航出版社，1987
40 田雨华等编. 柔性制造系统的发展趋势及对策建议. 机械工程，1990
41 田雨华等译. 计算机集成制造技术和系统. 北京：兵器工业出版社，1991
42 林志航主编. 计算机辅助质量系统. 北京：机械工业出版社，1997